Tubes – Die giftigen Pflanzen Deutschlands

Gisela Tubes

Die giftigen Pflanzen Deutschlands

125 Arten, die alle kennen sollten

2., überarbeitete und erweiterte Auflage

Quelle & Meyer Verlag Wiebelsheim

Die Angaben in diesem Buch sind von der Autorin und dem Verlag sorgfältig erwogen und geprüft, dennoch kann keine Garantie übernommen werden. Eine Haftung der Autorin sowie des Verlags und seiner Beauftragten für Personen-, Sach- und Vermögensschäden ist ausgeschlossen.

Bibliografische Information der Deutschen Nationalbibliothek
Die Deutsche Nationalbibliothek verzeichnet diese Publikation in der Deutschen Nationalbibliografie; detaillierte bibliografische Daten sind im Internet über http://dnb.d-nb.de abrufbar.

2., überarbeitete und erweiterte Auflage (Die 1. Auflage erschien unter dem Titel „Die giftigsten Pflanzen Deutschlands".)

www.quelle-meyer.de

Sofern nicht anders angegeben, stammen alle Fotos von der Autorin.
Druck und Verarbeitung: Drukarnia READ ME Sp. z o.o.
Printed in Europe/Imprimé en Europé
ISBN 978-3-494-02270-3

Inhaltsverzeichnis

Einführung

Als Gifte werden Stoffe bezeichnet, die nach Eindringen in den Organismus eines Lebewesens eine schädliche, zerstörende oder tödliche Wirkung aufweisen. Schätzungen gehen davon aus, dass etwa ein Drittel der Pflanzenarten unserer gesamten Flora Giftstoffe enthalten. Ob eine Pflanze giftig ist oder nicht, lässt sich rein äußerlich nicht erkennen.

Warum produziert eine Pflanze Giftstoffe?

Lebensnotwendige Funktionen hinsichtlich Bau- und Energiestoffwechsel scheinen Giftstoffe im Pflanzenorganismus nicht zu übernehmen.
Im Gegensatz zu Tieren können Pflanzen nicht weglaufen, wenn sie angegriffen werden. Sie haben andere Methoden entwickelt, um sich vor Feinden zu schützen. Giftige Inhaltsstoffe dienen zur Abwehr von Bakterien, Viren und Pilzen; aber vor allem werden sie gegen Fressfeinde eingesetzt. Manche Giftstoffe weisen zum Beispiel einen bitteren Geschmack auf oder lösen ein Brennen auf der Zunge aus. Allein dadurch können fressende Tiere schon abgeschreckt werden. Je nach Konzentration der Giftstoffe und Menge des aufgenommenen Pflanzenmaterials treten Unverträglichkeiten bis heftige Beschwerden auf; im schlimmsten Fall führt die Vergiftung zum Tod. Ist die Dosis nicht tödlich, ist der Fressfeind gewarnt und macht in Zukunft einen großen Bogen um diese giftige Pflanzenart.
Häufig ist der Gehalt an Giftstoffen nicht in allen Pflanzenteilen gleich hoch. So ist zum Beispiel der Samenmantel der Eibe ungiftig. Tiere machen sich unbeschadet darüber her. Sie scheiden den schwer verdaulichen Samen wieder aus und tragen dadurch zur Verbreitung der Pflanze bei.
Die Konzentration der Giftstoffe innerhalb der Pflanzenteile ist nicht unbedingt zu jedem Zeitpunkt der Entwicklung der Pflanze gleich hoch. Die Früchte des Bittersüßen Nachtschattens sind zum Beispiel im unreifen, grünen Zustand hochgiftig; so wird verhindert, dass sie vor der Samenreife von Tieren gefressen werden. Zur Fruchtreife sind sie rot und kaum noch giftig und somit für Tiere ungefährlich. Pflanzen, deren Früchte auch nach der Samenreife noch Giftstoffe enthalten, werden meist von Tierarten gefressen und verbreitet, für die diese Früchte nicht giftig sind. So können zum Beispiel zahlreiche Vogelarten die roten Beeren des Aronstabes unbeschadet fressen.
Auch ist die Höhe des Giftstoffgehaltes in verschiedenen Pflanzen ein und derselben Art sehr variabel. Es können genetisch bedingte Unterschiede auftreten, die bewirken, dass eine Population höhere Werte aufweist als die andere.
Boden- und Klimaverhältnisse und unter Umständen sogar die Tageszeit beeinflussen die Giftkonzentration der einzelnen Pflanzenexemplare. Auch Düngung, Herbizideinsatz, Parasitenbefall und weitere Stressfaktoren können eine Rolle spielen.

Giftwirkung auf den Menschen

Pflanzengifte können zu gesundheitlichen Beeinträchtigungen oder Schäden, mitunter zum Tod des Menschen führen. Die Vergiftung erfolgt hauptsächlich über die Verdauungsorgane, jedoch weisen manche Giftstoffe die Fähigkeit auf, über die Haut in den Körper zu gelangen. Dosis, physikalische und / oder chemische Eigenschaften der Giftstoffe sowie die Art der Aufnahme durch den Organismus beeinflussen den Grad der Vergiftung. Auch die körperliche Verfassung des Betroffenen spielt eine große Rolle. Bei gesunden Menschen wirken die Giftstoffe anders als bei Menschen, die durch Krankheiten geschwächt sind. Kinder und alte Menschen sind besonders gefährdet.

So ist die Einteilung der Giftpflanzen in die häufig vorgenommenen Kategorien von „stark giftig", „giftig" bis „schwach giftig" fließend. Zu den „stark giftigen" Pflanzen zählen solche, die bei Überdosierung schwerwiegende bis tödliche Wirkung haben können. Kleine Mengen reichen häufig aus. Dahingegen lösen die als „schwach giftig" eingestuften Pflanzenarten in der Regel nur leichte Vergiftungserscheinungen aus. Bei unklarer Zuordnung findet eine übergreifende Einteilung statt, wie zum Beispiel beim Hohlen Lerchensporn, der hier als „giftig bis schwach giftig" eingestuft wird.

Der Grad der Giftigkeit lässt sich nicht anhand von exakten Zahlen oder Statistiken ermitteln, da sowohl die Giftkonzentrationen innerhalb der Pflanzen als auch die Empfindlichkeiten der Menschen gegenüber Inhaltsstoffen sehr variabel sind. Zudem ist die Giftwirkung einiger Arten noch nicht ausreichend erforscht oder durch ungenaue Überlieferungen nicht sicher bestätigt. Manche Pflanzen werden je nach Quelle unterschiedlich im Grad ihrer Giftigkeit eingestuft.

Mitunter werden Pflanzen, die früher als stark giftig oder überhaupt als giftig galten, heutzutage anders eingestuft. Die Giftigkeit konnte nicht bestätigt werden, oder es lagen Verwechslungen mit anderen, ähnlich aussehenden Pflanzen vor.

Ein stark bitterer, wenn nicht sogar widerlicher Geschmack von Pflanzen oder Teilen von ihnen hält per se vom Verzehr größerer Mengen ab.

Nutzung der Giftstoffe

Der Arzt und Philosoph Paracelsus (1493–1541) schrieb schon vor etwa 500 Jahren: „Alle Dinge sind Gift und nichts ist ohne Gift. Allein die Dosis macht, dass ein Ding kein Gift ist." Stimmt die Dosis, lassen sich viele Pflanzengifte als Heilmittel einsetzen. Das Wissen darum ist seit alters her bekannt.

Pflanzengifte fanden und finden auch heute noch in der Heilkunde, aber auch auf vielfältige andere Weise Verwendung. Bis heute tauchen Naturvölker Pfeil- und Speerspitzen in Auszüge von Giftpflanzen. Giftköder werden zur Jagd ausgelegt, Gifte zur Schädlingsbekämpfung eingesetzt.

Früher sicher häufiger als heute wurden Pflanzengifte als Mord- oder Selbstmordmittel genutzt. Bekannt ist der „Schierlingsbecher", den Sokrates zu seiner Hinrichtung trinken musste. Nicht allein die ungeborenen Kinder waren die Opfer von Abtreibungsmitteln aus Pflanzengiften; häufig starben dabei auch die werdenden Mütter.

Im Mittelalter galt der Einsatz halluzinogener Pflanzendrogen als Teufels- und Hexenwerk. Noch heute spielen sie als sogenannte „Bio"- oder „Naturdrogen" eine nicht ungefährliche Rolle.

Viele Giftpflanzen finden heutzutage in der Homöopathie Verwendung.

125 Giftpflanzen

In diesem Giftpflanzenbuch wurden 125 heimische Pflanzenarten ausgewählt und hinsichtlich ihrer Giftigkeit beschrie-

ben. Es gibt weit mehr Giftpflanzen in unserer Vegetation, denn wie oben bereits erwähnt, wird vermutet, dass etwa ein Drittel aller Pflanzenarten Giftstoffe enthalten.
Bei der Auswahl der hier aufgeführten Arten wurden neben dem Grad der Giftigkeit auch andere Kriterien berücksichtigt. Besonderes Augenmerk wird auf Pflanzenarten gelegt, die Beeren oder beerenähnliche Früchte tragen. Sie können von Kindern wie auch von Erwachsenen besonders leicht mit essbaren, ungiftigen Früchten verwechselt werden. Giftige Pflanzen oder Teile von ihnen, die als Schnittblumen auf den Tisch gestellt oder in Gestecken verarbeitet werden, stellen für Babys und Kleinkinder eine Gefahr dar, da diese alles in den Mund nehmen, um ihre Umgebung kennenzulernen. Von sehr seltenen Arten sind einige ausgelassen, bei denen eine Gefahr der Vergiftung sehr unwahrscheinlich ist, weil kaum Kontakt mit ihnen zu erwarten ist.
Reine Pollenallergien auslösende Pflanzen werden nicht aufgeführt, aber einige von denen, die bei Empfindlichkeit Kontaktallergien verursachen können. Pflanzliche Kontaktallergene finden sich in Mitteleuropa vor allem in der Familie der Korbblütler. Die Margerite wird beispielhaft aufgeführt.
Auf reine Zierpflanzen wird nicht eingegangen, jedoch solche, die häufig aus Gärten in die freie Landschaft ausbrechen und sich als Neubürger (Neophyten) in unsere Vegetation ansiedeln. Dazu zählen auch Pflanzenarten, die nach der Entdeckung Amerikas bei uns dauerhaft eingewandert sind, wie Riesen-Bärenklau oder Weißer Stechapfel. Pflanzenarten, die unbeständig sind, also nur kurzzeitig in der Natur überdauern, werden nicht berücksichtigt, wie zum Beispiel Kermesbeere (*Phytolacca*) und Büchelschön (Phacelia).
Zahlreiche der hier beschriebenen Pflanzenarten weisen Unterarten oder enge Verwandte auf, auf die hier nicht alle eingegangen werden kann.

Aufbau der Pflanzenporträts

Die 125 Pflanzenporträts sind nach ihren gebräuchlichen deutschen Namen in alphabetischer Reihenfolge aufgeführt. Weitere häufige Namen, die wissenschaftliche Bezeichnung und die Zuordnung zur Pflanzenfamilie werden angegeben.
Die Porträtbeschreibung ist bei allen Pflanzen weitgehend gleich strukturiert:

Standort und Herkunft

Verbreitung, Lebensräume, Standortbedingungen, Gefährdung laut Roter Liste der gefährdeten Pflanzenarten Deutschlands, Schutzstatus laut Bundesnaturschutzgesetz, Anbau im Garten ...

Kennzeichen

Lebensform, Habitus, Blätter, Wurzeln, Blütezeit, Blüten, Früchte, Verbreitung der Früchte ...

Verwechslungsmöglichkeiten

» Ähnlich aussehende Pflanzen ...

Wissenswertes

Weitere Besonderheiten zu Biologie oder Physiologie der Pflanze, Interessantes hinsichtlich Heilkunde, Mythologie, Kriminalgeschichte, historische Begebenheiten ...

> ### Giftigkeit
> Betroffene Pflanzenteile, Giftstoffe, Folgen einer Vergiftung ...
> » Gefahrenhinweise und besondere Verhaltensweisen im Umgang mit den Giftpflanzen ...

Zahlreiche Fotos ergänzen die Beschreibungen und Bestimmungsmerkmale der einzelnen Pflanzen.

Giftige Inhaltsstoffe

Es gibt eine Vielzahl von Giftstoffen, die in Pflanzen enthalten sein können; häufig treten mehrere gleichzeitig auf. Im Folgenden werden einige der häufig vorkommenden Wirkstoffe vorgestellt.

Ätherische Öle

Ätherische Öle sind leicht flüchtige, meist stark duftende Stoffgemische von ölhaltiger Konsistenz. In Wasser sind sie schwer löslich. Es gibt kaum Pflanzen, die frei davon sind. Sie können in allen Pflanzenteilen gebildet werden und sind meist in Drüsen oder anderen speziellen Ölbehältern enthalten. Ihren Duft entfalten sie erst beim Verletzen der Pflanze, zum Beispiel durch Zerreiben der ölhaltigen Pflanzenteile. Der Pflanze selbst dienen diese Stoffe als Verdunstungs- und Fressschutz, aber auch zum Anlocken von Insekten, zur Desinfizierung und zur Keimabwehr.

Zahlreiche Pflanzen mit hohen Anteilen an ätherischen Ölen nutzt der Mensch als Heilpflanzen. Einige Pflanzen weisen in ihren ätherischen Ölen jedoch sehr hohe Konzentrationen giftiger Inhaltsstoffe auf, wie zum Beispiel Haselwurz und Wermut. Bei den giftigen Inhaltsstoffen handelt es sich häufig um Terpene.

Alkaloide

Die Stoffgruppe der Alkaloide ist chemisch nicht einheitlich definiert. Es handelt sich um stickstoffhaltige organische Verbindungen, die überwiegend basisch reagieren. Bekannte Alkaloide sind Atropin, Chinin, Coffein, Nicotin, Solanin und Taxin. Die Benennung zahlreicher Giftstoffe geht auf den wissenschaftlichen Namen der Pflanze zurück, aus der der Wirkstoff isoliert wurde, zum Beispiel Atropin (*Atropa belladonna* = Tollkirsche) oder Taxin (*Taxus baccata* = Eibe).

Häufig treten in einer Pflanzenart mehrere Alkaloide auf. Die meisten dieser Drogen schmecken ausgesprochen bitter und sind sehr giftig. Den Pflanzen dienen sie zur Abwehr von Bakterien, Viren und Pilzen und als Fressschutz. Je nach Entwicklungsgrad der Pflanze ist die Konzentration unterschiedlich; am größten scheint er vor der Blütezeit zu sein.

Auf den menschlichen Körper haben Alkaloide eine vielschichtige Wirkung. Meist weisen sie eine erregende, psychoaktive Wirkung auf, greifen das zentrale Nervensystem an und führen zu Bewusstseins- und Wahrnehmungsveränderungen.
Halluzinogene Alkaloid-Drogen spielten ehemals bei Hexenritualen eine große Rolle.
In der richtigen Dosis finden Alkaloide in der Medizin Verwendung. Hier werden sie meist in homöopathischer Form verabreicht, eher bei akuten und heftigen Krankheitszuständen als bei chronischen Erkrankungen.

Bitterstoffe

Bitterstoffe zählen zu den sekundären Pflanzenstoffen, mit denen sich die Pflanze in erster Linie vor Fressfeinden schützt. Beim Menschen regen sie in geeigneter Dosierung das Verdauungssystem an, tragen zur Entsäuerung des Körpers bei, dämmen Heißhunger auf Süßes. Traditionell gilt ein bitterer Geschmack als Warnsignal vor potenziell giftigen Substanzen. Das trifft nicht für alle, aber für viele Bitterstoffe zu, zum Beispiel für Viburnin, Xylostein und Cucurbitacine. Der Verzehr hoher Dosen von Pflanzenmaterialien, die Cucurbitacine enthalten, so zum Beispiel von der Zaunrübe, kann mitunter tödlich verlaufende Vergiftungen verursachen.

Cyanogene Glycoside

Cyanogene Glycoside dienen den Pflanzen als Schutz vor Parasiten und als Fressschutz. Der blausäurehaltige Wirkstoff (zum Beispiel Amygdalin) wird meist erst bei der Beschädigung der Pflanzenzellen produziert. Sie kommen vor allem in den Samen zahlreicher *Prunus*-Arten vor.
Diese Glycoside sind selbst nicht giftig. Erst durch die Spaltung der Moleküle im Körper kommt es zur Freisetzung giftiger Blausäure. Geringen Mengen davon vermag der Mensch durch Entgiftung entgegenzuwirken, höhere Dosen führen zu Schädigungen, von Erbrechen über Durchfall bis hin zum Herzstillstand.

Enzym

Farngewächse (zum Beispiel Adlerfarn) und Schachtelhalmgewächse (zum Beispiel Sumpf-Schachtelhalm) enthalten hohe Mengen an Thiaminase. Das Enzym zerstört das Vitamin B1 und führt zu Mangelerscheinungen. Das Vitamin ist wichtig zur Erhaltung unseres Nerven- und Herzmuskelgewebes. Durch Erhitzen wird der giftige Inhaltsstoff zerstört.

Furocumarine

Furocumarine, auch Furanocumarine genannt, sind toxische, fotosensibilisierende Verbindungen. Die Pflanze produziert diese Stoffe unmittelbar nachdem sie von Mikroorganismen befallen wird, wie zum Beispiel von Bakterien oder Pilzen. Dadurch wird die Vermehrung und Ausbreitung der Pflanzenschädlinge behindert.
Kommen Furocumarine mit menschlicher Haut in Kontakt, werden sie von dieser aufgenommen und entwickeln je nach Empfindlichkeit unter Lichteinwirkung Hautschädigungen mit Rötungen bis hin zu schwerwiegenden Blasenbildungen. Beim Riesen-Bärenklau zum Beispiel können dadurch schwerwiegende Veränderungen der Haut mit Narbenbildungen ausgelöst werden. Darüber hinaus gelten Furocumarine als krebserregend. Sie sind hitzestabil, werden also durch Kochen nicht zerstört.

Herzwirksame Glycoside

Als herzwirksame Glycoside werden Wirkstoffe bezeichnet, die wie die Inhaltsstoffe des Fingerhutes (unter anderem Digitoxin) in der Lage sind, die Herzfrequenz zu beeinflussen. Sie werden auch als Digitaloide bezeichnet.

Für den Menschen wirken diese Glycoside in der geeigneten Dosis positiv auf den Herzmuskel; in höheren Dosen führen sie zu Herzfunktionsstörungen mit unter Umständen tödlichem Ausgang.

Der stark bittere Geschmack der Digitaloide wie auch das meist spontane Erbrechen verringern die Gefahr einer größeren Aufnahme dieser giftigen Wirkstoffe.

Lectine

Lectine sind komplexe Proteine (Eiweißstoffe), die vor allem in Hülsenfrüchten vorkommen. Einige dieser Lectine wirken toxisch. Sie können Störungen zellulärer Prozesse auslösen, zum Beispiel an inneren Organen wie Darm, Leber, Magen und Nieren. Letztlich bewirken sie die Zerstörung der roten Blutkörperchen, lösen Sauerstoffunterversorgung und Atemstillstand aus. Zu diesen giftigen Lectinen zählen zum Beispiel die Inhaltsstoffe Robin und Phasin, die in der Robinie nachweisbar sind.

Oxalsäure

Typisch für Pflanzen, die Oxalsäure beinhalten (zum Beispiel Sauerampfer und Sauerklee), ist der saure Geschmack der Blätter (lat.: *acetosus* = sauer). Oxalsäure, auch „Kleesäure" genannt, und deren Salze (Oxalate) können bei Verzehr zu Beeinträchtigungen führen und zum Beispiel die Aufnahme von Mineralstoffen wie Calcium, Magnesium und Eisen stören. Bei längerem und häufigem Verzehr kann es zu Beeinträchtigungen des Kalziumhaushaltes kommen. Die Bildung von Nierensteinen wird begünstigt; die Nieren können geschädigt werden. Kreislaufkollaps und Blutungen im Darm sind möglich.

Durch Kochen der Pflanzenteile lässt sich der Gehalt an diesen Giftstoffen vermindern. Die gleichzeitige Verarbeitung mit Milchprodukten verringert die Auswirkungen auf den Körper, da Kalzium sich mit der Oxalsäure verbindet und vom Körper ausgeschieden wird.

Oxalsäure und deren Salze werden als Fleckentfernungsmittel sowie als Beiz- und Bleichmittel eingesetzt. Synthetisch wurde Oxalsäure erstmals im Jahre 1824 hergestellt.

Polyine

Polyine sind giftige Wirkstoffe mit speziellen organischen Kohlenstoffverbindungen, die besonders in den Familien der Korb- und Doldenblütler (zum Beispiel Hundspetersilie und Wasserschierling) auftreten. Bei den Korbblütlern üben diese Inhaltstoffe meist phototoxische Reaktionen aus, das heißt, dass sie unter dem Einfluss von Sonnenlicht zu Hautreizungen führen. Die in Doldenblütlern vorkommenden Polyine, wie zum Beispiel Aethusin, Cicutoxin und Cicutol sind hochtoxisch. Sie greifen das zentrale Nervensystem an und führen unter anderem zu heftigen Schmerzen.

Protoanemonin

Protoanemonin kommt vor allem in Hahnenfußgewächsen vor. Das Gift reizt Haut und Schleimhäute und kann äußerlich Rötungen bis hin zu Blasenbildungen auslösen. Wird der Wirkstoff innerlich aufgenommen, kann es zu Erbrechen, Durchfällen und Krämpfen kommen sowie zu Störungen des Nervensystems und Entzündungen der Nie-

ren. Letztendlich können Lähmungserscheinungen auftreten.
Der scharf schmeckende Giftstoff wird beim Trocknen oder beim Erhitzen in ungiftiges Anemonin umgewandelt.

Pyrrolizidin-Alkaloide

Zum Schutz vor Tierfraß bilden zahlreiche Pflanzen Pyrrolizidin-Alkaloide (PA). Toxisch sind sie selbst nicht, sondern erst die vor allem in der Leber gebildeten Abbauprodukte. Werden Pyrrolizidin-Alkaloide in größeren Mengen und / oder über längere Zeit eingenommen, wirken sie leberschädigend und krebserregend. Vergiftungserscheinungen treten häufig erst nach Wochen oder Monaten auf. Erhitzen und Trocknen zerstört die Giftstoffe nicht. Rückstände dieser Giftstoffe in Milch und Honig gefährden den Verbraucher. Pflanzen, in denen diese giftigen Alkaloide nachgewiesen werden können, sind zum Beispiel Beinwell und verschiedene Greiskräuter.

Saponine

Saponine weisen Glycosid-Charakter auf. Es handelt sich um Seifenstoffe, die in Verbindung mit Wasser schäumen (lat.: *sapor* = Seife). Sie treten in mehr oder weniger hohen Konzentrationen in vielen Wildpflanzen auf. Meist weisen saponinhaltige Pflanzenteile einen bitteren Geschmack auf. Sie wehren mit diesen Inhaltstoffen Schadorganismen ab.
Pflanzen mit hohen Saponin-Gehalten wurden früher als Waschpflanzen verwendet, so zum Beispiel das Seifenkraut (*Saponaria officinalis*). Die Inhaltsstoffe setzen die Oberflächenspannung des Wassers herab. In der Heilpflanzenkunde werden Saponine vor allem als schleimlösendes Mittel bei befallenen Bronchien eingesetzt. In toxischen Dosen können Saponine infolge ihrer Oberflächenaktivität membranschädigend wirken, von Beeinträchtigungen der Magen-Darm-Schleimhaut bis hin zur Zerstörung der roten Blutkörperchen und Auswirkungen auf das zentrale Nervensystem.
Saatgutverunreinigungen durch Kornradesamen haben in früheren Zeiten sogar zu Massenvergiftungen mit Todesfolge geführt.

Terpene

Terpene sind für die Giftigkeit der ätherischen Öle verantwortlich. Dazu gehört zum Beispiel Thujon, welches im Wermut vorkommt. In sehr hohen Dosen eingenommen, können Nervenschädigungen, Krämpfe und psychische Erkrankungen ausgelöst werden.

giftig

Adlerfarn

Der weit verbreitete Adlerfarn besiedelt lichte Kiefern- und Eichenwälder sowie Waldränder und Waldschläge. Er bevorzugt basenarme, saure Sandböden und gilt als Magerkeitszeiger. Mancherorts ist der Farn zu einer Problempflanze geworden, da großflächige Bestände eine Naturverjüngung der Waldbäume verhindern.

Pteridium aquilinum
Adlerfarngewächs

Kennzeichen

Frostempfindliche Rhizompflanze

Bis zu 2 m hoch können die einzeln aus dem Boden treibenden Wedel werden. Somit gilt der Adlerfarn als größter heimischer Farn. Die langen Stiele der im Umriss dreieckigen Farnwedel entspringen direkt aus den unterirdischen, bis 50 cm langen Rhizomen, die für die Ausbreitungsfreudigkeit der Pflanze verantwortlich sind. Wie bei den meisten anderen Farnen sind die jungen Wedel eingerollt. Im Herbst zieht die frostempfindliche Pflanze ihre Wedel ein und überdauert den Winter als Rhizom im Boden.

Generationswechsel

Farngewächse durchlaufen einen Generationswechsel! Sie bilden keine Blüten und Samen aus, sondern Sori und Sporen. Die Sporen fallen auf den Boden und entwickeln sich zu neuen, völlig anders aussehenden unscheinbaren Pflänzchen, den „Vorkeimen". Oft wachsen diese versteckt im Boden oder sehen wie kleine Lebermoose aus. Die Vorkeime entwickeln männliche und weibliche Keimzellen und befruchten sich bei Feuchtigkeit. Erst daraus entstehen die uns bekannten Farnpflanzen mit ihren charakteristischen Wedeln, auf dessen Unterseite sich wieder ungeschlechtlich neue Sori mit Sporen bilden. So wechseln sich geschlechtliche und ungeschlechtliche Generationen regelmäßig ab.
Beim Adlerfarn bilden sich die Sporen auf der Unterseite der Wedel am Rande der Fiederchen. Die Sporenreife ist im Oktober.

Verwechslungsmöglichkeit

» Viele unserer heimischen Farnarten können leicht miteinander verwechselt werden. Der Adlerfarn ist aufgrund seiner Größe und der Struktur seiner Wedel relativ gut zu bestimmen. Die meisten Farnarten gelten als giftig!

Wissenswertes

Adlerschwingen

Ob der Name Adlerfarn (*Pteridium aquilinum*) darauf zurückgeht, dass die großen Farnwedel den Schwingen eines Adlers (lat.: *aquila* = Adler) gleichen? Auch die Querschnitte der Leitbündel in den unteren Blattstielen sehen wie Adlerschwingen aus.

Vielseitige Nutzung

In unseren Breiten wurde das Farnkraut früher vielseitig genutzt. Es diente als Insektengift und Färbemittel. Mancherorts wurde das Farnkraut als „Streufarn" in die Viehställe eingebracht.

Gefährliche Speise

In einigen Wildpflanzen-Kochbüchern wird der Adlerfarn trotz seiner Giftigkeit als Delikatesse angepriesen. Eine Abkochung in Salzwasser soll zwar die Toxizität verringern, trotzdem wird die Häufigkeit von Magenkrebs in Japan auf den Konsum von Adlerfarn zurückgeführt. Vor allem in Teilen der USA und Ostasiens wurden die sehr jungen, noch eingerollten Wedel und die Wurzeln in der Küche verarbeitet. Erst in der Mitte des letzten Jahrhunderts stellten Wissenschaftler die Giftigkeit des Farns fest.

Giftigkeit

Die meisten Farnarten gelten als giftig, wobei die Konzentration der giftigen Inhaltsstoffe von Art zu Art sehr unterschiedlich ist!
Alle Pflanzenteile des Adlerfarns sind unter anderem durch Blausäure-Glycoside, das Enzym Thiaminase und durch den karzinogen wirkenden Inhaltsstoff Ptaquilosid giftig. Die Giftstoffe reichern sich im Laufe der Zeit in der Pflanze an und werden durch Trocknung der Blätter nicht völlig abgebaut.
Verzehr führt zu Durchfall und Erbrechen; größere Dosen wirken krebserregend. Motorische Störungen, Blutungen und andere Symptome können auftreten.

» Vom Verzehr von Pflanzenteilen des Adlerfarns ist aufgrund der Giftigkeit abzuraten, auch wenn einige Quellen ihn als essbar angeben!

» Das Unterscheiden der Farnarten erfordert gute Bestimmungsliteratur.

Adonisröschen, Frühlings-

Das Frühlings-Adonisröschen wächst meist auf kalkhaltigen Böden und ist in Trocken- und Halbtrockenrasen sowie in sonnigen Staudensäumen zu finden. Im Westen Deutschland ist es selten, im Osten häufiger anzutreffen. Die Rote Liste der gefährdeten Pflanzenarten Deutschlands stuft die Pflanze in die Kategorie „stark gefährdet" ein.
Adonisröschen zieren so manch einen Garten.

Frühlings-Adonisröschen
Adonis vernalis
Hahnenfußgewächs

Kennzeichen

Fiederteilige Blätter

Die ausdauernde Pflanze wird bis zu 40 cm hoch. Ihre 1- bis 3-fach fiederteiligen Blätter sind mit sehr feinen, linealischen Zipfeln versehen.

Goldgelbe Blüten

Von April bis Mai erscheinen die auffälligen, im Durchmesser bis 7 cm breiten Blüten. Sie setzen sich aus 10 bis 20 goldgelben, mit seidigem Glanz versehenen Kronblättern zusammen. Während die Blüten tagsüber dem Stand der Sonne folgen, werden sie von pollensammelnden Insekten besucht.

Kleine Nüsschen

Die Früchte des Adonisröschens sind aus kleinen Nüsschen zusammengesetzt, die zur Reife hin hellbraun werden.

Wissenswertes

Herzmedizin

Gezielt dosiert werden die herzwirksamen Inhaltsstoffe für medizinische Zwecke eingesetzt. Auch in der Homöopathie findet das Kraut Verwendung.

Verwechslungsmöglichkeit

» Das Frühlings-Adonisröschen kann, vor allem im blütenlosen Zustand, mit anderen, weniger giftigen Arten der Gattung verwechselt werden, zum Beispiel mit dem zinnoberrot blühenden, einjährigen Sommer-Adonisröschen (*Adonis aestivalis*). Dieses weist fast schwarze Saftmale am Grund der Blütenblätter auf.

Sommer-Adonisröschen

Giftigkeit

Adonisröschen beinhalten giftige, herzwirksame Glykoside wie Adonitoxin. Leichte Vergiftungen führen zu Durchfall, Übelkeit, Erbrechen und Sehstörungen; höhere Dosierungen können Herzrhythmusstörungen und Atemnot auslösen. Vergiftungen sind kaum bekannt!

» Die dekorativen Adonisröschen sollten in Haushalten mit Kleinkindern nicht in der Vase stehen.

Foto: H. Zell (CC BY-SA 3.0)

stark giftig

Alpenveilchen, Wildes

In Deutschland ist das Wilde Alpenveilchen an natürlichen Standorten nur in Buchen-Tannen-Bergwäldern der Alpen zu finden. Darauf deutet der Name der Pflanze hin. Nährstoffreiche, feuchte Humusböden werden von der wärmeliebenden Art besiedelt. Das Alpenveilchen wird auf der Roten Liste der gefährdeten Pflanzenarten Deutschlands auf der Vorwarnliste geführt. Die Pflanze ist laut Bundesnaturschutzgesetz besonders geschützt!

Wildes Alpenveilchen
Cyclamen purpurascens
Primelgewächs

Kennzeichen

Knollen-Geophyt

Das wintergrüne Wilde Alpenveilchen weist eine ausdauernde Knolle mit rundlich abgeplatteter Form auf (griech.: *kyclos* = Kreis, Scheibe). Aus dieser treiben im Frühjahr grundständige, bis 15 cm hoch werdende Blätter aus. Die herzförmige Blattspreite ist oberseits dunkelgrün mit weißlichen Flecken, unterseits ist sie rötlich bis violett. Die Blätter verbleiben in milden Wintern bis zum neuen Austrieb im Frühjahr an der Pflanze. Auch durch kurze Ausläufer findet eine Vermehrung statt.

Foto: Erutuon (CC BY-SA 3.0)

Ohne Nektar

Von Juni bis September erscheinen auf grundständigen Blütenstielen einzelne, wohlriechende, purpurrote Blüten. Statt mit duftendem Nektar werden hier Insekten, vor allem Hummeln, mit ätherischen Ölen angelockt. Die Kronblätter sind bis zu 25 mm lang und zurückgeschlagen.

Foto: H. Zell (CC BY-SA 3.0)

Spiralig gedreht

Nach der Befruchtung entwickeln sich kugelrunde Kapseln. Im Gegensatz zu anderen Alpenveilchen sind die Fruchtstiele des Wilden Alpenveilchens spiralig gedreht. Die Stiele führen die Kapsel zum Boden und streuen erst von Juli bis August des darauffolgenden Jahres ihre Samen aus.

Foto: Meneerke bloem (CC BY-SA 3.0)

Verwechslungsmöglichkeit

» Verwechslungsmöglichkeiten bestehen bei den zahlreichen Sorten der als Zimmerpflanzen verwendeten Alpenveilchen. Auch diese sind giftig!

Wissenswertes

Zur Zierde

Die ähnlich aussehenden, nicht frostharten Alpenveilchen auf unseren Fensterbänken gehen auf eine nicht heimische Alpenveilchenart (*Cyclamen persicum*) zurück. Diese Art ist von Kreta bis in den Kaukasus beheimatet. Sorten in den unterschiedlichsten Größen und Farben werden davon für die Fensterbank angeboten, aber auch winterharte Sorten für den Garten.

„Erd"- oder „Saubrot"

Die höchsten Giftkonzentrationen sind in den Knollen der Alpenveilchen zu finden, weshalb die Pflanze mancherorts als „Erd"- oder „Saubrot" bezeichnet wird. Schweine scheinen sie schadlos fressen zu können.

Drastisch wirkend

Der griechische Arzt Dioscurides warnt im 1. Jahrhundert: *„Ja so auch ein schwanger Weib / daruber gehet / sey es sorglich / es möchte ein unzeitige Geburt darauss entstehen"*. Die giftige Pflanze wurde als Abtreibungsmittel eingesetzt. Im Mittelalter glaubte man, dass schon das Umhängen der Wurzel einen Abort auslösen könne.
Auch als Abführmittel fand die Knolle Verwendung.

Fischfang

Geringe Konzentrationen der giftigen Inhaltsstoffe der Alpenveilchenknollen wirken auf Fische betäubend, weshalb sie früher im Mittelmeergebiet zum Fischfang genutzt wurden.

Giftigkeit

Die Knolle des Alpenveilchens weist stark giftige Saponine auf, vor allem das sehr giftige Cyclamin. Etwa 10 g der Knolle sollen bereits für einen Menschen tödlich sein. Die Blätter und Blüten beinhalten andere Giftstoffe mit geringeren Wirkungen.
Der Verzehr der Knollen führt zu Kratzen im Mund, Übelkeit, Erbrechen, Magenschmerzen und Durchfall. Bei höheren Dosen kommt es zu Schwindel, Schweißausbrüchen, Erhöhung des Pulses, zu Krampfanfällen bis hin zur tödlichen Atemlähmung. Die roten Blutkörperchen werden abgebaut oder zerstört.

» Vorsicht vor Verwechslung mit essbaren Zwiebeln im Garten!

» Die Zierarten sind ebenfalls giftig. Vorsicht beim Umgang mit den Pflanzen im Garten (Pflanzen, Umsetzen, Ernten von essbaren Wurzelgemüsen ...)!

nicht giftig (im klassischen Sinn)

Ambrosie, Beifuß-

Die Beifuß-Ambrosie stammt ursprünglich aus Nordamerika. In Deutschland wurde die eingeschleppte Art erstmals 1863 gesichtet und wird daher als Neubürger bezeichnet. Das sind Pflanzenarten, die im Gegensatz zu Altbürgern erst nach der Entdeckung Amerikas bei uns eingewandert sind. Neubürger werden als Neophyten bezeichnet, Altbürger als Archäophyten. Die Beifuß-Ambrosie besiedelt vor allem offene, warme Sand- und Kiesböden und breitet sich zunehmend aus. Häufig ist die Pflanze in Gärten zu finden. Auch kommen größere Bestände außerhalb der Siedlungsbereiche vor. Diese sind meist unbeständig.

Beifuß-Ambrosie, Beifußblättriges Traubenkraut, Aufrechte Ambrosie
Ambrosia artemisiifolia
Korbblütler

Kennzeichen

Rötliche Stängel

Die einjährige Beifuß-Ambrosie kann bis zu 1,5 m hoch werden, ist stark verzweigt und im oberen Bereich zottig behaart. Der zunächst grüne Stängel verfärbt sich im Laufe des Sommers rötlich. Die Blätter sind mehrfach fiederteilig und beiderseits grün. Sie duften aromatisch.

Pollen- und Samenproduzent

Während die männlichen Blüten mit den gelblichen Staubfäden im oberen Bereich des traubenförmigen Blütenstandes stehen, befinden sich die unscheinbaren weiblichen unterhalb von diesen, meist in den Achseln der oberen Laubblätter. Jede Pflanze kann bis zu 1 Milliarde Pollenkörner freisetzen und etwa 5000 Samen bilden; es können aber weitaus mehr sein. Sie sind in der Lage, bis zu 40 Jahre keimfähig im Boden zu überdauern!

Da die Blütezeit erst von August bis Oktober stattfindet, kommt es häufig nicht zur Samenreife.

Verwechslungsmöglichkeiten

» Wie der Name andeutet, ähneln die Blätter der Beifuß-Ambrosie den Blättern unseres heimischen Gewöhnlichen Beifußes. Diese sind weniger fein gefiedert und unterseits grauweißfilzig überlaufen, im Gegensatz zu den grünen der Ambrosie. Während der Beifuß mehrjährig ist, ist die Ambrosie einjährig.

» Im Garten können junge Pflanzen der Ambrosie leicht mit denen der Tagetespflanze verwechselt werden.

Gewöhnlicher Beifuß

Wissenswertes

Ungiftige Blätter

Die bitter schmeckenden Blätter gelten als ungiftig.

Ver- und Ausbreitung

Die weite Verbreitung der Ambrosie ist Vogelfutter und Saatgut zu verdanken, denen Ambrosia-Samen beigemischt wurden. Damit sich die Pflanze nicht weiter ausbreitet, sollten Vorkommen schon im Jugendstadium mit erhöhten Vorsichtsmaßnahmen beseitigt werden. Kleine Pflanzenbestände werden noch vor der Blüte samt Wurzel ausgerissen. Das Pflanzenmaterial, vor allem blühendes und samendes, sollte in einem Plastikbeutel gut verpackt und im Restmüll entsorgt werden. Größere Bestände werden den Behörden gemeldet.

Staudenblättrige Ambrosie

Vor allem in Berlin breitet sich die ebenfalls Hautreizungen und Allergien auslösende Stauden-Ambrosie (*Ambrosia psilostachya*) aus. Sie sieht ihrer Verwandten recht ähnlich, ist jedoch mehrjährig und wird nur bis 80 cm hoch.

Giftigkeit

Die Beifuß-Ambrosie zählt nicht zu den klassischen Giftpflanzen! Sie soll hier als Beispiel für Pflanzen stehen, die bei empfindlichen Menschen heftige Kontaktallergien auslösen. Zudem kann die Pflanze gefährliche Pollenallergien auslösen. Direkter Kontakt mit der Pflanze kann bei empfindlichen Menschen Ausschläge und flüssigkeitsgefüllte Bläschen auf der Haut hervorrufen. Bei einer Allergie schwellen die Augen an; es kann zu Heuschnupfen, Bindehautentzündungen und Asthmaanfällen kommen, bis hin zu Atemnot.

» Beim Entfernen von Ambrosiapflanzen ist äußerste Vorsicht geboten! Es sollten Handschuhe getragen werden! Blühen die Pflanzen bereits, sollten Pollenallergiker Schutzmasken tragen!

schwach giftig

Arnika, Echte

Die Echte Arnika wächst, wie der Name andeutet, vor allem in höheren Lagen. Die kalkmeidende Pflanze besiedelt trockene wie auch frische Böden und ist in Magerrasen wie auch in Feuchtwiesen zu finden. In ganz Deutschland ist Arnika im Bestand bedroht; auf der Roten Liste der gefährdeten Pflanzenarten Deutschlands wird sie mit „gefährdet" eingestuft. Die Pflanze ist laut Bundesnaturschutzgesetz besonders geschützt!

Echte Arnika, Berg-Wohlverleih
Arnica montana
Korbblütler

Kennzeichen

Blattrosette

Die Echte Arnika ist eine bis 60 cm hoch werdende Staude mit Grundblattrosette. Ihre wechselständigen Stängelblätter sind breit lanzettlich und weich behaart.

Große Blütenköpfe

An wenig verzweigten Blütenstängeln erscheinen von Juni bis August große goldgelbe Blütenköpfe von 6 bis 8 cm Durchmesser mit langen, randständigen Zungenblüten und zentralen Röhrenblüten.

Wissenswertes

Äußerlich wohltuend

Die häufig verwendete Bezeichnung „Berg-Wohlverleih" nimmt nicht nur auf den Wuchsort Bezug, sondern auch auf die große Heilkraft der Pflanze. Sebastian Kneipp (1821–1897) war es, der behauptete, dass sie nicht mit Gold zu bezahlen sei. Er bezog sich dabei in erster Linie auf die äußerliche Anwendung.
Die Pflanze wirkt entzündungshemmend, schmerzlindernd und antirheumatisch; sie wird bei Prellungen und Verstauchungen wie auch bei Blutergüssen angewendet.

Vom Winde verweht

Zur Verbreitung der Pflanze werden die Samen wie beim verwandten Löwenzahn in den Wind geschickt.

Innerlich unverträglich

Der giftige Inhaltsstoff Helenalin spricht gegen eine innere Anwendung als Heilkraut. Dieser Giftstoff ist auch für die häufig auftretenden allergischen Reaktionen verantwortlich. Heute wird Arnika vor allem in der Homöopathie angewendet.

Giftigkeit

Neben den heilenden ätherischen Ölen enthalten alle Pflanzenteile der Echten Arnika das giftige Helenalin.
Verzehr führt unter anderem zu Schleimhautreizungen, Erbrechen, Durchfall und innere Blutungen. Eine Überdosierung kann zu Pulsbeschleunigung, Herzklopfen, Atemnot bis hin zur Lähmung des Herzmuskels führen.
Nicht selten treten bei empfindlichen Menschen Allergien und Hautreizungen auf.

» Kinder sind besonders gefährdet, da die dekorativen Blütenköpfchen zum Pflücken von Blumensträußen verleiten!

» Bei der äußerlichen Anwendung mit verdünnter und vor allem unverdünnter Arnikatinktur ist Vorsicht geboten! Innerliche Anwendungen sollten unterbleiben!

» Vor allem Menschen mit Neigung zu Allergien gegenüber Korbblütlern sollten den Kontakt mit Arnika meiden!

stark giftig

Aronstab, Gefleckter

Der Gefleckte Aronstab wächst in krautreichen Laubwäldern und Hecken auf nährstoffreichen, tiefgründigen Böden frischer bis feuchter Standorte. In Süd- und Mitteldeutschland ist er weit verbreitet; der Norden und Nordwesten des Landes weist große Verbreitungslücken auf.

Gefleckter Aronstab
Arum maculatum
Aronstabgewächs

Kennzeichen

Nicht immer gefleckt

Als Frühblüher nutzt die etwa 25 cm hoch werdende Pflanze die noch unbelaubten Wälder zum Blühen und Fruchten. Im zeitigen Frühjahr schießen die langstieligen, pfeil- oder speerförmigen Blätter aus dem Boden. Sie sind netznervig und nicht immer gefleckt, wie der Name vermuten lässt. Im Frühsommer zieht der Aronstab seine Blätter wieder ein und überdauert bis zum darauffolgenden Frühjahr als Knolle im Boden.

Kesselfallenblume

Das, was beim Aronstab gemeinhin als Blüte angesprochen wird, ist im botanischen Sinn ein Hochblatt, auch Spatha genannt. Es ist grünlichweiß, tütenförmig und umschließt wie ein Kessel den unteren Teil des eigentlichen Blütenstandes, der von April bis Juni zu entdecken ist. Ganz unten in diesem Kessel befinden sich die weiblichen Blüten, darüber die männlichen. Oberhalb des Kessels geht der Blütenstand in einen violett gefärbten Kolben über, der einen harnartigen Geruch verströmt. Dieser lockt Schmetterlingsmücken in den Kessel, die erst am darauffolgenden Morgen wieder freigelassen werden, ohne jedoch den begehrten Nektar vorgefunden zu haben.

Scharlachrote Beeren

War die Befruchtung erfolgreich, entwickeln sich leuchtend scharlachrote, vielsamige Beeren mit süßlichem Geschmack. Sie sind im Juli / August reif und werden vor allem von Vögeln gefressen und verbreitet.

Wissenswertes

Stärkehaltige Speise

Trotz ihrer Giftigkeit wurden die Knollen des Aronstabs früher gekocht und als stärkehaltige Speise verzehrt.

Verwechslungsmöglichkeiten

- Junge Blätter des Aronstabs können leicht mit denen des essbaren Bärlauchs (*Allium ursinum*) verwechselt werden. Aronstabblätter duften nicht nach Knoblauch und schmecken scharf. Bärlauchblätter weisen im Unterschied zu den netznervigen Blättern des Aronstabs parallele Blattnerven auf.
- Dort, wo Waldränder an Wiesen stoßen, können die Blätter des Aronstabs unter Umständen mit denen des schwach giftigen Wiesen-Sauerampfers (*Rumex acetosa* / Weiteres s. S. 237) verwechselt werden. Auch die Blätter des Sauerampfers haben spießförmige Blattspreiten. Sie schmecken säuerlich, hinterlassen aber kein starkes Nadeln im Mund. Meist sind sie viel kleiner als Aronstabblätter und stehen zu vielen in Rosetten beisammen.

Giftigkeit

Alle Teile des Gefleckten Aronstabs sind im frischen Zustand stark giftig durch verschiedene Scharfstoffe, hautreizende Salze der Oxalsäure und weitere giftige Inhaltsstoffe.
Vergiftungserscheinungen sind Bewegungsstörungen, Schwellung und Rötung der Mundschleimhäute, Schwellung der Lippen, Brennen im Mundbereich, Erbrechen, Blutungen, Bauchschmerzen und Durchfall. Krämpfe und Lähmungen des Zentralen Nervensystems können zum Tod führen.
Kontakt mit dem giftigen Pflanzensaft kann bei empfindlichen Menschen zu Haut- und Schleimhautentzündungen führen. Schon alleiniges Berühren der Pflanze löst aufgrund des hohen Gehaltes an Oxalsäure bei empfindlichen Menschen Hautreizungen aus.
Trocknen oder Kochen des Pflanzenmaterials reduziert den Grad der Giftigkeit.

- Kinder sind besonders gefährdet, da die Beeren des Aronstabs süß schmecken!
- Auf Grünlandflächen, die an Wäldern grenzen, ist beim Sammeln von Sauerampfer Vorsicht geboten, da Verwechslungen mit jungen Blättern vom Aronstab auftreten können.

schwach giftig

Bärenklau, Gewöhnlicher

Der weit verbreitete Wiesen-Bärenklau ist auf Wiesen, an Weg- und Waldrändern und in Hochstaudenfluren zu finden. Er bevorzugt frische, nährstoffreiche Standorte. Dort, wo er in großen Beständen auftritt, ist der Boden meist überdüngt.

Gewöhnlicher Bärenklau,
Wiesen-Bärenklau
Heracleum sphondylium
Doldenblütler

Kennzeichen

Hart und rau

Die zwei- bis mehrjährige Staude bildet eine bodennahe Blattrosette aus. Die daraus aufsteigenden, bis zu 1,50 m hoch werdenden, hohlen, kantig gefurchten Stängel sind steif behaart: „Ist der Stängel hart und rau, handelt`s sich um Bärenklau“. Die bis 50 cm breiten, gefiederten Blätter weisen rundliche Blattzipfel auf und sind auf der Oberseite ebenfalls rau behaart. Sehr auffällig sind die bauchig aufgetriebenen Blattscheiden, die den Blatt- und Blütenknospen als Schutz dienen.

Blütenfülle

Von Mai bis August erscheinen die auffälligen weißen, tellerförmigen Blütendolden, bei denen die äußeren Blüten vergrößert sind. Bienen, Hummeln, Schwebfliegen und Wanzen machen sich über den reichlich abgesonderten Nektar her. Aus den Blüten entwickeln sich zum Herbst hin breit geflügelte ovale Früchte.

Verwechslungsmöglichkeiten

» Der Wiesen-Bärenklau ist vor allem im Jugendstadium leicht mit dem verwandten, stark giftigen Riesen-Bärenklau (*Heracleum mantegazzianum* / Weiteres s. S. 35 zu verwechseln. Dieser wird bis zu 3 m hoch und hat im Gegensatz zum Wiesen-Bärenklau unbehaarte Blätter mit spitz zulaufenden Blattlappen. Zudem riecht er unangenehm und hat häufig rot überlaufene Stängel. Mit zunehmendem Alter sind die Pflanzen anhand ihrer Größe besser zu unterscheiden.

Riesen-Bärenklau

» Viele Arten unserer heimischen Doldenblütler können leicht miteinander verwechselt werden!

Wissenswertes

Essbares Grün

Die jungen, mild-süßlich schmeckenden Blätter und die jungen Blattstiele können im Frühjahr geerntet und zu Gemüse, Salaten und Suppen verarbeitet werden; die noch ungeöffneten Blütenstände lassen sich wie Brokkoli dünsten. Junge Blätter wurden früher an das Vieh verfüttert.

Furocumarine

Furocumarine sind in besonders hoher Konzentration im verwandten Riesenbärenklau (*Heracleum mantegazzianum* / Weiteres s. S. 35) zu finden. In vielen weiteren Doldenblütlern sind diese phototoxisch wirksamen Stoffe in zum Teil wesentlich geringerer Konzentration enthalten, wie zum Beispiel Pastinake (*Pastinaca sativa*), Engelwurz (*Angelica archangelica*), Große Bibernelle (*Pimpinella major*) oder Meisterwurz (*Peucedanum ostruthium*).

Giftigkeit

Der Wiesen-Bärenklau enthält in allen Teilen, besonders im Pflanzensaft und in den unreifen Früchten, schwach giftige Furocumarine.
Bei empfindlichen Menschen können diese Inhaltsstoffe bei Berührung Rötungen und Schwellungen der Haut auslösen. Sonnenlicht, welches nachfolgend auf die mit Pflanzensaft in Berührung gekommenen Hautstellen einfällt, verstärkt die Wirkung.

» Beim Umgang mit dem Wiesen-Bärenklau, vor allem bei Nutzung der Pflanze in der Wildkräuterküche, ist Vorsicht geboten! Zum einen hinsichtlich der Wiesendermatitis, zum anderen kann die Pflanze mit dem stark giftigen Riesen-Bärenklau verwechselt werden!

» Das Sammeln von essbaren Vertretern der Pflanzenfamilie der Doldenblütler für die Verwertung in der Küche sollte nur bei Vorhandensein gründlicher Artenkenntnis vorgenommen werden! Neben den essbaren gibt es viele, häufig ähnlich aussehende, giftige bis sehr giftige Arten dieser weit verbreiteten Pflanzenfamilie! Das Unterscheiden der Doldenblütler erfordert gute Bestimmungsliteratur!

stark giftig

Bärenklau, Riesen-

Ursprünglich stammt der Riesen-Bärenklau aus dem Kaukasus. Als Zierpflanze kam der Doldenblütler Ende des 19. Jahrhunderts in unsere Botanischen Gärten. Von dort holten Gartenliebhaber die stattliche Pflanze in ihre Gärten und machten den Weg frei für eine Verwilderung in die freie Landschaft. Dort breitet er sich bis heute in nährstoffreichen, feuchten Staudenfluren, auf Brachflächen, an Wegrändern und vor allem in Uferbereichen von Gewässern aus. Der Neubürger zählt zu den invasiven Pflanzen (lat.: *invadere* = einfallen, eindringen). Das sind eingewanderte Pflanzenarten, die durch ihr massenhaftes Auftreten unsere heimischen Pflanzenarten verdrängen. Imker unterstützten diesen Prozess, da sie den Doldenblütler als Bienenfutterpflanze anbauten.

Riesen-Bärenklau, Herkulesstaude
Heracleum mantegazzianum
Doldenblütler

Kennzeichen

Pflanze der Superlative

Der Riesen-Bärenklau ist in der Regel 2- bis 4-jährig und damit keine echte Staude, wie der gebräuchliche Name Herkulesstaude vermuten lässt. Die Pflanze kann bis über 3 m hoch werden und ist damit in unseren Breiten die größte vorkommende krautige Pflanze. Am Grunde können die meist purpurn gefleckten, hohlen Stängel einen Durchmesser von bis zu 10 cm aufweisen. Die 3- bis 5-teiligen, tief eingeschnittenen, gefiederten Blätter werden bis über 1 m lang. Die Blattzipfel sind spitz.
Nach der Blüte stirbt die Pflanze ab.

Gigantische Blütendolden

Die ehemalige Beliebtheit der Pflanze als dekorative Zierpflanze ist nachvollziehbar, denn von Juni bis September entwickeln sich gigantische Blütendolden mit weißen bis rosafarbenen Blüten. Jede einzelne Dolde setzt sich tellerförmig aus 30 bis über 100 Doldenstrahlen zusammen und kann einen Durchmesser von bis zu 80 cm erreichen. Auf den Dolden tummeln sich zahlreiche Insekten wie zum Beispiel Bienen, Schwebfliegen und Käfer.

Foto: Fritz Geller-Grimm (CC BY-SA 3.0)

Reichlich Früchte

Eine einzige Pflanze ist in der Lage, bis zu 50000 Früchte zu entwickeln. Da jede Frucht aus zwei Teilfrüchten besteht, werden doppelt so viele langlebige Samen produziert. Die flachen Teilfrüchte sind flug- und schwimmfähig und werden ab der Fruchtreife im August / September vom Wind und vor allem über Wasserwege verbreitet, was das Massenauftreten an Ufern erklärt.

Verwechslungsmöglichkeiten

» Der Riesen-Bärenklau ist vor allem im Jugendstadium leicht mit dem verwandten, schwach giftigen Wiesen-Bärenklau (*Heracleum sphondylium* / Weiteres s. S. 32) zu verwechseln. Dieser wird nur bis 1,5 m hoch und hat im Gegensatz zum Riesen-Bärenklau rau behaarte Blätter und rundliche Blattzipfel. Der Riesen-Bärenklau riecht unangenehm und hat häufig rot überlaufene Stängel. Mit zunehmendem Alter sind die Pflanzen allein hinsichtlich ihrer Größe besser zu unterscheiden.

» Auch mit anderen Doldenblütlern wird der Riesen-Bärenklau bisweilen verwechselt. Viele Arten unserer heimischen Doldenblütler können leicht miteinander verwechselt werden!

Gewöhnlicher Bärenklau

Wissenswertes

Zu beachten!

Wird die Pflanze vor der Blüte beschnitten oder abgemäht, treibt sie im darauffolgenden Jahr aus der kräftigen, bis 60 cm tief reichenden Pfahlwurzel wieder aus.
Neuerdings werden Schafe zur Beseitigung der Pflanze eingesetzt; sie fressen die Pflanze, ohne selbst Schaden zu nehmen.

Harmloserer Verwandter

Namentlich unterscheiden sie sich nur durch einen einzigen Buchstaben – der Riesen-Bärenklau und der heimische Wiesen-Bärenklau. Der nahe Verwandte ist ein häufiger Vertreter unserer Wiesen und Wegränder (*Heracleum sphondylium* / Weiteres s. S. 32). Auch diese Pflanze kann bei Hautkontakt Wiesendermatitis mit Rötungen und Schwellungen auslösen.

Giftigkeit

Der Riesen-Bärenklau enthält in allen Teilen, besonders im Pflanzensaft und in den Früchten, gefährliche Furocumarine. Diese Pflanzengifte wirken photosensibilisierend bzw. phototoxisch und können in Zusammenhang mit Sonnenlicht schwerwiegende Hautveränderungen auslösen. Sogar Sonnenlicht, welches nachfolgend auf die mit Pflanzensaft in Berührung gekommenen Hautstellen einfällt, verstärkt die Wirkung. Von April bis Juni weisen die Blätter den höchsten Gehalt an Furocumarinen auf.
Bei Berührung treten brennende und juckende Rötungen, Schwellungen und Brandblasen auf, die Verbrennungen 3. Grades ähneln. In schweren Fällen sind längere Krankenhausaufenthalte vonnöten. Nur langsam findet eine Heilung statt; meist verbleiben narbenähnliche Hautveränderungen. Die Intensität der Reaktionen hängt von der Empfindlichkeit des betroffenen Menschen ab.

» Nach Hautkontakt sollten die betroffenen Stellen gründlich abgewaschen und nicht dem Licht ausgesetzt werden!

» Kinder sind versucht, mit diesen großen Pflanzen zu spielen. Die hohlen Stängel verleiten zum Beispiel zum Bau von Blas- und Fernrohren!

» Beim Sammeln des essbaren Wiesen-Bärenklaus ist Vorsicht vor Verwechslung mit dem großen Verwandten geboten!

» Das Sammeln von essbaren Vertretern der Pflanzenfamilie der Doldenblütler für die Verwertung in der Küche sollte nur bei Vorhandensein gründlicher Artenkenntnis vorgenommen werden. Neben den essbaren gibt es viele, häufig ähnlich aussehende, giftige bis sehr giftige Arten dieser weit verbreiteten Pflanzenfamilie! Eine Bestimmung der Doldenblütler erfordert eine gute Bestimmungsliteratur!

schwach giftig bis ungiftig

Beifuß, Gewöhnlicher

Der weit verbreitete Gewöhnliche Beifuß wächst in nährstoffreichen Stauden- und ausdauernden Unkrautfluren, an Wegen, Gräben und Ufern.

Gewöhnlicher Beifuß, Wilder Wermut
Artemisia vulgaris
Korbblütler

Kennzeichen

Unterseits filzig

Der mehrjährige Beifuß kann bis über 2 m hoch werden. Die fiederteiligen Blätter sind auf der Oberseite dunkelgrün und kahl, auf der Unterseite weiß und filzig. Die Wurzeln gehen bis 150 cm in die Tiefe.

Reichverzweigte Rispe

Zur Blütezeit von Juli bis September erscheinen die gelblich bis rötlichbraunen kleinen Blütenköpfchen auf einer reich verzweigten Rispe. Die Blütenstände bestehen nur aus Röhrenblüten, die sich vom Wind bestäuben lassen. Hunderttausende von langlebigen Samen soll eine Pflanze jährlich produzieren können.

Verwechslungsmöglichkeit

» Der Beifuß ist leicht mit dem verwandten Wermut (*Artemisia absinthium* / Weiteres s. S. 327) zu verwechseln. Die alte Gewürz- und Arzneipflanze kennen wir aus dem Garten. Dessen Blätter sind beiderseits weißfilzig. Aufgrund der Ähnlichkeit wird Beifuß auch „Wilder Wermut" genannt.

Wermut

Wissenswertes

Göttin Artemis

Bereits in vorchristlicher Zeit wurde der Gewöhnliche Beifuß zum Räuchern verwendet. Als Frauenheilkraut war er von der Antike bis ins Mittelalter sehr geschätzt und „Artemis", der Göttin der Frauen und Hebammen, geweiht. Auch zur Wahrsagerei und beim Liebeszauber wurde das Kraut verwendet.

Bei Fuß!

Der Name Beifuß weist auf die Kraft der Pflanze hin, den Wanderer vor Ermüdung zu schützen. Dazu muss er ihn „bei Fuß", also in den Schuhen tragen; manche Quellen binden sich den Beifuß auch ans Bein. Entlang der römischen Heerstraßen soll der Gewöhnliche Beifuß aus diesem Grunde für die Soldaten angepflanzt worden sein. Für die Wirkung verantwortlich zeigt sich das ätherische Öl.

Universalgewürz

Im 18. Jahrhundert war der Korbblütler als Universalgewürz so beliebt wie heute die Petersilie in unserer heimischen Küche. Seine Bitterstoffe wirken appetitanregend und aktivieren die Verdauungssäfte in Magen und Darm. Schwere und fette Speisen werden bekömmlicher und leichter verdaulich. Heute ist kaum mehr als das Würzen des Gänsebratens mit dieser Pflanze in Erinnerung geblieben.

„Fliegenkraut"

Getrocknete Zweige vom Beifuß können zum Vertreiben von Insekten eingesetzt werden.

Giftigkeit

Der Beifuß enthält wie der Wermut den giftigen Inhaltsstoff Thujon, jedoch in weit geringerem Maße.
In hohen Dosierungen und auf Dauer eingenommen ist das Kraut schädlich. Es kann sich negativ auf Nerven, Magen und Nieren auswirken. Im Übermaß genossen, kann Beifuß unter anderem eine wehenfördernde Wirkung haben.
Der herb-bittere Geschmack hält vom Verzehr größerer Mengen meist ab.

» Bei der Verwendung der alten Gewürz- und Heilpflanze in der Küche sollten nur kleine Mengen eingesetzt werden!

schwach giftig

Beinwell, Gewöhnlicher

Der Gewöhnliche Beinwell ist an feuchten bis nassen, nährstoffreichen Standorten zu finden. Er wächst an Wegrändern, Bachufern, Gräben, sumpfigen Wiesen, Bruchwäldern oder ausdauernden Unkrautfluren.

Gewöhnlicher Beinwell, Arznei-Beinwell, Wallwurz
Symphytum officinale
Raublattgewächs

Kennzeichen

Raue Behaarung

Die ausdauernde Pflanze wird etwa 60 cm hoch und entspringt einem rübenförmigen Rhizom. Während die bis 25 cm langen Grundblätter gestielt sind, sitzen die oberen Blätter direkt am Stängel und laufen an diesem weit herab. Beim Zerreiben duften die Blätter nach Gurke. Typisches Kennzeichen der Raublattgewächse ist die raue Behaarung, welche die Pflanzen vor übermäßiger Verdunstung schützt.

In Wickeln

Die spiralförmig aufgedrehten, meist überhängenden Blütentrauben setzen sich aus einzelnen, glockenförmigen Blüten zusammen. Von Juni bis in den August erblühen diese nach und nach. Die Farbe der Blüten variiert von schmutzig rosa bis violett; selten sind sie schmutzig weiß. Pro Blüte entwickeln sich vier schwarzglänzende Teilfrüchtchen.

Verwechslungsmöglichkeit

» Im nichtblühenden Zustand besteht eine große Verwechslungsgefahr mit dem stark giftigen Fingerhut (*Digitalis purpurea* / Weiteres s. S. 88). Dieser bildet eine ähnlich aussehende Blattrosette wie der Beinwell aus und wächst an ähnlichen Standorten. Die Blätter vom Fingerhut sind nicht borstig, sondern weich behaart und duften im Gegensatz zu denen des Beinwells nicht nach Gurke.

Roter Fingerhut

Wissenswertes

Altbekannter „Knochenheiler"

Der Name Beinwell stammt aus dem Mittelhochdeutschen (*bein* = Gebein / *walla* = zusammenwachsen) und weist auf die Verwendung in der Heilpflanzenkunde hin. Bereits die Griechen und Römer nutzten ihre Wirkung bei schlecht heilenden Wunden und Knochenbrüchen. Die ganze Pflanze, vor allem die Wurzel, enthält den Wirkstoff Allantoin, der eine wichtige Funktion bei der Zellbildung einnimmt und die Wundheilung beschleunigt. Auch heute noch ist dieser Wirkstoff zur äußerlichen Anwendung hochgeschätzt.

Nahrungspflanze

Jahrhunderte lang galt der Beinwell nicht nur als Heilpflanze, sondern auch als Nahrungspflanze. Heute weiß man um die schädlichen Inhaltsstoffe!

Dünger

Aus den Blättern lässt sich, wie bei der Brennnessel, ein guter Flüssigdünger für Gartenpflanzen herstellen.

Verwandte

„Komfrey" ist eine dem Beinwell nahe verwandte Kulturpflanze (*Symphytum uplandicum*). Bei dieser Art sind die Blätter nicht oder nur wenig am Stängel herablaufend. In den Bauerngärten vergangener Zeiten war sie häufig zu finden, allerdings vorrangig als nährstoffreiches Futter für die Jungtiere.
In anderen Raublattgewächsen, wie zum Beispiel Steinsamen (*Lithospermum*) und Hundszunge (*Cynoglossum officinale*), sind ebenfalls Pyrrolizidin-Alkaloide enthalten.

Giftigkeit

Alle Teile des Beinwells enthalten giftige Pyrrolizidin-Alkaloide wie zum Beispiel Symphytin.
Bei Aufnahme größerer Mengen und / oder über längere Zeit eingenommen wirken die Giftstoffe leberschädigend und krebserregend. Vergiftungserscheinungen treten häufig erst nach Wochen oder Monaten auf. Erhitzen und Trocknen zerstört die Giftstoffe nicht.

» In zahlreichen Quellen, die sich mit Wildpflanzen in der Küche befassen, wird nicht auf die schädigende Wirkung der Pyrrolizidin-Alkaloide hingewiesen!

» In kleinen Mengen genossen gilt der Verzehr als unbedenklich. Von einem regelmäßigen Verzehr über längere Zeit ist jedoch abzuraten! Langzeitschäden sollten bedacht werden! Kinder, Schwangere, Stillende und geschwächte Menschen sollten vom Verzehr der Pflanze ganz absehen!

» Als Heilpflanze wird der Beinwell nur äußerlich auf intakter Haut angewendet! Die Pyrrolizidin-Alkaloide werden nicht über die Haut aufgenommen! Aber auch hier sind Höchstwerte einzuhalten und ist Vorsicht geboten!

schwach giftig

Berberitze, Gewöhnliche

Die Gewöhnliche Berberitze ist vor allem in Mittel- und Süddeutschland verbreitet. Dort besiedelt sie lichte Wälder, Hecken und Gebüsche, wobei sie nährstoffreiche, kalkhaltige Böden bevorzugt.
Häufig ist das Gehölz in Gärten und Anlagen zu finden. Von dort ist es mancherorts in die freie Landschaft verwildert.

Gewöhnliche Berberitze, Sauerdorn, Essigbeere
Berberis vulgaris
Berberitzengewächs

Kennzeichen

Dreispitzige Dornen

Die Berberitze ist ein bis zu 3 m hoch werdender Strauch mit schmutziggrauer Rinde und gelbem Holz. In den Achseln der Blatt- und Seitentriebe ist das Gehölz mit dreiteiligen Dornen versehen. Auffällig ist das weinrote Laub im Herbst.

Honigsüß …

Von April bis Juni zeigen sich die hängenden Trauben mit ihren zahlreichen goldgelben Blüten, die stark nach Honig duften und verschiedene Insekten anlocken.

… und sauer

Es entwickeln sich von August bis Oktober bereifte, längliche, rötliche Beeren von säuerlichem Geschmack.

Verwechslungsmöglichkeit

» Die Berberitze kann mit Gartenzierformen verwechselt werden. Im Handel angebotene Zierarten der Berberitze enthalten auch im Fruchtfleisch und in den Samen giftige Inhaltsstoffe; ihre Früchte dürfen nicht gegessen werden! Als Beispiel sei die Thunbergs Berberitze (*Berberis thunbergii*) genannt.

Wissenswertes

Vollreif essbar

Vollreife Beeren der Gewöhnlichen Berberitze können gegessen werden; Fruchtfleisch und Samen enthalten keine giftigen Alkaloide.

„Sauerdorn"

Wer die Beeren einmal gekostet hat, weiß, warum die Gewöhnliche Berberitze auch „Sauerdorn" genannt wird. Als sogenannte „Essigbeere" diente der Saft früher armen Leuten als Essigersatz. Gemischt mit anderen Früchten lassen sich die Vitamin-C-reichen Beeren zu Gelee, Saft oder Marmelade verarbeiten.

Gelbes Holz

Das gelbe Holz war bei Drechslern und Schreinern beliebt; es kann zum Färben von Leder und Wolle verwendet werden.

Mahonie

Die eng verwandte Mahonie (*Mahonia aquifolium*, auch *Berberis aquifolium* genannt) ist eine verbreitete Zierpflanze, die häufig in die freie Landschaft verwildert, dort aber sehr unbeständig ist. Für sie gilt ebenfalls, dass die Pflanze in allen Teilen, außer in den vollreifen schwarzen Früchten, schwach giftige Alkaloide aufweist.

Giftigkeit

Außer in den vollreifen Beeren kommen in allen Teilen der Gewöhnlichen Berberitze schwach giftige Isochinolin-Alkaloide vor, zum Beispiel Berberin. Die höchste Konzentration liegt in den Wurzeln.
Der Verzehr unreifer Früchte führt zu Erbrechen, Übelkeit und je nach Dosierung zu Durchfall und Nierenproblemen.
Der säuerliche Geschmack hält meist vom Verzehr größerer Mengen ab, vor allem Kinder.

» Kinder sind besonders gefährdet, da sie beim Naschen unreife Beeren erwischen könnten!

» Zierformen der Berberitze können in allen Teilen oder teilweise giftig sein, auch das Fruchtfleisch und die Samen!

giftig

Besenginster, Gewöhnlicher

Besenginster wächst auf sauren, trockenen Böden. Er ist in Eichen-, Birken- und Kiefernwäldern, an Waldrändern, auf Kahlschlägen und in heideartigen Pflanzenbeständen zu finden. Auch auf extensiv bewirtschafteten oder brachliegenden Weideflächen kommt der einst durch Brandrodung geförderte Besenginster vor.
Im Garten ist das Gehölz als Zierpflanze beliebt.

Gewöhnlicher Besenginster
Cytisus scoparius
Schmetterlingsblütler

Kennzeichen

Grüne Ruten

Der lichtbedürftige, bis zu 2 m hohe Strauch weist fünfkantige grüne Ruten mit kleinen, dreiteiligen Blättern auf.

Gelbe Blütenpracht

Besonders auffällig ist der Strauch zur Blütezeit von Mai bis Juni, wenn er über und über mit etwa 2 cm langen, gelben Schiffchenblüten bedeckt ist. Für Hummeln ist die Blütenpracht eine wahre Freude.

Knisternder Ginster

Die von August bis Oktober erscheinenden dunklen Hülsenfrüchte springen bei Vollreife durch Austrocknung auf, was durch ein Knistern hörbar wird. Sie streuen ihre schwarzen Samen mehrere Meter weit aus.

Verwechslungsmöglichkeiten

- Der Besenginster ähnelt dem giftigen Färber-Ginster (*Genista tinctoria* / Weiteres s. S. 104). Im Gegensatz zu diesem wird der Besenginster wesentlich größer. Der Färberginster trägt nur ungeteilte Blätter.
- Der Deutsche Ginster (*Genista germanica*) ist behaart; der Behaarte Ginster (*Genista pilosa*) wird nur 10 bis 20 cm hoch und ist angedrückt seidig behaart. Die Stängel des Flügelginsters (*Genista sagittalis*) sind deutlich geflügelt.

Wissenswertes

Bindungsfreudig

Die Pflanze ist einerseits in der Lage, mit den grünen Ruten Photosynthese zu betreiben, andererseits mit Hilfe von Knöllchenbakterien Luftstickstoff zu binden.

Einstige Nutzungsvielfalt

Die Ruten des Besenginsters wurden früher zur Herstellung besonders robuster Besen genutzt oder in Birkenreisigbesen eingearbeitet. Aus ihnen wurden Körbe geflochten. Aus den Bastfasern lassen sich Seile und Juteersatz herstellen; mit den Blüten lässt sich Wolle gelb färben.
Mancherorts fand der Besenginster als Hopfenersatz Verwendung, aufgrund der giftigen Inhaltstoffe ein schädliches Unterfangen!

Heutige Nutzung

Heute wird der tief wurzelnde Besenginster zur Befestigung von Böschungen oder als Zierpflanze im Garten angepflanzt.
Die Homöopathie nutzt die giftige Pflanze als heilwirksames Mittel gegen verschiedene Herzbeschwerden.

Raffinierte Natur

Bestimmte Lausarten machen sich die Giftwirkung des Besenginsters zunutze. Sie nehmen das Gift auf und schützen sich damit vor Fressfeinden.

Giftigkeit

Ginsterarten weisen in allen Pflanzenteilen, besonders in den Samen, verschiedene giftige Chinolizidin-Alkaloide wie Spartein und Cytisin auf.
Verzehr kann zu Übelkeit, Erbrechen, Durchfall, erhöhtem Herzschlag und neurologischen Symptomen führen. Hohe Dosen können einen Kreislaufkollaps, aufsteigende Lähmungen und Rhythmusstörungen auslösen. Bereits der Verzehr von wenigen Samen führt zu Vergiftungserscheinungen!
Der stark bittere Geschmack hält vom Verzehr größerer Mengen ab.

- Kinder sind besonders gefährdet, weil die wie Bohnen und Erbsen aussehenden Früchte zum Spielen und Verzehr verleiten!

Bilsenkraut

Ursprünglich stammt das Bilsenkraut aus dem Mittelmeergebiet. Der Altbürger hat sich schon vor langer Zeit einen Platz in unserer heimischen Pflanzenwelt erobert, vor allem in Mitteldeutschland. Es ist auf sonnigen, nährstoffreichen, trockenwarmen Standorten zu finden und besiedelt Schutt- und Müllplätze, Mauern und Wegränder und andere Wildkrautfluren. Heute ist das Bilsenkraut auf der Roten Liste der gefährdeten Pflanzenarten Deutschlands als im Bestand „gefährdet" eingestuft.

Schwarzes Bilsenkraut
Hyoscyamus niger
Nachtschattengewächs

Kennzeichen

Unangenehmer Geruch

Das Bilsenkraut ist eine ein- bis zweijährige Staude und wird bis zu 80 cm hoch. Klebrige Drüsenhaare verströmen einen unangenehmen Geruch. Die mattgrünen Blätter sind buchtig gezähnt und im oberen Bereich der Pflanze stängelumfassend. Die rübenförmige, schwarze Wurzel kann über 50 cm lang werden kann.

Rotvioletter Schlund

Die in ährenförmigen Wickeln stehenden Trichterblüten erscheinen von Juni bis Oktober. Sie sind blassgelb und weisen ein dunkles Adernetz und einen rotvioletten Schlund auf. Der 5-zipfelige Kelch ist klebrig-zottig. Bevorzugt werden die Blüten von Hummeln bestäubt.

Lange Keimfähigkeit

Von August bis in den Oktober hinein reifen die Samen des Bilsenkrautes in kelchförmigen, zweifächerigen Deckelkapseln heran. Pro Kapsel entwickeln sich mehr als 200 dunkelbraune bis schwarze Samen (lat.: *niger* = schwarz), die mehr als 600 Jahre keimfähig sind.

Wissenswertes

Heil- und Hexenkraut

Der Name Bilsenkraut geht auf die starke Giftigkeit der Pflanze zurück (althochdeutsch: *pilisa* = tödlich). Seit alters her werden ihre Wirkstoffe in geringen Dosen in der Heilkunde zur Herstellung beruhigender und schmerzstillender Medikamente eingesetzt. Ölauszüge galten als Mittel zum Einreiben gegen Rheuma. Wie die Tollkirsche zählte im Mittelalter auch das Bilsenkraut aufgrund der zu Halluzinationen führenden Inhaltsstoffe zu den Hexen- und Zauberkräutern.
Früher gab es den weit verbreiteten, nicht ungefährlichen Brauch, mit den Samen des Bilsenkrautes die berauschende Wirkung von Bier zu verstärken.

„Altsitzerkraut"

„Unnütz herumsitzende alte Leute" wurden mancherorts mit dem Bilsenkraut ins Jenseits befördert. Auch zur Ausführung anderer Giftmorde wurde die Pflanze eingesetzt.

Unbedenkliche Seite

Gegen Unruhe und Krampfzustände werden homöopathische Dosen vom Bilsenkraut verabreicht.

Shakespeare

Shakespeare verarbeitet die tödliche Wirkung des Pflanzengiftes in seinem Werk „Hamlet". Der Geist des toten Vaters erscheint dem Helden und schildert den Brudermord: *„... beschlich dein Oheim meine sichere Stunde / mit Saft verfluchten Bilsenkrauts im Fläschchen, / und träufelte in den Eingang meines Ohrs / ... / so ward ich schlafend und durch Bruderhand / um Leben, Krone, Weib mit eins gebracht."*

Giftigkeit

Alle Teile des Bilsenkrautes, vor allem die Samen, enthalten stark giftige Alkaloide, vor allem Hyoscyamin, aber auch Scopolamin und Atropin.
Vergiftungserscheinungen ähneln denen der Tollkirsche. Bei Verzehr treten Symptome wie heiße Haut, Gesichtsröte, trockene Schleimhäute und Schluckbeschwerden, Pupillenerweiterungen, Sehstörungen, Pulsbeschleunigung, sehr selten Erbrechen auf. Auch Weinkrämpfe und Rededrang wurden beobachtet. Es kann zu rauschartigen Zuständen, Herzbeschwerden, Lähmungen und zum Kollaps kommen; Atemlähmung führt letztendlich zum Tod.
Schon 15 Samen sollen für Kinder tödlich sein. Winzige Mengen der Blätter reichen aus, um Vergiftungen auszulösen.
Die Giftstoffe können selbst über intakte Haut vom Körper aufgenommen werden.

» Kinder sind besonders gefährdet, da Blüten und Fruchtkapseln mit den mohnähnlichen Samen zum Spielen verleiten!

» Beim Umgang mit der Pflanze im Garten (Pflanzen, Schneiden, Umsetzen ...) sollte direkter Hautkontakt vermieden werden! Gründliches Händewaschen wird empfohlen!

» Missbrauch der Pflanze als mutmaßlich halluzinogene Droge kann leicht tödlich enden!

schwach giftig

Blaustern, Zweiblättriger

Der Zweiblättrige Blaustern kommt vor allem im Süden Deutschlands vor. Hier wächst die Pflanze in Bruch- und Auwäldern, in Laub- und Tannenwäldern wie auch auf feuchten Wiesen und Weiden. Sie bevorzugt frischen, nährstoffreichen Boden in sonniger bis halbschattiger Lage. Laut Bundesnaturschutzgesetz ist die Art besonders geschützt!
Der Blaustern ist im Garten als Zierpflanze sehr beliebt.

Zweiblättriger Blaustern, Scilla, Sternhyazinthe
Scilla bifolia
Hyazinthengewächs

Kennzeichen

Zwei Blätter

Die bis zu 20 cm hoch werdende Pflanze besteht aus 2 unmittelbar aus dem Boden sprießenden, linealische Blättern und einem Blütenstängel. Der Frühjahrsblüher überdauert als Zwiebel die meiste Zeit des Jahres im Boden. Eine lebhafte Vermehrung findet durch Brutzwiebeln statt.

Hellblaue Blüten

Die Blüten des Blausterns erscheinen bereits im März und April. Sie sind von hellblauer Farbe und maximal 2 cm breit. Bis zu 10 Blüten sitzen an einem traubenartigen Blütenstand, der einseitswendig ausgerichtet ist.

Verneigen

Die reifen Fruchtkapseln neigen sich bei Fruchtreife zu Boden und streuen ihre Samen aus.

Verwechslungsmöglichkeiten

- Leicht zu verwechseln ist der Zweiblättrige Blaustern mit dem Nickenden oder Sibirischen Blaustern (*Scilla sibirica*). Diese Art weist mehr Blätter sowie größere, in der Farbe dunklere Blüten auf.
- Ähnlich sieht auch das seltene, verwandte Hasenglöckchen (*Hyacinthus non-scriptus*, ehemals *Scilla non-scripta*) aus. Es wird mit bis zu 50 cm Höhe wesentlich größer und bildet zahlreiche Grundblätter aus. Es soll ähnlich giftige Inhaltsstoffe wie die Blausterne enthalten.

Hasenglöckchen

Giftigkeit

Alle Pflanzenteile der Blausterne, besonders die Zwiebeln und Samen, enthalten giftige Inhaltsstoffe wie Saponine und Herzglykoside. Manche Quellen stufen die Pflanzen als ungiftig ein.
Der Saft kann bei empfindlichen Menschen Hautreizungen auslösen.

- Vor allem in der Umgebung von Kleinkindern ist im Umgang mit dem Blaustern, vor allem mit den Zwiebeln, Vorsicht geboten!
- Da einige Blausterne beliebte Zierpflanzen sind, sollten die Zwiebeln an Gartenstandorten nicht mit essbaren Gemüsezwiebeln verwechselt werden!

schwach giftig

Brennnessel, Große

Die weit verbreitete Große Brennnessel ist eine unserer häufigsten Wildpflanzen. Sie bevorzugt nährstoffreiche Standorte und ist vor allem an Ufern, Weg- und Waldrändern, auf Brachland und Ruderalflächen (Rohbodenstandorte) zu finden. Auch den Garten lässt sie nicht aus.

Große Brennnessel
Urtica dioica
Brennnesselgewächs

Kennzeichen

Lebhaftes Wurzelwerk

Die mehrjährige, meist unverzweigte Pflanze kann über 1,50 m hoch werden. Die gegenständigen Blätter sind meist länger als 5 cm, grob gezähnt, oben zugespitzt und am Grunde herzförmig.
Über das tief in den Boden reichende Wurzelwerk findet eine lebhafte vegetative Ausbreitung statt.

Brennhaare

An den Stängeln und den Blättern sitzen Brennhaare (lat.: *urere* = brennen), die mehrere Millimeter lang sein können. Der darin befindliche Brennsaft enthält einen noch nicht eindeutig bestimmten Giftstoff.

Zweihäusig

Die Pflanze blüht von Juni bis Oktober. Männliche und weibliche Blütenrispen wachsen auf verschiedenen Pflanzen (lat.: *dioica* = zweihäusig), jeweils quirlförmig in den Blattachseln. Die weiblichen fallen während der Blüte durch ihre weißlichen, pinselförmigen Narben auf und hängen zur Fruchtzeit meist über oder ganz herab; die männlichen sind grünlich und stehen seitlich ab. Brennnesselpflanzen werden vom Wind bestäubt.

Nussfrüchte

Von September bis in den Oktober hinein entwickeln sich kleine Nüsschen, welche die langlebigen Samen enthalten.

Verwechslungsmöglichkeiten

» Leicht zu verwechseln ist die Große Brennnessel mit der weniger weit verbreiteten einjährigen Kleinen Brennnessel (*Urtica urens*). Sie ist wesentlich kleiner vom Wuchs, weist rundlichere Blätter und wesentlich kürzere Blütenrispen auf. Die Wirkung der Brennhaare ist bei der Kleinen Brennnessel stärker.

» Die Große Brennnessel kann im blütenlosen Zustand mit den Taubnesseln (*Lamium*) verwechselt werden. Die Stängel der Lippenblütler sind deutlich vierkantig; Brennhaare bilden sie nicht aus. Blühend sind die Arten wegen der großen, farbigen Lippenblüten nicht zu verwechseln.

Kleine Brennnessel

Wissenswertes

Essbares Wildkraut

Durch Druck und Erhitzen lassen sich die Brennhaare zerstören. So ist die mit zahlreichen wertvollen Inhaltsstoffen ausgestattete Pflanze vielfältig in der Küche einsetzen.

Heilkunde

In der Heilkunde wird die Große Brennnessel seit alters her äußerlich gegen Rheuma und Gicht eingesetzt, innerlich als Durchspülungsmittel bei Harnwegserkrankungen und gegen Nierengries. In Form von Tee, Presssaft oder Gemüse ist sie aufgrund ihrer blutreinigenden und blutbildenden Wirkung für Frühjahrskuren geeignet. Früher galten die Samen als Aphrodisiakum.

„Leinen der armen Leute"

Mit ihren bis über 7 cm langen Bastfaserzellen galt die Pflanze bis ins 18. Jahrhundert hinein als eine der wichtigsten Faserpflanzen.

Kein lästiges Unkraut

Brennnesselkraut wird zur Herstellung von Brennnesseljauche als Düngemittel für den Garten und als Aufguss zur Bekämpfung von Blattläusen eingesetzt. Brennnesselkraut reichert den Kompost mit wertvollen Mineralstoffen an und gilt heutzutage als kostengünstiger Rohstoff in der Biogasindustrie.

Giftigkeit

Die Brennhaare der Großen Brennnessel enthalten unter anderem Histamin, Serotonin, Acetylcholin und Ameisensäure.
Bei Kontakt mit der Haut brechen die Haarspitzen ab, der Stumpf bohrt sich in die Haut ein und spritzt den Brennsaft hinaus. Je nach Empfindlichkeit löst dieser Saft mehr oder weniger heftige Reaktionen mit roten Pusteln auf der Haut aus.

» Beim Umgang mit dem Brennnesselkraut sollten wegen der Brennhaare Handschuhe getragen werden!

» Vor dem Verzehr des essbaren Krautes sollten die Brennhaare durch Druck zerstört oder die Pflanzenteile erhitzt werden!

schwach giftig

Buche, Rot-

Die weit verbreitete Gewöhnliche Buche wächst in Laub- und Mischwäldern oder kommt in Reinbeständen vor. Sie bevorzugt lehmigen Boden mit mäßigem Nährstoffgehalt.

Rot-Buche, Gewöhnliche Buche
Fagus sylvatica
Buchengewächs

Kennzeichen

Hellgraue, glatte Rinde

Die Buche ist ein sommergrüner Laubbaum mit hellgrauer, glatter Rinde. Sie kann bis über 35 m hoch werden und ein Alter von über 500 Jahren erreichen. Aus den auffällig langen, spitzen Blattknospen sprießen im zeitigen Frühjahr die eiförmigen Blätter hervor. Im Herbst weist die Buche eine gelblich-orange Blattfärbung auf.

Getrennt voneinander

Von April bis Mai erscheinen die Blüten, wobei die männlichen, lang gestielten, hängenden Kätzchen und die weiblichen, unscheinbaren, aufrechtstehenden Blütenstände getrennt voneinander auf den Zweigen sitzen.

Bucheckern

Bis zum September / Oktober entwickeln sich die stacheligen, später verholzten Fruchtbecher mit mehreren einsamigen Nüsschen, die sogenannten Bucheckern. Sie finden durch Versteckausbreitung über Eichhörnchen, Eichelhäher und Mäuse neue Standorte.

Wissenswertes

Buchenland

Deutschland wäre noch heute hauptsächlich von Buchenwäldern bedeckt, wenn nicht der Mensch schon seit der Steinzeit durch Waldweide-, Brenn- und Bauholznutzung sowie weitere Maßnahmen in das Waldgefüge eingegriffen hätte.

Nahrhafte Früchte

Wegen der nahrhaften Früchte wurden früher Schweine zur Bucheckern-Mast in den Wald getrieben. Auch der Mensch weiß den nussartigen Geschmack zu schätzen.

Buchen-Öl und Kaffee-Ersatz

In Notzeiten wurde aus den Samen Buchen-Öl gewonnen, welches als Speise- oder Lampenöl Verwendung fand. Die giftigen Inhaltsstoffe bleiben im Presskuchen zurück. In Kriegszeiten dienten geröstete Bucheckern als Kaffee-Ersatz.

Giftige Stäube

Buchenholzstaub gilt als krebserzeugender Arbeitsstoff!

Giftigkeit

In den Bucheckern befinden sich schwach giftige Saponine sowie Oxalsäure.
Der Verzehr größere Mengen roher Bucheckern kann zu Kopfschmerzen, Durchfall, Übelkeit und Brechreiz führen.
Durch Erhitzen oder Rösten werden die unverträglichen Inhaltsstoffe zerstört, das Aroma wird sogar verbessert.

- » Kinder sollten vorsichtshalber keine rohen Bucheckern essen!
- » Aufgrund der schwach giftigen Inhaltsstoffe sollten Erwachsene nicht mehr als etwa 50 rohe Nüsschen verzehren! Viele Menschen vertragen Bucheckern problemlos.

schwach giftig

Buschwind-röschen

Im Schutze krautreicher Wälder und Gebüsche ist das weit verbreitete Buschwindröschen als eine der ersten blühenden Pflanzen im Jahr zu entdecken. Es besiedelt vor allem frische, nährstoffreiche Böden.

Anemone nemorosa
Hahnenfußgewächs

Kennzeichen

Zartes Frühlingsgrün

Das Buschwindröschen bildet mit seinen langstieligen Blättern 10 bis 25 cm hohe, dichte, teppichartige Bestände aus. Die dreifach geschlitzten Blätter sind grundständig, das heißt, sie sprießen einzeln aus dem Boden. Das starke Ausbreitungsvermögen wird vor allem durch einen im Boden waagerecht verlaufenden Wurzelstock ermöglicht, aus dessen Spitzen und Seitensprossen junge Triebe entspringen. Eine Pflanze kann bis zu 100 Blütentriebe aufweisen.

Blütensterne

Auf langen, dünnen Stängeln entwickeln sich von März bis Mai je 3 quirlförmig laubblattartige Hochblätter, über denen sich jeweils eine sechs- bis achtstrahlige Blüte erhebt. Verschiedene Insekten fliegen die weißen, manchmal leicht rosa überlaufenen Blüten mit den vielen gelben Staubgefäßen an. Samen werden nur wenige produziert.

Verwechslungsmöglichkeit

» Sehr ähnlich sieht das gelbblühende Gelbe Windröschens aus (*Anemone ranunculoides*), eine verwandte, aber seltenere Art. Sie trägt pro Blütenstängel oft eine zweite Blüte, bisweilen auch mehr. Sie ist vergleichbar giftig wie das Buschwindröschen.

Gelbes Buschwindröschen

Wissenswertes

Warnung!

Häufig sieht man Sträuße von gepflückten Buschwindröschen achtlos an Wegrändern liegen, da das zarte Frühjahrsgrün schnell die Köpfe hängen lässt. *„Wer nur ein Exemplar vom Buschwindröschen mit nach Hause nehme, der habe im selben Jahr noch einen Toten zu beklagen.*" So hieß es früher. Mit dieser Warnung sollte das erste wiedererwachte Grün des Jahres vor dem Ausreißen geschützt werden.

Giftigkeit

Wie seine verwandten Hahnenfußgewächse (zum Beispiel *Ranunculus acris* / Weiteres s. S. 109) weisen frische Pflanzen des Buschwindröschens das schwach giftige Protoanemonin auf, welches in größeren Mengen zu Vergiftungen führen kann.
Bei Verzehr kommt es unter anderem zu Reizungen der Schleimhäute, Übelkeit, Erbrechen und blutigem Durchfall.
Berührung löst bei empfindlichen Menschen Hautreizungen bis hin zu Blasenbildungen aus.

» Kleinkinder sind besonders gefährdet, da der erste Frühlingsblüher zum Pflücken animiert!

Christrose

In Deutschland kommt die Christrose wild nur in Wäldern einiger Gebirgsregionen Bayerns vor. Dort besiedelt sie frische, kalkhaltige Böden. Die Christrose steht auf der Roten Liste der gefährdeten Pflanzenarten in der Kategorie „gefährdet". Alle wildwachsenden Arten der Gattung Helleborus sind in Deutschland laut Bundesnaturschutzgesetz besonders geschützt!
In Gärten ist die Pflanze aufgrund der ungewöhnlichen Blütezeit als Zierpflanze beliebt. Zahlreiche Sorten sind hier zu finden.

Schneerose,
Schwarze Nieswurz
Helleborus niger
Hahnenfußgewächs

Kennzeichen

Frostsicher verpackt

Die immergrüne Rosettenpflanze wird bis 30 cm hoch. Im Winter sind die mehrfach geteilten, langstieligen Blätter durch eine Schneedecke vor Frost geschützt; neue Blätter bilden sich im Frühsommer, nach der Fruchtreife.
Schwarze Wurzeln und Rhizome haben der Christrose den Namen „Schwarze Nieswurz" eingebracht. Vereinfacht ausgedrückt sind Rhizome unterirdische Sprossachsen, sozusagen Stängel, die unter der Erde wachsen. Durch Verzweigungen der Rhizome findet eine vegetative Vermehrung statt.

Winterblüher

An ihren natürlichen Standorten blüht die Christrose etwa von Februar bis März. Durch den Schnee hindurch treiben die im Durchschnitt 6 bis 8 cm breiten, weiß- bis rosafarbenen Blüten ans Licht. Bevor die Blütenblätter abfallen,

färben sie sich grün; in diesem Stadium sind sie sogar in der Lage, Photosynthese zu betreiben. Duftende Nektar- und Staubblätter locken reichlich Insekten an.

Ameisenausbreitung

Im Mai / Juni sind die Früchte reif, springen mit leichtem Knacken auf und verstreuen die Samen. Sie werden durch Ameisen verbreitet.

Verwechslungsmöglichkeiten

» Im nichtblühenden Zustand kann die Christrose mit anderen Nieswurzen verwechselt werden, wie zum Beispiel mit der Grünen Nieswurz (*Helleborus viridis*) und der Stinkenden Nieswurz (*Helleborus foetidus*). Erstere ist vor allem in Mitteldeutschland anzutreffen, letztere vor allem im Südwesten Deutschlands. Alle Nieswurzarten sind giftig!

» Nieswurzarten können mit den ebenfalls giftigen Lenzrosen (*Helleborus orientalis*) verwechselt werden. Diese Gartenzierpflanzen blühen im März.

Grüne Nieswurz

Stinkende Nieswurz

Wissenswertes

Gegen Epilepsie

Gemahlene Rhizome der Nieswurz wurden früher als Niespulver geschnupft. Schon die Römer und Griechen nutzten das Pulver als Brechmittel, aber auch als Heilmittel gegen Epilepsie und Geisteskrankheiten. Mit den Rhizomen vergiftetes Wasser sollte Feinde kampfunfähig machen.

Giftigkeit

Alle Teile der Nieswurzarten sind stark giftig, wobei die stärkste Konzentration in den Rhizomen zu finden ist. Die Pflanzen enthalten unter anderem Saponine (Helleborin) und Protoanemonin; manche weisen zudem herzwirksame Glycoside (Hellebrin) auf.
Nach dem Verzehr kommt es zu Kratzen im Mund- und Rachenraum, Niesreiz, erhöhtem Speichelfluss und Erweiterungen der Pupillen. Magen- und Darmbeschwerden mit Erbrechen und schmerzhaftem Durchfall folgen; im schlimmsten Fall tritt Herzstillstand und damit der Tod ein.
Konzentration und Zusammensetzung der giftigen Wirkstoffe ist in den Pflanzenteilen unterschiedlich. Ebenso sind die Arten der Pflanzengattung unterschiedlich giftig.
Der Verzehr von nur 3 reifen Samenkapseln kann bereits zu schweren Vergiftungen führen.
Äußerlich löst der Saft der Pflanze bei empfindlichen Menschen Hautreizungen und Blasenbildungen aus.
Alle Pflanzenteile schmecken scharf bitter, sodass eine Aufnahme größerer Mengen selten gegeben ist.

- Kinder sind besonders gefährdet, da die Blüten zum Pflücken und eventuell zum Verzehr verleiten, zum Beispiel, wenn sie die Schneedecke durchbrechen!
- Die dekorativen Samenkapseln finden zum Basteln oder als Bestandteile von Gestecken Verwendung. Auf Tischen dekoriert, sind sie eine Gefahr für Kleinkinder; das gilt auch für frische Blüten in der Vase!
- Beim Umgang mit den Pflanzen im Garten (Pflanzen, Schneiden, Umsetzen ...) sollte direkter Hautkontakt vermieden werden. Gründliches Händewaschen wird empfohlen!

schwach giftig

Diptam

Der Diptam wächst an trockenen, mageren, meist kalkreichen Standorten. Er ist in Trockenwiesen und Weinbergen, im Schutz lichter Gebüsche sowie an Wald- und Wegrändern zu finden. In Deutschland ist die Pflanze laut Roter Liste der gefährdeten Pflanzenarten als „gefährdet“ eingestuft. Das ist vermutlich auch darauf zurückzuführen, dass sie an ihren natürlichen Standorten ausgegraben wurde, um sie in den Garten zu verpflanzen.
Seit dem frühen Mittelalter ist die Pflanze eine beliebte Gartenpflanze.

Brennender Busch
Dictamnus albus
Rautengewächs

Kennzeichen

Mit schwarzen Drüsen

Der ausdauernde Diptam wird bis zu einem Meter hoch. Seine Blätter ähneln denen von Eschen. Die ganze Staude ist von schwarzen Drüsen übersät, die nach Zitrone und Zimt duftende ätherische Öle verbreiten.

Schönste Blüten

Von Mai bis Juni erscheinen traubenförmige Blütenstände mit dekorativen lippenförmigen Blüten. Die Blütenblätter sind rosafarben, selten weiß und weisen dunkle Linien auf. Die Blüten sollen zu den schönsten der heimischen Flora zählen. Die gekrümmten Staubfäden bieten besuchenden Insekten einen Anflugplatz.

Samenschleuder

Mit einem Knall öffnen sich die Fruchtkapseln sternförmig und schleudern die Samen bis zu 50 cm weit aus.

Wissenswertes

Brennender Busch

Bei hohen Temperaturen das dadurch vermehrt ausgeströmte ätherische Öl angezündet und die Pflanze damit in eine lebende Fackel verwandelt. Dabei soll sie selbst nicht geschädigt worden sein. Im Volksmund ist Diptam auch als „Brennender Busch" bekannt. Ob es sich dabei um den gleichen Busch handelt, wie in der Bibel erwähnt, ist nicht eindeutig erwiesen.

Giftigkeit

Alle Pflanzenteile des Diptams weisen phototoxische Furocumarine auf.
Bei empfindlichen Menschen können diese Inhaltsstoffe bei Berührung Rötungen und Schwellungen der Haut auslösen. Sonnenlicht, welches nachfolgend auf die mit Pflanzensaft in Berührung gekommenen Hautstellen einfällt, verstärkt die Wirkung.

» Kinder sind besonders gefährdet, da die dekorativen Blüten und Früchte zum Spielen und Verzehr verleiten.

» Nach Hautkontakt sollten die betroffenen Stellen gründlich abgewaschen und nicht dem Licht ausgesetzt werden!

schwach giftig

Eberesche, Gewöhnliche

Die weit verbreitete Eberesche kommt vor allem in lichten Laub- und Nadelwäldern, Hecken und Gebüschen, bevorzugt auf sauren, nährstoffarmen Böden vor. Als lichtbedürftiges Pioniergehölz besiedelt die Eberesche auch Säume und Kahlschlagflächen. Sie wird häufig in Gärten und an Straßen angepflanzt.

Gewöhnliche Eberesche, Vogelbeere, Drosselbeere
Sorbus aucuparia
Rosengewächs

Kennzeichen

Ebereschengruppe

Die Gewöhnliche Eberesche ist ein kleinwüchsiger, anspruchsloser Baum mit lockerer Krone. Das schnellwachsende Gehölz erreicht eine Höhe von bis zu 16 m. Nicht nur durch Samen verbreitet es sich; austreibende Wurzelsprosse können eine einzelne Pflanze wie eine Gruppe von Ebereschen erscheinen lassen. Die gefiederten Blätter werden bis zu 20 cm lang und weisen 9 bis 15 gezähnte Nebenblättchen auf. Im Herbst besticht der Baum durch die bunte Farbenpracht der Blätter und Früchte.

(Un-) Beliebter Duft

Im Mai und Juni steht der Baum in voller Blüte. Unzählige Doldenrispen mit jeweils Hunderten von kleinen weißen Blüten verströmen einen Duft, den manche Menschen als unangenehm empfinden. Auf Tiere wirkt dieser Duft anziehend – Fliegen, Käfer und vor allem Bienen tummeln sich auf den Blüten.

Bitterherbe Früchtchen

Ab September reifen die bitterherb schmeckenden, von Karotinoiden knallrot bis orange gefärbten Apfelfrüchte, die als Wintersteher lange Zeit am Gehölz verbleiben. Vögeln und Säugern dienen sie als Nahrung; Eichhörnchen legen davon Wintervorräte an.

Verwechslungsmöglichkeit

» Ohne Früchte ist die Eberesche leicht mit dem Speierling (*Sorbus domestica*) zu verwechseln, der in unseren Breiten selten geworden ist. Die im reifen Zustand essbaren Früchte sehen ganz anders aus. Sie sind viel größer und ähneln kleinen Birnen.

Wissenswertes

Beliebter Zier- und Obstbaum

Schon Karl der Große empfahl den Anbau der Eberesche in seiner Landgüterverordnung. Aus den bitterherben Früchten lässt sich unter anderem Marmelade, Gelee und Likör herstellen. Heute sind parasorbinfreie Sorten wie die Mährische Eberesche in Baumschulen erhältlich.

Vitamin C

Vogelbeeren zählen zu den Vitamin-C-reichsten Wildfrüchten, weshalb sie früher auch gegen Skorbut eingesetzt wurden. In kleinen Mengen wirken sie frisch gekaut abführend; getrocknet sind sie durch ihren Gerbsäuregehalt stopfend.

Viele Namen

Der Name Eberesche geht vermutlich auf die ehemalige Nutzung als Schweinemast (Eber) zurück und darauf, dass die Fiederblätter entfernt an Eschenblätter erinnern. Über 100 Volksnamen zeigen, dass dieser Baum in der Vergangenheit sehr stark in das Leben der Menschen eingebunden war. Über 60 verschiedene Vogelarten sind beim Verzehr der Früchte beobachtet worden, daher der Name „Vogelbeere". Zum Anlocken und Fangen von Vögeln wurden früher Früchte der Vogelbeere eingesetzt (lat.: *avis* = Vogel, *capere* = fangen).

Giftigkeit

Die frischen Apfelfrüchte der Eberesche enthalten die für Menschen unbekömmliche, schwach giftige Parasorbinsäure.
Bei Einnahme größerer Mengen frischer Früchte können leichte Symptome wie Durchfall, Kopfschmerzen, Übelkeit und Erbrechen auftreten.
Durch Frosteinwirkung und Erhitzen wird die Parasorbinsäure weitgehend zerstört.
Der bitterherbe Geschmack verleitet kaum zum Verzehr größerer Mengen an rohen Früchten.

» Kinder sollten keine frischen Früchte essen!

» Kinder sind besonders gefährdet, da die beerenartigen Apfelfrüchte zum Spielen und Verzehr verleiten!

giftig bis schwach giftig

Efeu

Der weit verbreitete Efeu wächst in unseren heimischen Laubmischwäldern, vor allem in schattigen, feuchten Lagen. Er bevorzugt nährstoffreichen, humosen, tiefgründigen, lehmigen Boden. Als kletter- und kriechender Strauch besiedelt er Bäume, Felsen und Bodenflächen.
Als Kletterpflanze und Bodendecker ist er in zahlreichen Gärten und Parks zu finden. Manch ein Haus wird mit der Kletterpflanze begrünt.

Gewöhnlicher Efeu
Hedera helix
Efeugewächse

Kennzeichen

Haftwurzeln

Als einzige europäische Kletterpflanze ist der immergrüne Efeu in der Lage, aus den bürstenförmigen Haftwurzeln Nährwurzeln zu bilden, sobald er auf ein Krümelchen Erde stößt. So kann er bis zu 20 m hohe Bäume und Sträucher, Wände und Mauern erklimmen.

Zweierlei Blattgestalten

An den sterilen, vorwiegend im Schatten kriechenden und kletternden Trieben sind die für den Efeu gemeinhin bekannten gelappten, drei- bis fünfeckigen Blätter zu finden. Die zum Licht hinwachsenden Zweige weisen dagegen spitz-eiförmige Blätter auf. Oberseits sind die ledrigen Blätter dunkelgrün und glänzend, unterseits sind sie hellgrün.

Süßer Nektar im Herbst

Zu ungewöhnlicher Zeit, von August bis November, bilden sich an den Lichtzweigen die halbkugeligen Blütendolden. Die

im Schatten wachsenden Sprosse sind steril. Zahlreiche Insekten fliegen auf den von Menschen meist als unangenehm empfundenen Geruch der Blüten. Der Efeu ist für sie eine wichtige Nektar- und Pollenquelle in ansonsten blütenarmer Zeit.

Vogelfutter im Frühjahr

Die kugeligen, schwarzblauen Beeren, die im Frühjahr (März / April) des folgenden Jahres reifen, stehen bei vielen Vogelarten auf dem Speiseplan und werden auch von diesen verbreitet.

Wissenswertes

Altes Hustenmittel

Seit alters her ist der Efeu als Arzneipflanze vor allem gegen Husten und Asthma bekannt. Heute findet die giftige Pflanze vorwiegend in der Homöopathie Verwendung.

Zum Waschen geeignet

Die im Efeu enthaltenen Saponine können mit ihren seifenähnlichen Eigenschaften zum Waschen eingesetzt werden.

Nützlichkeit für das Vieh

Bei geringem Futtervorrat am Winterende fütterten die Bauern früher ihrem Vieh abgebrühtes Efeulaub. Rinder bekamen Efeublätter zu fressen, damit sie schneller kalbten.

Symbolpflanze

Auch auf Friedhöfen wird die immergrüne Pflanze, die für Treue, Unsterblichkeit und Hoffnung auf Wiederauferstehung steht, häufig angepflanzt.

Giftigkeit

In allen Teilen des Efeus, besonders in den Blättern und dunklen Beeren, sind giftige Saponine, vor allem Hederin, und andere Giftstoffe enthalten.
Schon der Verzehr von wenigen Früchten führt zu Übelkeit, Gesichtsrötung, Erbrechen, Kopfschmerzen. Größere Mengen können neurologische Symptome und erhöhte Temperatur auslösen, bis hin zum Atemstillstand.
Bei empfindlichen Menschen kann Berührung mit dem Pflanzenmaterial zu Hautreizungen oder Allergien führen.
Der sehr bittere Geschmack verhindert meist, dass größere Mengen davon verzehrt werden.

- » Kinder sind besonders gefährdet, da die Beeren zum Spielen und Verzehr verleiten!
- » Sowohl die Blätter als auch Fruchtstände des Efeus werden häufig in Tischdekorationen eingesetzt. Hier ist Vorsicht geboten, wenn Kleinkinder damit in Kontakt kommen, vor allem mit den schwarzen Beeren!
- » Beim Umgang mit der Pflanze, zum Beispiel beim Rückschnitt, ist das Tragen von Handschuhen angeraten!

stark giftig

Eibe

Natürliche Vorkommen der Eibe sind in der freien Natur kaum noch anzutreffen, vereinzelt im Unterstand reicher Laubmischwälder in höheren Lagen. Sie stehen in Deutschland auf der Vorwarnliste der Roten Liste der gefährdeten Pflanzenarten und sind laut Bundesnaturschutzgesetz besonders geschützt!
Umso häufiger ist das Gehölz in Gärten, Parkanlagen und auf Friedhöfen zu finden.

Europäische Eibe, Beeren-Eibe
Taxus baccata
Eibengewächs

Kennzeichen

Duftlose Nadeln und schuppige Borke

Der immergrüne Nadelbaum wächst buschförmig und unregelmäßig und kann bis zu 17 m hoch werden. Aufgrund der reichlichen Stockausschläge, die miteinander verwachsen können,

werden Stammdurchmesser von bis zu 9 Metern erreicht. Die Borke der Eibe ist gekennzeichnet durch große, unregelmäßig geformte Schuppen.
Die Nadeln sind sehr weich und biegsam; oberseits sind sie dunkelgrün glänzend, unterseits heller und matt.

Zweihäusig

Die Eibe ist der einzige heimische Nadelbaum, der keine Zapfen trägt. Männliche und weibliche Blüten wachsen auf verschiedenen Bäumen; das Gehölz ist somit zweihäusig. Von März bis April, manchmal schon im Februar, erscheinen die Blüten in den Blattachseln, unterseits der Zweige. Die weiblichen Blüten sind knospenförmig und stehen meist einzeln auf kleinen schuppigen Stielen. Die männlichen, gelblichen Blüten sehen kätzchenartig aus und hängen herab. Sie fallen durch die reichliche Pollenproduktion auf.

Roter Samenmantel

Bis September / Oktober reifen die grünen Samen mit den auffällig roten, saftigen, becherförmigen Samenmänteln heran. Diese Gebilde sind im botanischen Sinn nicht als Frucht zu bezeichnen, da die Eibe zu den Nacktsamern zählt, denen Samen umschließende Fruchtknoten fehlen. Botanisch korrekt heißt es „Arillus“. Bei einigen Kulturformen der Eibe ist der Samenmantel gelb. Kleinsäuger und Vögel machen sich über den schmackhaften, beerenartigen Arillus der Eibe her.

Verwechslungsmöglichkeit

» Vor allem im Mai, wenn Nadelgehölze ihr frisches Grün austreiben, kann die Eibe mit anderen Nadelgehölzen wie Tannen und Fichten leicht verwechselt werden. Die Eibe wächst meist strauchförmig und mehrstämmig, entspricht also nicht der Wuchsform des typischen Tannenbaumes. Eibennadeln geben nicht den typischen harzigen Duft ab, der beim Zerreiben der Nadeln der meisten Nadelhölzer entsteht. Tannennadeln weisen auf den Unterseiten zwei weiße Streifen auf; Fichtennadeln sitzen rund um den Zweig und piksen stark.

Fichte

Wissenswertes

Tödliches Gift

Schon im Altertum wurden Extrakte aus Eibennadeln zum Morden und für Selbstmorde eingesetzt; auch zu Abtreibungszwecken fanden sie Verwendung.

Waffenkammer und Ebenholzersatz

Das harte Holz der langsam wachsenden Eibe zählt zu den schwersten und härtesten der heimischen Gehölze. Daher wurde es seit dem Altertum zur Herstellung von Waffen eingesetzt. Mancherorts sind noch heute Reste von Eibenbeständen um Burgen herum zu sehen. Diese angelegten „Waffenkammern" lieferten nicht nur das Holz für die Waffen, sondern auch das Pfeilgift, welches aus der giftigen Pflanze gewonnen wurde.

Symbol für Unsterblichkeit

Schon bei den alten Griechen galt das immergrüne Gehölz mit seinen dunklen, giftigen Nadeln als Baum der Trauer und des Todes; die Römer weihten es den Göttern der Unterwelt. Als Symbol für Unsterblichkeit und ewiges Leben ist die Eibe heute noch auf Friedhöfen als häufig angepflanztes Ziergehölz zu finden.

Modebaum des Rokokos

Anfang des 18. Jahrhunderts war die Eibe in unseren Garten- und Parkanlagen häufig vertreten. Die gute Schnittverträglichkeit hat das immergrüne Na-

delgehölz zum Modebaum des Rokokos gemacht; Eiben wurden zu Säulen, Pyramiden, Kugeln, Kegeln oder sogar Figuren streng in Form geschnitten.
Da die Zweige nicht nadeln, werden sie zur Herstellung von Gebinden für Feierlichkeiten wie Begräbnisse, mancherorts auch Hochzeiten, genutzt. Zur Anfertigung von Advents- und Weihnachtsdekorationen sind sie beliebt.

Krebsmedikament

Aus Extrakten von Nadeln der Eibe wird halbsynthetisch der Wirkstoff Taxol hergestellt, welches als Heilmittel in der Krebstherapie eingesetzt wird.

Tierschädlich?

Der Verzehr der Nadeln ist für zahlreiche Tierarten gefährlich; besonders Pferde reagieren sehr empfindlich. Für Rehe und Hirsche scheint die Eibe dagegen eine schadlose Delikatesse zu sein.

Giftigkeit

Mit Ausnahme des roten Samenmantels weisen alle Teile der Eibe das stark giftige Taxin auf, ein kompliziertes Gemisch von verschiedenen Alkaloiden.
Vergiftungen lösen bereits nach einer Stunde Brechdurchfall, Schwindel, Pupillenverengung, Rotfärbung der Lippen, oberflächliche Atmung und Verlangsamung des Herzschlags aus. Später kommt es zu Krämpfen, Bewusstlosigkeit und Kreislaufzusammenbruch; der Tod tritt durch Atemlähmung ein. Bereits der Verzehr einer Handvoll Nadeln kann beim Menschen diese tödliche Wirkung auslösen.
Der ungiftige, rote Samenmantel ist sehr schmackhaft und kann verzehrt werden. Wird der stark bittere Samen mitgegessen und sogar zerbissen, kann es zu schweren Vergiftungen kommen!

» Kinder sind besonders gefährdet, da der Samenmantel süß schmeckt und daher zum Verzehr verleitet! Dort, wo Kinder sich aufhalten, könnte der Anbau rein männlicher Pflanzen bevorzugt werden!

» Kränze und Gestecke oder anderes Schmuckgrün aus Eibenzweigen stellen vor allem eine Gefahr für Kleinkinder dar, da diese dazu neigen, vieles in den Mund zu nehmen!

» Frisches Maigrün von Tannen und Fichten wird vielerorts zur Herstellung von Tee oder Sirup gesammelt. Hier ist Vorsicht vor Verwechslungen mit der stark giftigen Eibe geboten!

schwach giftig

Eiche, Stiel-

Die Stiel-Eiche wächst in Laubmischwäldern auf tiefgründigen, frischen Böden. Als einer unserer häufigsten Forstbäume kommt sie in unseren Breiten vielerorts bestandsbildend vor.

Stiel-Eiche
Quercus robur
Buchengewächs

Kennzeichen

Buchtig gelappt

Die Stiel-Eiche kann mit ihrem knorrigen Wuchs und der weit ausladenden Krone bis zu 50 m hoch werden. Der Stamm ist tief gefurcht. Die typischen, buchtig gelappten Eichenblätter verbleiben nach der Braunfärbung im Herbst meist noch bis ins nächste Frühjahr am Baum.

Unscheinbare Blüten

Die kätzchenartigen männlichen und die unscheinbaren knospenförmigen weiblichen Blüten erscheinen von April bis Mai getrennt an denselben Zweigen.

Bekannte Eicheln

Nach erfolgter Bestäubung durch Wild- und Honigbienen reifen die Früchte im August bis Oktober aus. Ein bis drei Eicheln stehen an gestielten Fruchtständen beisammen.

Verwechslungsmöglichkeit

» Die Stiel-Eiche kann leicht mit anderen Eichenarten verwechselt werden, wie zum Beispiel mit der ebenfalls schwach giftigen Trauben-Eiche (*Quercus petraea*). Ihre Fruchtstände sind fast ungestielt.

Trauben-Eiche

Wissenswertes

Beste Schinken

„*Unter Eichen wachsen die besten Schinken*". So hieß es früher, als es noch üblich und erlaubt war, Vieh zur Mast in den Wald zu treiben.

Ursprünglichste Nahrung

Schon Plinius der Ältere (etwa 23 bis 79 n. Chr.) hat über die Eichel als erste und ursprünglichste Nahrung des Menschen geschrieben. Die nahrhaften Früchte enthalten reichlich Stärke, Öl und Eiweiß (lat.: *robur* = Stärke). Sie weisen einen zusammenziehenden, bitteren Geschmack auf, der vor der Verarbeitung durch Auswaschen gemildert werden kann. Früher wurden gekochte, zerstoßene Früchte tagelang in Netzen in einen Bach gelegt. Danach schmecken sie süß und leicht nussig. Eichelmehl wurde zum Brotbacken verwendet, geröstete Eicheln als Kaffee-Ersatz.
Heute werden Eicheln fast nur noch in der Wildfütterung eingesetzt; mancherorts wird Eichel-Kaffee im Handel angeboten.

Sonstige Nutzung

Seit jeher wusste der Mensch das Buchengewächs für sich zu nutzen, das feste und dauerhafte Eichenholz in der Möbel- und Bauholzindustrie, die Rinde als Heilmittel und ihre Gerbstoffe zum Gerben von Leder. Aus Eichengallen wurde Tinte hergestellt.
Nicht zuletzt hat die Langlebigkeit des Gehölzes dazu beigetragen, dass Eichen früher allen Völkern in ihrem Wuchsgebiet heilig waren.

Giftigkeit

Alle Pflanzenteile der Stiel-Eiche, besonders die unreifen Eicheln, weisen Gerbstoffe auf.
Verzehr der rohen Früchte kann zu Magen- und Darmbeschwerden mit starken Bauchschmerzen führen.
Der stark bittere Geschmack unbearbeiteter Eicheln hält vom Verzehr größerer Mengen ab.
Durch mehrmaliges Wässern lassen sich die Gerbstoffe lösen und auswaschen.

» Kinder sind besonders gefährdet, da die Eichelfrüchte zum Spielen und Verzehr verleiten!

giftig bis schwach giftig

Einbeere, Vierblättrige

Die Einbeere ist in krautreichen Laubwäldern und unter Gebüschen auf nährstoffreichen Standorten zu finden, die unter dem Einfluss von Grund- oder Sickerwasser stehen. Dort, wo sich die Einbeere ansiedelt, kommt sie meist großflächig vor.

Vierblättrige Einbeere
Paris quadrifolia
Einbeerengewächs

Kennzeichen

Buchtig gelappt

Im Frühjahr sprießt ein bis zu 30 cm langer Trieb mit 4 quirlförmig beieinanderstehenden Blättern aus dem Boden. Mitunter sind 5- bis 6-blättrige Exemplare zu finden. Obwohl die Einbeere zu den Einkeimblättrigen zählt, weist sie eine netzartige Aderstruktur auf.

Unscheinbar, aber oho!

An der Triebspitze entwickelt sich von April bis Juni eine einzelne unscheinbare grünliche Blüte. Die Staubgefäße sind grannenförmig verlängert. Die 4 dunklen Griffel sitzen auf einem ebenso dunklen Fruchtkoten, aus dem sich von Juli bis September eine blauschwarze Beere entwickelt.

Verwechslungsmöglichkeit

» Die Beeren der Einbeere ähneln denen der Heidelbeere (*Vaccinium myrtillus* / Weiteres s. S. 119) und können mitunter von Kindern verwechselt werden.

Wissenswertes

„Teufelsauge"

Das ungewöhnliche Aussehen dieser Pflanze hat schon seit jeher die Fantasie der Menschen beflügelt. Sie wurde mit dem Teufel in Verbindung gebracht, weshalb sie auch als „Teufelsauge" bezeichnet wurde. Andererseits sollten die kreuzförmig stehenden Blätter vor bösen Geistern und Dämonen schützen.

Aus alten Kräuterbüchern

Die Einbeere ist eine alte Heilpflanze, über deren Wirkungen bei zahlreichen Ärzten und Alchemisten früherer Jahrhunderte nachzulesen ist. So schreibt der Arzt und Philosoph Paracelsus (um 1493-1541) über die „Wolfsbeeren", dass sie „die Vernunft unsinnig" machen. Beim Arzt und Botaniker Hieronymus Bock (1498–1554) ist zu lesen: *„Etlich sprechen das dise beer schlaffen machen / wann sie gessen werden.*"

Heutige Anwendung

Heute wird die Einbeere in der Homöopathie verwendet. Über ihre Wirkung äußert sich der Begründer der Homöopathie Hahnemann (1755–1843): *„Man hat das Kraut der Vierblatteinbeere in Krämpfen wirksam befunden ...*".

Giftigkeit

Alle Pflanzenteile der Einbeere, besonders die Beeren, beinhalten giftige Saponine. Der Verzehr kann zu Übelkeit, Brechreiz, Durchfällen, Kopfschmerzen und Schwindel führen, in sehr hoher Dosis letztendlich zu Atemlähmung.
Der unangenehme Geschmack der Beeren lädt nicht zum Verzehr größerer Mengen ein.

» Kinder sind besonders gefährdet, da die Beeren wie Heidelbeeren aussehen und zum Verzehr verleiten!

stark giftig

Eisenhut

Der Blaue Eisenhut besiedelt Höhenlagen von etwa 500 bis 2500 m. Er wächst auf feuchten, nährstoff- und basenreichen Böden und ist in Hochstaudenfluren, Wäldern und in Uferbereichen zu finden. Natürliche Bestände aller heimischen Eisenhutarten sind in Deutschland laut Bundesnaturschutzgesetz besonders geschützt!
Die dekorativen Blütenstände machen den Blauen Eisenhut zu einer beliebten Gartenzierpflanze.

Blauer Eisenhut, Blauer Sturmhut
Aconitum napellus
Hahnenfußgewächs

Kennzeichen

Unterirdische Kriechsprosse

Der Blaue Eisenhut wird 50 bis 150 cm hoch und ist ein Rhizom-Geophyt. Er überwintert mit seinen unterirdischen, knollig verdickten Kriechsprossen im Boden.
Die fünf- bis siebenfach geteilten, tief eingeschnittenen Laubblätter sitzen an aufrechten, kräftigen Stängeln.

Hummelkraft

An den traubenförmigen Blütenständen erscheinen von Juni bis September große, blauviolette, helmartige Blüten. Jede einzelne ist aus 5 Blütenblättern zusammengesetzt, wobei das obere die Oberlippe, bzw. den Helm bildet. Zur Bestäubung tragen vor allem Hummeln bei, denn sie sind stark genug, den Helm hochzudrücken, um an den begehrten Nektar zu gelangen.

Balgfrüchte

Aus jeder Blüte entwickeln sich mehrere Balgfrüchte, die jeweils an der Bauchnaht durch Austrocknung aufreißen und ihre Samen verstreuen. Diese sind glänzend schwarz, drei- oder mehrkantig und leicht geflügelt. Die Früchte erlangen ihre Reife von August bis Oktober, verbleiben aber bis in den Winter hinein an der Pflanze.

Verwechslungsmöglichkeiten

» Der Blaue Eisenhut wird manchmal mit dem ebenfalls giftigen Hohen Rittersporn (*Delphinium elatum*) aus dem Garten verwechselt. Beim Hohen Rittersporn ist das obere Blütenblatt nicht helmförmig. Er gilt ebenfalls als sehr giftig.

» Blätter junger Eisenhutpflanzen sehen den Blättern des Beifußes (*Artemisia vulgaris* / Weiteres s. S. 39) ähnlich. Die Blätter des Eisenhutes sind unterseits nicht graufilzig.

Wissenswertes

„Königin der Gifte"

Die giftigen Inhaltsstoffe des Eisenhutes galten in der Antike und im Mittelalter als häufigstes Mordgift. Die Griechen nannten die Pflanze „Königin der Gifte". Der griechische Arzt Dioscurides im 1. Jahrhundert nach Christus schreibt: *„Derselbigen gebraucht man zum Wolfsfang, denn wenn man die Wurzeln in das rohe Fleisch steckt und die Wölfe das Fleisch mit den Wurzeln fressen, pflegen sie davon zu sterben."* Auch als Pfeilgift fanden die Inhaltsstoffe des Eisenhutes Verwendung.

Das ärgste Gift

Da der Eisenhut häufig als Zierpflanze im Garten angebaut wurde, gab der Botaniker und Mediziner Tabernaemontanus (1522–1590) folgenden Ratschlag: *„Es ist diß Kraut (vor allen anderen Gewächsen / das ärgste Gifft / dann es) also gifftig ... derowegen diejenigen / so diß Kraut im Garten wachsen haben / fleißig achtung geben sollen / damit diß gifftige und tödliche Kraut nicht unter andere Kochkräuter genommen werde / dann es den Menschen in kurzer Zeit ums Leben bringe."*

Der Himalaja-Eisenhut (*Aconitum ferox*) ist etwa fünfmal giftiger als unser heimischer Blauer Eisenhut und gilt als giftigste Pflanze der Welt.

Gelbblühende Verwandte

Der ebenfalls giftige Gelbe Eisenhut (*Aconitum lycoctonum*) wurde früher als Wolfs- und Fuchsgift eingesetzt und wird auch als Wolfs-Eisenhut bezeichnet.

Haare und Federn

Bei manchen Autoren ist nachzulesen, dass der Eisenhut Bestandteil der Hexensalben gewesen sein soll. Dabei sind seine Wirkungen eher lähmend als berauschend. Vielleicht wurde das Kraut den Salben beigemischt, weil es durch das Kribbeln auf der Haut das Gefühl auslöst, als würden Haare und Federn wachsen. So könnten die Hexen geglaubt haben, dass sie sich in Tiere verwandeln.

Homöopathie

Der im Eisenhut befindliche herzwirksame Giftstoff Aconitin wird in der Homöopathie gegen fieberhafte Erkältungen, Neuralgien und Herzstörungen eingesetzt.

Giftigkeit

In allen Pflanzenteilen des Eisenhutes, vor allem in den Rhizomen, findet sich unter anderem das Diterpen-Alkaloid Aconitin, eines der stärksten bekannten Pflanzengifte.
Schon 10 bis 20 Minuten nach dem Verzehr von Pflanzenteilen zeigen sich Symptome wie Kribbeln im Mund, an den Gliedmaßen und auf der Haut, bis hin zur völligen Gefühllosigkeit. Schweres Erbrechen, kolikartiger Durchfall, starkes Frösteln sowie kalter Schweiß, Seh- und Hörstörungen sowie Lähmungen treten auf. Der Blutdruck sinkt, die Atmung wird unregelmäßig; letztendlich stellen sich Atemnot und Herzstillstand ein. Der betroffene Mensch leidet bei vollem Bewusstsein qualvollste Schmerzen. Bei hoher Dosierung kann eine Vergiftung schon nach weniger als einer Stunde zum Tod führen.
Wenige Gramm der pflanzlichen Substanz können für den Menschen lebensbedrohlich sein.
Durch die unverletzte Haut vermögen die Giftstoffe in den Körper zu gelangen, so dass allein das Pflücken der Pflanze schon schwere Vergiftungssymptome auslösen kann.
Manche Menschen reagieren bei Berührung mit Nesselausschlag.

» Kinder sind besonders gefährdet. Im Spiel berührte, abgepflückte oder sogar gegessene Pflanzenteile können schwere bis tödliche Folgen haben!

» Beim Umgang mit der Pflanze im Garten (Pflanzen, Schneiden, Umsetzen ...) sollte direkter Hautkontakt vermieden werden. Gründliches Händewaschen wird empfohlen!

» Tödliche Vergiftungen sollen infolge Verwechslungen mit den Wurzelknollen von Sellerie und Meerrettich vorgekommen sein! Um Verwechslungen auch mit anderen essbaren Nutzpflanzen zu vermeiden, sollte Eisenhut nicht in den Nutzpflanzengarten eingebracht werden!

giftig

Faulbaum

Der weit verbreitete Faulbaum wächst an wechselfeuchten, kalkfreien Standorten. Er besiedelt Randbereiche von Gewässern, Mooren und Brüchen.

Stinkbaum, Pulverholz, Pulverbaum
Frangula alnus
Kreuzdorngewächs

Kennzeichen

Eiförmige Blätter

Der Faulbaum ist ein meist locker verzweigt wachsender Strauch von 2 bis 3 m Höhe; gelegentlich sind baumförmige, bis 7 m hohe Exemplare zu finden. An den fast horizontal vom Stamm abstehenden Zweigen sitzen die eiförmigen Blätter mit großem Abstand zueinander. Sie weisen bogig aufsteigende Seitenadern auf.

Mit fauligem Geruch

„*Borke von fauligem Geruch*," heißt es in Bestimmungsbüchern über den Faulbaum. Die graubraune, längsrissige Borke riecht nur dann unangenehm, wenn sie verletzt wird. Auf der Rinde sind zahlreiche weiße Korkwarzen zu finden.

Fünfstrahlige Sternchen

Von Mai bis in den August hinein erscheinen in Büscheln 2 bis 6 unauffällige, grünlichweiße, sternenförmige Blüten. Bis zu 300 verschiedene Insektenarten wurden hier bei der Nektarsuche beobachtet.

Grün, rot, schwarz

Die erbsengroßen, beerenartigen Steinfrüchte reifen von August bis September aus. Das Fruchtfleisch ist grünlichbraun. Bedingt durch die lange Blütezeit sind häufig Blüten sowie die zunächst grünen, dann roten und letztendlich schwarzen Früchte gleichzeitig an einem Zweig zu entdecken.

Verwechslungsmöglichkeiten

- Leicht verwechselt werden kann der Faulbaum mit dem nahe verwandten Echten Kreuzdorn (*Rhamnus carthatica* / Weiteres s. S. 155). Der Faulbaum wird in vielen Quellen mit dem botanischen Namen *Rhamnus frangula* aufgeführt. Die Blätter des Kreuzdorns sind im Gegensatz zu denen des Faulbaumes am Rand fein gesägt.
- Der Volksname „Faulbaum" kann zu namentlichen Verwechslungen mit der Gewöhnlichen Traubenkirsche (*Prunus padus* / Weiteres s. S. 299) führen, die in manchen Regionen auch als „Faulbaum" bezeichnet wird.

Wissenswertes

Heilwirksam

Faulbaumrinde gilt seit dem Mittelalter als Abführmittel. Wird bei der Herstellung des Tees eine vorherige, einjährige Lagerung der Rinde nicht eingehalten, wirkt die Pflanze brechreizend.

Ehemalige Nutzungen

Rinde und Beeren wurde früher zum Färben verwendet, wobei die Rinde schwarzbraune Töne hervorbringt, die unreifen Beeren gelbe.
Aus dem Holz des Faulbaumes lässt sich eine feinpulverige Holzkohle herstellen, die früher als sogenanntes „Pulverholz" dem Schwarzpulver beigemischt wurde.

Giftigkeit

Alle Teile des Faulbaumes weisen giftige Anthra-Glycoside auf, unter anderem Franguline.
Verzehr kann zu Magen-Darmkrämpfen, Erbrechen und Durchfall führen. Vor allem unreife Früchte lösen Brechdurchfall aus.
Der widerlich bittere Geschmack der Früchte hält vom Verzehr größerer Mengen ab.

- Kinder sind besonders gefährdet, da die beerenartig aussehenden Steinfrüchte zum Spielen und zum Verzehr verleiten!
- Beim Umgang mit der Rinde als Heilmittel ist Vorsicht geboten!

schwach giftig

Felsenbirne, Gewöhnliche

Die Gewöhnliche Felsenbirne besiedelt warme, trockene, steinige Hänge und Felsen vor allem in höheren Lagen Mittel- und Süddeutschlands.
Als Garten- und Parkpflanze ist das dekorative Gehölz sehr beliebt.

Gewöhnliche Felsenbirne
Amelanchier ovalis
Rosengewächs

Kennzeichen

Meist mehrstämmig

Die Felsenbirne ist ein bis zu 3 m hoher, meist mehrstämmiger Kleinstrauch. Die bis 5 cm langen Blätter sind rundlich bis oval mit gelb-rötlicher Herbstfärbung.

Weißes Blütenmeer

Von April bis Mai erscheinen aufrechte Blütentrauben mit kleinen, gelblichweißen Einzelblüten.

Apfelfrüchte

Aus ihnen entwickeln sich bis Juli / August kleine, leicht bereifte rotviolette Apfelfürchte. Sie erinnern in Aussehen und Geschmack an Heidelbeeren.

Verwechslungsmöglichkeiten

- Der Gewöhnlichen Felsenbirne sieht der Amerikanischen oder Kupfer-Felsenbirne (*Amelanchier lamarckii*) sehr ähnlich. Diese ist eine beliebte Gartenpflanze.
- Die Früchte der Felsenbirne ähneln Heidelbeeren. Diese wachsen an viel niedrigeren Sträuchern (*Vaccinium myrtillus* / Weiteres s. S. 119).

Wissenswertes

Schmackhafte Früchte

Die Früchte der Felsenbirne können in Maßen roh verzehrt werden. Da sie reichlich Gelierstoffe in Form von Pektinen enthalten, sind sie besonders gut zur Herstellung von Gelee, Marmelade und Mus geeignet.
Da auch Vögel diese schmackhaften Früchte zu schätzen wissen, ist die Erntezeit meist nur kurz.

Dekorative Gehölze

Aufgrund der dekorativen Blüte, der essbaren Früchte und der dekorativen Herbstfärbung sind die Felsenbirnen als Gartengehölze beliebt. Vor allem in Nordwestdeutschland kommt die Kupfer-Felsenbirne häufig verwildert vor, da sie hier vor langer Zeit als Obstgehölz angebaut wurde. Getrocknet wurden ihre Früchte wie Rosinen verarbeitet („Ostfriesische Korinthen").

Giftigkeit

In den Blättern und Samen der Felsenbirnen sind geringe Mengen an cyanogenen Glycosiden enthalten, also Blausäure abspaltende Glycoside.
Solange die Samen nicht zerkaut werden, besteht bei Verzehr kaum Vergiftungsgefahr. Sie werden unverdaut wieder ausgeschieden, da der Körper sie nicht aufspalten kann. Selbst wenn gelegentlich einige davon zerkaut werden, reicht die Menge des giftigen Stoffes meist nicht aus, um einen Menschen zu vergiften. In Einzelfällen kann es zu Übelkeit, Brechreiz und Durchfall kommen.
Durch Erhitzen verflüchtigt sich die Blausäure, weshalb der Verzehr erhitzter Früchte unbedenklich sind.

- Wegen der Giftigkeit sollten größere Mengen an Früchten nicht roh verzehrt werden. Das gilt vor allem für Kinder, Kranke und alte Menschen!

stark giftig

Fingerhut

Der weit verbreitete Rote Fingerhut besiedelt sonnige bis halbschattige Standorte auf nährstoffreichen, kalkarmen, frischen Böden. Es ist vor allem auf Waldschlägen, an Waldsäumen und in lichten Wäldern zu finden.
Aufgrund der dekorativen Blütenpracht wird die Wildpflanze häufig als Zier- und Bauerngartenpflanze in Gärten eingebracht.

Roter Fingerhut
Digitalis purpurea
Wegerichgewächs

Kennzeichen

Halbrosette

Der Fingerhut ist zwei- bis mehrjährig und zählt zu den Halbrosettenpflanzen. Im ersten Entwicklungsjahr bildet sich am Erdboden eine Rosette, aus der im zweiten Jahr der bis über 1,40 m hohe, meist unverzweigte Blütenstängel emporsteigt. Interessant ist die Anordnung der Stängelblätter; sie winden sich spiralförmig um den Stiel, wobei jedes 6. Blatt wieder genau über dem ersten steht.

Viele Fingerhüte

Von Juni bis August erscheinen zahlreiche purpur- oder rosafarbene, manchmal auch weiße Blüten. Sie sind 4 bis 5 cm lang. Jede einzelne Blüte sieht wie ein Fingerhut aus (lat.: *digitus* = Finger). Wie kleine Glocken hängen viele dicht beieinander, aber nicht rund um den Stiel herum, sondern einseitswendig, der Sonne entgegen. Da jede einzelne Blüte bis zu einer Woche blüht und sich der Blütenstand von unten nach oben öffnet, erstreckt sich die gesamte Blütezeit eines Blütenstandes über mehrere Wochen.

Die Flecken in den Blütenkelchen simulieren Staubbeutel, die dazu beitragen, dass Insekten angelockt werden. Sperrhaare am Eingang der Blütenkelche verweigern kleinen Insekten das Eindringen. Vor allem Hummeln bestäuben die Blüten, wobei sie den Blütenstand von unten nach oben anfliegen.

Vom Winde verweht

Im August reifen die eiförmigen, grünen Kapseln. Sie sind zweifächerig, springen zweiklappig auf und verstreuen die zahlreichen kleinen Samen, die unter anderem auch vom Winde verweht werden.

Verwechslungsmöglichkeiten

» Im nichtblühenden Zustand besteht eine große Verwechslungsgefahr mit dem Gewöhnlichen Beinwell (*Symphytum officinale* / Weiteres s. S. 41) Dieser ist ebenfalls zweijährig, bildet im ersten Entwicklungsjahr eine ähnlich aussehende Blattrosette aus und wächst an ähnlichen Standorten. Die Blätter vom Beinwell sind borstig und duften im Gegensatz zu denen des Fingerhutes nach Gurke.

» Im nichtblühenden Zustand ist der Rote Fingerhut mit dem selteneren Gelben Fingerhut (*Digitalis lutea*) zu verwechseln. Dieser ist ähnlich giftig und in Deutschland laut Bundesnaturschutzgesetz besonders geschützt!

» Im Garten können die Blätter von Jungpflanzen des Fingerhutes mit denen des Borretsch (*Borago officinalis*) verwechselt werden. Die Blätter des Borretsch sind gestielt, die des Fingerhutes dagegen grundständig.

Gelber Fingerhut

Wissenswertes

Die Dosis macht das Gift

Der Arzt und Philosoph Paracelsus (vermutlich 1493–1541) schrieb: *„All Ding' sind Gift und nichts ohn' Gift; allein die Dosis macht, das ein Ding kein Gift ist."* Das gilt auch für die Wirkung des Fingerhutes. In kleinen Dosen wird er heute noch bei bestimmten Herzerkrankungen als Notfallmittel eingesetzt. Sie stärken die Kraft des Herzmuskels und vermindern einen zu schnellen Puls.

Heil- und Giftwirkung liegen bei dieser Pflanze so nahe beieinander, dass sie für die Selbstmedikation nicht in Frage kommt! Der arzneilich genutzte Wirkstoff wird heute vor allem aus dem südosteuropäischen Wolligen Fingerhut (*Digitalis lanata*) gewonnen.

Vermeintliche Heilwirkung

Auch als Brech- und Abführmittel fand der Rote Fingerhut früher Verwendung. Diese Wirkungen beruhten lediglich auf die Giftigkeit der Pflanze; es kam auch zu Todesfällen.

Giftigkeit

Alle Pflanzenteile des Fingerhutes weisen stark giftige, herzwirksame Glycoside auf (unter anderem Digitoxin und Gitoxin).

Vergiftungserscheinungen sind Übelkeit und unter Umständen langanhaltendes Erbrechen. Durchfälle, Sehstörungen, Kreislaufprobleme, Lähmungen, Krämpfe, Halluzinationen treten auf. Letztendlich können Herzrhythmusstörungen und Herzstillstand zum Tod führen.

Giftextrakte aus 2 bis 3 Blättern sind für den erwachsenen Menschen tödlich. Aufgrund des stark bitteren Geschmacks und des meist spontanen Erbrechens kommt es meist nicht zur Aufnahme größerer Mengen des Pflanzenmaterials.

» Alle Fingerhutarten sind giftig!

» Die interessanten Blüten verleiten Kinder mit ihnen zu spielen oder sie zu verzehren!

» Auch Überdosierungen oder falsche Dosierungen von homöopathischen Gaben des Fingerhutes können zu Vergiftungen führen!

» In zahlreichen Wildpflanzen-Kochbüchern werden Rezepte mit Blättern des Beinwells aufgeführt. Beim Sammeln ist äußerste Vorsicht vor Verwechslungen mit den ähnlich aussehenden Blättern des Fingerhutes geboten! Zudem sei hier darauf hingewiesen, dass auch Beinwell (*Symphytum officinale* / Weiteres s. S. 41) gesundheitsschädigende Alkaloide aufweist!

schwach giftig

Froschlöffel, Gewöhnlicher

Der Gewöhnliche Froschlöffel wächst an sumpfigen Ufern und in Flachwasserbereichen fließender und stehender, nährstoffreicher Gewässer.
Die Pflanze ist auch in Gartenteichen zu finden.

Gewöhnlicher Froschlöffel
Alisma plantago-aquatica
Froschlöffelgewächs

Kennzeichen

Der Froschlöffel ist eine ausdauernde Sumpf- oder Wasserpflanze und wird 30 bis etwa 90 cm groß. Während die unteren, mehr oder weniger im Wasser stehenden oder flutenden Blätter schmal sind, sind die oberen breit lanzettlich, am Grunde schwach herzförmig.
Die Pflanze breitet sich auch durch knollenförmige Rhizome aus.

Rispiger Blütenstand

An blattlosen, rispigen Blütenständen bilden sich von Juli bis August kleine weiße Blüten mit abgerundeten Blütenblättern. Sie werden vor allem von Schwebfliegen bestäubt.

Mit Schwimmgewebe

Schwimmgewebe versetzt die Nussfrüchte in die Lage, sich über Wasser zu verbreiten.

Verwechslungsmöglichkeit

» Von Weitem kann der Froschlöffel mit dem Pfeilkraut (*Sagittaria sagittifolia*) verwechselt werden, welches ähnliche Standorte besiedelt. Dessen Blätter sind deutlich pfeilförmig und der Blütenstand ist nicht ausladend.

Wissenswertes

Mit Veilchenduft

Die Rhizome weisen einen veilchenwurzelähnlichen Geruch auf.

Giftigkeit

Die frischen, milchsaftführenden Blätter und die Rhizome des Froschlöffels beinhalten schwach giftige Bitterstoffe und ätherische Öle.
Kontakt mit dem Milchsaft kann zu Hautreizungen mit Blasenbildungen führen.

» Beim Einbringen der Pflanze in den Gartenteich ist Vorsicht geboten!

schwach giftig
bis ungiftig

Gänseblümchen

Das weit verbreitete Gänseblümchen besiedelt frische, nährstoffreiche Böden. Es ist auf Wiesen, Weiden, an Wegrändern oder in Rasenflächen zu finden, häufig in großen Beständen.

Gänseblümchen, Maßliebchen, Tausendschön
Bellis perennis
Korbblütler

Kennzeichen

Spatelförmige Blätter

Das Gänseblümchen bildet eine Grundrosette, aus der die spatelförmigen, in den Stiel verschmälerten Blätter sprießen. Die Erneuerungsknospen liegen unmittelbar an der Erdoberfläche und sind somit nicht nur vor Tritt, sondern im Winter auch vor Frost geschützt. Unterirdische Ausläufer tragen zur weiträumigen Verbreitung bei.

„Ewige Schöne“

Die bis 15 cm langen Blütenstängel des Gänseblümchen tragen jeweils nur eines der viel besungenen Blütenköpfchen (lat.: *bellus* = schön). Diese sind etwa von Februar bis in den Oktober zu entdecken, in milden Wintern vereinzelt auch ganzjährig (lat.: *perennis* = ausdauernd). Die Blütenköpfchen bestehen aus einem Kranz von randlich sitzenden, weißen Zungenblüten und den gelben Röhrenblüten in der Mitte der Köpfchen. Die Zungenblüten sind unterseits häufig rötlich überlaufen.

Windverbreitung

Bereits 10 Tage nach der Blüte sind die Samen reif und werden vom Wind fortgetragen.

Wissenswertes

Nutzpflanze

In der Volksheilkunde galt das Gänseblümchen früher als Allheilmittel, vor allem als Wundkraut und Hustenmittel. Gegen Husten wird es noch heute eingesetzt. Im Frühjahr wird die appetit- und stoffwechselanregende Wirkung der Pflanze empfohlen.

Blätter, Blütenknospen und Blüten werden in der Wildkräuterküche verwendet.

Orakel- und Zauberpflanze

„Er liebt mich, er liebt mich nicht ...“ Als Orakelpflanze steht die „Ewige Schöne“ fast das ganze Jahr über zur Verfügung. In England wird dieses Spiel „daisypicking“ genannt

Giftigkeit

Alle Pflanzenteile des Gänseblümchens weisen schwach giftige Inhaltsstoffe auf, unter anderem Saponine.

Sehr große Mengen der Pflanze können zu Übelkeit, Erbrechen und Durchfällen führen.

» In vielen Quellen wird das Gänseblümchen als ungiftig aufgeführt. Es sollte erwähnt werden, dass es in sehr großen Mengen nicht gegessen werden sollte!

schwach giftig

Gauchheil, Acker-

Der ursprünglich im Mittelmeergebiet heimische Acker-Gauchheil gehört zu den Altbürgern (Archäophyten), weil er vor der Entdeckung Amerikas bei uns eingewandert ist. Er ist heute weit verbreitet. Nährstoffreiche Böden werden bevorzugt besiedelt, wie Äcker und Gärten, Schutt- und Brachflächen.

Anagallis arvensis
Primelgewächs

Kennzeichen

Niederliegend

Das einjährige Acker-Wildkraut wird nur 5, selten bis 25 cm hoch und weist gegenständige, eiförmige Blätter auf. Meist ist es mit niederliegenden Stängeln am Boden zu finden.

Leuchtende Blüten

Von Juni bis weit in den Herbst hinein erscheinen kleine Blüten mit auffällig leuchtend rot-orangener Färbung; selten sind die Blüten blau oder weiß.

Verneigung

Kommt die Blüte zur Fruchtreife, neigen sich die kugeligen Kapseln aufgrund der Schwerkraft zum Boden hin und streuen ihre kleinen Samen aus.

Verwechslungsmöglichkeit

» Leicht zu verwechseln sind nicht blühende Triebe und weißblühende Pflanzen des Acker-Gauchheils mit der Vogelmiere (*Stellaria media*). Allein schon der stechende Geruch des Acker-Gauchheils unterscheidet die beiden Pflanzen. Bei der Vogelmiere ist der Stängel einreihig behaart und er weist beim vorsichtigen Auseinanderziehen einen darmähnlichen Strang auf.

Vogelmiere

Wissenswertes

Gegen Narretei?

Trotz ihrer Giftigkeit wurde Acker-Gauchheil in der Volksmedizin als Heilpflanze eingesetzt, äußerlich wie innerlich, zum Beispiel gegen Geschwüre und Warzen. Angeblich soll die Pflanze auch gegen Geisteskrankheiten (Gauch-Besessene) und Dummheit wirksam sein. „Gauch" bedeutet im mittelhochdeutschen Sprachgebrauch so viel wie Narr oder Tor.
In der Schulmedizin wird die Pflanze wegen ihrer Giftigkeit nicht angewendet; sie findet heute in der Homöopathie Verwendung.

Köder

Aufgrund ihrer giftigen Inhaltsstoffe wird Acker-Gauchheil in Indien zum Fangen von Fischen eingesetzt.

Giftigkeit

In allen Teilen des Acker-Gauchheils finden sich unter anderem giftige Saponine und Glycoside, vor allem in den Wurzeln.
Eine Überdosierung kann Durchfall, Zittern, starke Harnausscheidungen sowie Magen- und Darmerkrankungen auslösen. Letztendlich kann es zum Blutdruckabfall und zu leichter Narkotisierung kommen.
Der stechende Geruch hält vom Verzehr der Pflanze ab.
Kontakt mit der Pflanze löst bei empfindlichen Menschen allergische Reaktionen und Kontaktekzeme aus.

» Beim Sammeln der essbaren Vogelmiere ist Vorsicht vor Verwechslungen mit Acker-Gauchheil geboten!

giftig bis schwach giftig

Geißblatt, Wald-

Das Wald-Geißblatt wächst in Laubwäldern, auf Schlagfluren und in Säumen, vor allem im Norden und Westen Deutschlands. Es bevorzugt einen kalkarmen, sauren Boden. Die Pflanze ist schattenverträglich, kommt aber nur dort zur Blüte, wo Licht einfällt.
Sie wird auch als Zierpflanze im Garten eingesetzt.

Deutsches Geißblatt
Lonicera periclymenum
Geißblattgewächs

Kennzeichen

Echte Liane

Das Wald-Geißblatt ist eine echte Liane mit verholztem Stamm. Sie ist in der Lage, bis zu 5 m hochzuklettern und bildet dabei mit der Zeit einen verholzten Stamm aus.
Die Blätter sind eiförmig bis elliptisch und unterseits blaugrün.
Unterirdische Ausläufer tragen zur Verbreitung bei.

Für Nachtschwärmer und Vögel

Von Juni bis August bildet die Schlingpflanze endständige Büschel mit gelblichweißen, häufig purpurrot überlaufenen Blüten mit langen Blütenröhren aus. Abends öffnen sich die Lippenblumen und locken mit ihrem intensiven Duft vor allem langrüsselige Insekten an.

Saftige Beeren

Von Juli bis September erscheinen dunkelrote, sehr saftige Beeren. Sie sind für Vögel eine Delikatesse.

Verwechslungsmöglichkeit

» Das Wald-Geißblatt kann leicht mit dem schwach giftigen Echten Geißblatt (*Lonicera caprifolium*) verwechselt werden, auch „Jelängerjelieber" genannt. Die vermutlich ursprünglich aus dem Mittelmeerraum eingewanderte Neubürger wird häufig als Zierpflanze gepflanzt. Sie blüht mehrfarbig, von weiß bis rötlich und ist zudem an den paarweise zusammengewachsenen Hochblättern unterhalb der Blüten- und Fruchtstände zu erkennen.

Wissenswertes

Ziegen

Ob bei der Namensgebung des Geißblattes das Wachstums der Pflanze mit einer kletternden Ziege Pate gestanden hat, ist ungewiss. Gleichwohl erinnern die Blüten an Ziegenhörner und die Pflanze ist als Futterpflanze bei Ziegen sehr beliebt.

Essbar?

Fast alle Geißblatt-Zierpflanzen sind giftig; die Blaue Heckenkirsche **(***Lonicera caerulea var. kamtschatica*) ist essbar.

Giftigkeit

Die Giftigkeit der Beeren des Wald-Geißblattes wird in der Literatur sehr unterschiedlich bewertet, von schwach giftig bis giftig. Hauptwirkstoffe sind Saponine. Es treten Spuren von Alkaloiden und anderen Giftstoffen auf.
Werden mehrere Früchte verzehrt, kann Erbrechen, Durchfall und Fieber auftreten. Weitere Beschwerden können bei größerem Mengenverzehr hinzukommen, wie Schwindel, Zittern, Fieber, Gesichtsrötung und beschleunigter Puls.
Die Bitterkeit der Beeren hält vom Verzehr größerer Mengen der Früchte eher ab.

» Kinder sind besonders gefährdet, da die Beeren zum Spielen und Verzehr verleiten!

stark giftig

Germer, Weißer

Foto: Patrice78500 (CC BY-SA 3.0)

Der Weiße Germer kommt in Deutschland wild nur im Alpenvorland und in den Alpen vor. Dort wächst er in Au- und Bruchwäldern und auf wechselfeuchten Wiesen. In höheren Lagen ist er auch in Hochstaudenfluren und als Weideunkraut auf Viehweiden zu finden. Die Pflanze besiedelt vor allem kalkhaltige Böden und wird durch Düngung gefördert.
Seit dem 16. Jahrhundert ist der Weiße Germer auch als Zierpflanze bekannt; als Heilpflanze wurde er in Apothekergärten angebaut.

Weißer Germer, Weiße Nieswurz
Veratrum album
Germergewächs

Kennzeichen

Eindrucksvoll

Die imposante, ausdauernde, krautartige Pflanze kann bis über 1,50 m hoch werden. Auffällig sind die kräftigen, bis 30 cm langen, breit-elliptischen Blätter. Sie sind unterseits filzig behaart und sitzen spiralförmig am Stängel. Da die Blätter wie eine Ziehharmonika gefaltet sind, sammelt sich Regenwasser in den Längsrillen, welches über den Stängel weiter in den Boden zum dicken, walzenförmigen, schwarzen Rhizom und den Wurzeln geleitet wird.

Unangenehmer Geruch

Bis zu 10 Jahre dauert es, bevor der Weiße Germer den ersten endständigen, rispenförmigen Blütenstand entwickelt. Dieser kann bis zu 50 cm lang werden und ist von Juni bis in den Oktober hinein mit seinen unzähligen Blüten zu bestaunen. Insekten werden durch den unangenehmen Geruch nach faulendem Obst angelockt, der von den grünlichweißen Blüten ausgeht und vor allem Käfer und Fliegen anzieht. Bei Sonnenschein ist dieser Duft besonders ausgeprägt.

Wintersteher

Die flachen, geflügelten Samen reifen von August bis Oktober aus und verbleiben meist noch bis in den Winter hinein in den Fruchtkapseln. Bei trockenem Wetter öffnen sich diese und die Samen können vom Wind weit fortgetragen werden.

Verwechslungsmöglichkeiten

» Im nichtblühenden Zustand kann der Weiße Germer leicht mit dem Gelben Enzian (*Gentiana lutea*) verwechselt werden. Dieser wird als Heilpflanze oder zur Schnapsherstellung auch heute noch verwendet. Die laut Bundesnaturschutzgesetz besonders geschützte Pflanze darf in der freien Natur nicht gesammelt werden! Die Blattnerven des Weißen Germers verlaufen parallel, beim Gelben Enzian sind sie netznervig. Die Blätter des Germers sind wechselständig, die des Enzians kreuzgegenständig, das heißt, zwei Blätter stehen sich am Stängel jeweils gegenüber und jedes Blattpaar steht zum nächsten im rechten Winkel dazu.

» Auch Verwechslungen mit der Wurzel des Baldrians (*Valeriana officinalis*) sind bekannt.

Gelber Enzian

Wissenswertes

Giftmorde jeglicher Art

Der Botaniker und Mediziner Tabernaemontanus (1522–1590) schreibt über den Weißen Germer, der damals noch Nieswurz genannt wurde: „*Wann man die Fliegen vertreiben will / soll man Nieswurz in Milch sieden / und ihnen fürstellen / so viel dann darvon essen / sie müssen sterben: Dergleichen mit Mähl vermischet / und den Mäusen dargestellet / müssen sie auch sterben.*"

Das Gift des Weißen Germers diente früher nicht nur zur Schädlingsbekämpfung; es wurden Pfeile damit präpariert. Das ein oder andere Mal wird wohl auch ein Mensch damit ermordet worden sein.

Schwarzer Germer

Album und *nigrum*

Im Gegensatz zum Weißen Germer (lat.: *album* = weiß) weist der Schwarze Germer

(*Veratrum nigrum*) schwarzrote Blüten auf (lat.: *nigrum* = schwarz). Auch diese Pflanze ist als Zierpflanze in Gärten und Parkanlagen zu finden.

Den Verstand schärfen

Das Rhizom des Weißen Germers wurde früher wie das der Nieswurz (*Helleborus*) pulverisiert und als Mittel gegen psychische Erkrankungen und als Niespulver verwendet. Es wurde sogar geglaubt, dass Niesen den Verstand schärft (lat.: *verus* = wahr). In der Heilpflanzenkunde wurde das bitter und scharf schmeckende Pulver vor allem als Brech- und Abführmittel und gegen Hautleiden eingesetzt. Durch unsachgemäße Anwendung sollen früher viele Menschen zu Tode gekommen sein.

Heute findet der Weiße Germer aufgrund seiner Giftigkeit nur noch in der Homöopathie Verwendung.

Giftig für Jungvieh

Für viele Tierarten ist der Weiße Germer ebenfalls stark giftig. Während älteres Weidevieh die Pflanze meidet, sind schon viele Jungtiere durch die Aufnahme von Pflanzenteilen zu Tode gekommen. Da der Weiße Germer auch im getrockneten Zustand giftig ist, sollte er aus dem Heu der Bergwiesen ausgesondert werden!

Interessant ist, dass der Gehalt an giftigen Wirkstoffen mit zunehmender Geländehöhe abnimmt.

Giftigkeit

Alle Pflanzenteile der Germerarten, insbesondere die Rhizome, weisen stark giftige, herzwirksame Alkaloide (unter anderem Germerin) auf, die blutdrucksenkend und betäubend wirken. Bereits 2 g des getrockneten Rhizoms können tödlich sein. Erste Anzeichen für eine Vergiftung zeigen sich fast unmittelbar nach dem Verzehr. Es treten Übelkeit, Erbrechen, Niesreiz, Durchfall und Pulsverlangsamung auf. Bei schweren Vergiftungen können Krämpfe, Kreislaufkollaps, Atemlähmung und Herzstillstand bereits nach wenigen Stunden zum Tod führen.

Der scharf-bittere Geschmack hält vom Verzehr größerer Mengen meist ab.

Nicht allein der Verzehr ist gesundheitsschädlich; die Berührung der Pflanze kann zu juckender und brennender Haut führen; Augen reagieren bei Kontakt besonders empfindlich. Die Giftstoffe gelangen sogar über unverletzte Haut in den Körper. Eingeatmeter Staub kann zu Niesreiz und heftigem Reizhusten führen.

» Beim Umgang mit der Pflanze im Garten (Pflanzen, Schneiden, Umsetzen …) sollte direkter Hautkontakt vermieden werden.

» Illegale Schnapsbrenner sollten sich vor Verwechslungen beim Sammeln des (geschützten!) Gelben Enzians hüten, sonst folgt die Strafe auf dem Fuße!

giftig

Ginster, Färber-

Der Färberginster ist in Magerwiesen, in lichten Wäldern und auf Heiden zu finden, vor allem auf sauren, mageren Böden. Rückgang und Beeinträchtigung der genannten Lebensräume führten dazu, dass die Art heute auf der Vorwarnliste der Roten Liste der gefährdeten Pflanzenarten Deutschlands steht.

Genista tinctoria
Schmetterlingsblütler

Kennzeichen

Grüne Ruten

Das Gehölz zählt zu den Halbsträuchern. Aus den am Grund überwinternden verholzten Teilen sprießen jährlich neue, bis 70 cm lange, rutenförmige, kantige grüne Triebe hervor. Die frischgrünen lanzettlichen Blätter sind ungeteilt.

Schwarze Hülsen

Von Mai bis August erscheinen die gelben Blüten des Schmetterlingsblütlers. Sie werden von verschiedenen Bienen-, Käfer- und Falterarten besucht. Die zur Fruchtreife, von August bis September, fast schwarzen Hülsen springen durch Austrocknung auf und verstreuen die dunklen Samen.

Verwechslungsmöglichkeiten

» Der Färber-Ginster weist Ähnlichkeit mit dem Besenginster (*Cytisus scoparius* / Weiteres s. S. 47) auf. Im Gegensatz zu diesem besitzt der Färber-Ginster nur ungeteilte Blätter und bleibt vom Wuchs her wesentlich kleiner.

» Der Deutsche Ginster (*Genista germanica*) ist behaart; der Behaarte Ginster (*Genista pilosa*) wird nur 10 bis 20 cm hoch und ist angedrückt seidig behaart.

Wissenswertes

Zum Färben bestimmt

Die Pflanze trägt ihre Bestimmung nicht nur im deutschen Namen (Färberginster), sondern auch im wissenschaftlichen (lat.: *tinctura* = Färben). Schon in der Antike wurde Wolle und Leinen mit der Pflanze gefärbt.

Heilmittel?

Trotz ihrer Giftigkeit wurde die Pflanze früher als Heilpflanze gegen verschiedene Krankheiten genutzt, zum Beispiel gegen Verdauungsbeschwerden und Rheuma. Auch als harntreibendes Mittel fand sie Verwendung. Heute wird die Pflanze in der Homöopathie eingesetzt.

Giftigkeit

In allen Teilen der Ginster-Arten, vor allem in den Samen, sind giftige Chinolizidin-Alkaloide wie Cytisin und Spartein enthalten.
Bei Verzehr kann es zu Erbrechen, Durchfall, Schwindel, Lähmungen und Krämpfen kommen.
Der stark bittere Geschmack hält vom Verzehr größerer Mengen ab.

» Kinder sind besonders gefährdet, da die schotenförmigen Früchte an Bohnen- und Erbsenschoten erinnern und zum Verzehr verleiten!

Greiskraut, Jakobs-

Das weit verbreitete Jakobs-Greiskraut wächst auf Wiesen, Weiden und in nährstoffreichen Stauden- und Unkrautfluren. Durch ihre aggressive Ausbreitung ist die Pflanze zu einer Problempflanze geworden.

Jakobs-Greiskraut,
Jakobs-Kreuzkraut,
Jakobskraut
Senecio jacobaea
Korbblütler

Kennzeichen

Reichliche Ausbreitung

Die zweijährige bis ausdauernde Pflanze bildet im ersten Jahr ihrer Entwicklung eine Blattrosette aus. Erst im 2. Jahr erscheinen die 30 bis 100 cm groß werdenden Blütenstängel. Die fiederteiligen, beim Zerreiben unangenehm riechenden Blätter weisen an der Basis Öhrchen auf; ihre Endlappen sind mehr oder weniger eiförmig und stumpf.

Die Pflanze ist in der Lage, sich durch Wurzelsprosse sehr stark auszubreiten.

Reichblütige Rispen

Von Juni bis November steht die Pflanze in Blüte. Die zahlreichen Blütenköpfchen setzen sich aus gelben Zungen- und Röhrenblüten zusammen. Die 13 Hüllblättchen weise schwarze Spitzen auf.

Schirmchenflieger

Wie beim verwandten Löwenzahn werden die Samen mit Schirmchen vom Wind verbreitet.

Verwechslungsmöglichkeiten

» Das Greiskraut kann mit anderen, ebenfalls giftigen Greiskrautarten verwechselt werden. Sehr häufig ist das Gewöhnliche Greiskraut (*Senecio vulgaris*) zu finden, bei dem Zungenblüten fehlen. Die Art wird nur 10 bis 30 cm hoch. Ähnlich wie dieses sieht das graugrüne, unangenehm riechende, drüsig-klebrige Klebrige Greiskraut (*Senecio viscosus*) aus. Das mehr in Mittel- und Süddeutschland auftretende Fuchssche Greiskraut (*Senecio ovatus*) wird 60 bis 150 cm hoch und hat längliche, ungeteilte Blätter mit gesägtem Blattrand.

» Es können Verwechslungen mit dem ungiftigen Wiesen-Pippau (*Crepis biennis*) auftreten, der nur Zungenblüten ausbildet und am Stängel kaum Blätter trägt.

» Nur von Weitem sieht das Jakobs-Kreuzkraut dem schwach giftigen Echten Johanniskraut (*Hypericum perforatum* / Weiteres s. S. 142) ähnlich. Bei näherer Betrachtung sind die Unterschiede sofort ersichtlich. Das Johanniskraut weist einzelstehende Blüten mit 5 Kronblättern auf, keine Blütenkörbchen wie beim Jakobs-Kreuzkraut. Die Blätter des Johanniskrautes sind klein, oval und gegenständig.

» Ebenfalls nur von Weitem kann das Jakobskreuzkraut mit dem schwach giftigen Rainfarn (*Tanacetum vulgare* / Weiteres s. S. 214) verwechselt werden; bei näherer Betrachtung werden schnell die Unterschiede bei Blättern und Blütenköpfchen deutlich.

Wissenswertes

Honig und Kuhmilch

Die giftigen Inhaltsstoffe des Jakobs-Kreuzkrautes können über Bienen oder Kühe in Honig oder Kuhmilch geraten und so vom Menschen aufgenommen werden.

Gefährlich für Nutztiere

Das Jakobs-Greiskraut ist besonders gefährlich für Pferde und Rinder und für andere Nutztiere. Eine Aufnahme von etwa 40 g pro kg soll bei Pferden tödlich sein; Rinder vertragen etwas mehr. Auch getrocknet und als Silage bleibt die Pflanze für Nutztiere giftig.

Spezialisiert

Viele Insektenarten nutzen das Jakobs-Kreuzkraut als Nektar- und Raupenfutterpflanze. Die auffällig gelbschwarz gefärbten Raupen des Jakobskrautbären haben sich auf die Pflanze spezialisiert. Das Gift schadet den Nachtfaltern nicht, damit halten sie Fressfeinde fern.

Giftigkeit

Alle Arten der Gattung Greiskräuter enthalten giftige Pyrrolizidin-Alkaloide.
Einnahmen von größeren Mengen und / oder über längere Zeit können leberschädigend sein und Krebs auslösen. Vergiftungserscheinungen treten häufig erst nach Wochen oder Monaten auf. Zur Blütezeit ist das Jacobs-Kreuzkraut am giftigsten.
Der unangenehme Geschmack und Geruch der Pflanze hält vom Verzehr größerer Mengen ab.
Bei empfindlichen Menschen können Kontaktallergien ausgelöst werden.
Erhitzen und Trocknen zerstört die Giftstoffe nicht.

- In einigen Quellen wird die Wildpflanze als essbar angegeben! Langzeitschäden sollten bedacht werden! Kinder, Schwangere, Stillende und geschwächte Menschen sollten vom Verzehr der Pflanze ganz absehen!
- Beim Umgang mit der Pflanze, zum Beispiel beim Ausreißen, sollten Handschuhe getragen werden!
- Bienenstöcke sollten nicht in der Nähe von Greiskrautgewächsen aufgestellt werden!
- Beim Sammeln von nutzbaren Wildpflanzen, wie zum Beispiel dem Echten Johanniskraut (*Hypericum perforatum* / Weiteres s. S. 142) ist Vorsicht vor Verwechslung geboten!

Hahnenfuß, Scharfer

Der weit verbreitete Scharfe Hahnenfuß besiedelt nährstoffreiche Böden und ist auf frischen bis feuchten Mähwiesen und an Wegrändern zu finden.

Scharfer Hahnenfuß
Ranunculus acris
Hahnenfußgewächs

Kennzeichen

Hahnenfuß

Der Scharfe Hahnenfuß wird bis zu einem Meter hoch. Die Blätter sind tief handförmig geteilt, einem Hahnenfuß ähnlich. Die grundständigen Blätter sind lang gestielt. Die ganze Pflanze weist einen beißend, scharfen Geschmack auf.

Nektarblätter

Von Mai bis September erscheinen die stark glänzenden, leuchtend gelben Blüten. Sie setzen sich aus 5 Kronblättern zusammen; ihr Durchmesser beträgt 1 bis 2,5 cm. In der Regel werden die Blüten des Scharfen Hahnenfußes von den unterschiedlichsten Insekten bestäubt.

Verwechslungsmöglichkeiten

- An ähnlichen Standorten wächst der Kriechende Hahnenfuß (*Ranunculus repens*), dessen Blätter und Blüten denen des Scharfen Hahnenfußes ähneln. Er wird jedoch nur 20 bis 40 cm hoch und kriecht über den Boden. Mit seinen oberirdischen Ausläufern vermag er in kürzester Zeit große Flächen zu besiedeln. Häufig ist er auf verdichteten Böden zu finden.
- Viele heimische Arten der Hahnenfußgewächse können leicht miteinander verwechselt werden!

Kriechender Hahnenfuß

Wissenswertes

Artenvielzahl

Die Pflanzengattung setzt sich weltweit aus über 600 Arten zusammen. In Deutschland sind zahlreiche von ihnen vertreten, die hier nicht alle aufgeführt werden können. Dabei handelt es sich vor allem um gelbblühende und weißblühende Arten.

Zu den gelbblühenden Arten zählen das Scharbockskraut (*Ranunculus ficaria* / Weiteres s. S. 247), aber auch zahlreiche andere Arten wie der bis zu 150 cm hohe Zungen-Hahnenfuß (*Ranunculus lingua*, eine Sumpfpflanze mit schmal-lanzettlichen Blättern). Der Gold-Hahnenfuß (*Ranunculus auricomus*) bildet eine Artengruppe mit über 50 Kleinarten in Deutschland aus, welche die unterschiedlichsten Formen der Blattspreiten aufweisen. Wasser-Hahnenfuß (*Ranunculus aquatilis*) wie auch Flutender Hahnenfuß (*Ranunculus fluitans*) sind weißblühend.

Bettlertrick

So manch ein Bettler soll sich mit dem Saft von Hahnenfußgewächsen absichtlich die Haut eingerieben haben, um durch die auftretenden Hautreizungen Mitleid zu erregen. Dazu wurde vor al-

Gift-Hahnenfuß

lem der Saft des Gift-Hahnenfußes (*Ranunculus sceleratus*) verwendet, einer einjährigen Sumpfpflanze.

„Butterblume“

Während in vielen Regionen Deutschlands unter dem Namen „Butterblume“ der Gemeine Löwenzahn bekannt ist, werden in anderen Regionen verschiedene Hahnenfußgewächse so bezeichnet. Die Blüten enthalten Carotinoide, mit denen früher mancherorts Butter gefärbt wurde. Wegen der Giftigkeit der Pflanzen sollte auf diese kulinarische Verwendung verzichtet werden! Zum Färben von Butter mit Pflanzenblüten stehen alternativ die bekömmlichen Blüten vom Löwenzahn zur Verfügung.

Speisewürze

In manchen Quellen wird das getrocknete Kraut als Speisewürze angegeben.

Giftigkeit

Alle Ranunculus-Arten sind im frischen Zustand durch den scharfen, hautreizenden Inhaltsstoff Protoanemonin giftig, vor allem die Wurzeln. Die Konzentration des Giftstoffes ist in den Arten unterschiedlich hoch, wird bei vielen Arten als schwach giftig eingestuft, beim Gift-Hahnenfuß (*Ranunculus sceleratus*) als giftig. Scharfer Hahnenfuß und Kriechender Hahnenfuß (*Ranunculus repens*) werden als gering giftig eingestuft.
Beim Verzehr kommt es zunächst zu einem Brennen im Mund. Verzehr kann Erbrechen, Durchfall und Schwindelanfälle auslösen; bei höheren Dosen treten Krämpfe und Lähmungserscheinungen auf.
Kontakt mit der frischen Pflanze, zum Beispiel beim Pflücken, kann bei empfindlichen Menschen allergische Hautreaktionen (Wiesendermatitis) mit Juckreiz, Hautrötungen und -schwellungen sowie Blasenbildungen auslösen. Auch Barfußlaufen oder Lagern mit nackten Hautpartien auf frisch gemähten Grünlandflächen kann zu Hautreizungen führen.
Der scharfe, beißende Geschmack der frischen Pflanzen hält vom Verzehr größerer Mengen meist ab.
Beim Trocknen oder Erhitzen des Pflanzenmaterials bauen sich die Giftstoffe ab.

- » Kinder sind besonders gefährdet, da die hochwachsenden Pflanzen des Scharfen Hahnenfußes dazu verleiten, diese für Wiesen-Blumensträuße zu pflücken!
- » Beim Umgang mit der Pflanze ist das Tragen von Handschuhen angeraten!
- » Alle gelbblühenden Hahnenfußgewächse sind aufgrund ihrer Giftigkeit mit Vorsicht zu behandeln! Unbedenklich essbar sind die vor der Blütezeit (!) geernteten Blätter des Scharbockskrautes (*Ranunculus ficaria* / Weiteres s. S. 247)!

schwach giftig

Hartriegel, Blutroter

Der weit verbreitete Blutrote Hartriegel ist in Hecken, Gebüschen und Wäldern wie auch auf Brachflächen und in Säumen zu finden. Das Gehölz bevorzugt frische, nährstoffreiche Böden.
Vielerorts ist das Gehölz als Zier- und Heckenpflanze angebaut.

Blutroter Hartriegel
Cornus sanguinea
Hartriegelgewächs

Kennzeichen

Blutrote Zweige und weinrote Blätter

Der Blutrote Hartriegel ist ein Strauch oder kleiner Baum, der selten höher als 4 m wird. Die der Sonne zugewandten Seiten der jungen Zweige färben sich vor allem im Herbst und Winter blutrot (lat.: *sanguinea* = blutrot), die im Schatten liegenden bleiben grünlichgelb. Typisch für Hartriegelgewächse sind die zur Blattspitze hin gebogenen Nerven der gegenständigen, ungeteilten Blätter. Auch das Blattwerk färbt sich zum Herbst hin intensiv weinrot.

Wurzelausläufer und überhängende Zweige, die sich bei Bodenkontakt bewurzeln, machen den Hartriegel zu einem sich rege ausbreitenden Gehölz.

Die Pflanze ist in der Lage, sich durch Wurzelsprosse sehr stark auszubreiten.

Fischartiger Geruch

Von Mai bis Juni erscheinen viele kleine weiße Blüten mit fischartigem Geruch. Sie sitzen in Doldenrispen beisammen und werden von verschiedenen Insekten besucht.

Wintersteher

Die ab August erscheinenden erbsengroßen schwarzen Steinfrüchte sind bis tief in den Winter hinein noch an den Zweigen zu entdecken. Für viele Vögel sind die Früchte eine wertvolle Winternahrung; Eichhörnchen lagern sie als Wintervorrat ein.

Verwechslungsmöglichkeit

» Mitunter werden die Früchte des Blutroten Hartriegels mit denen des Schwarzen Holunders (*Sambucus nigra* / Weiteres s. S. 129) verwechselt. Die Blätter des Schwarzen Holunders sind gefiedert.

Wissenswertes

Marmelade und Öl

Die roh ungenießbaren und unbekömmlichen Früchte wurden mancherorts traditionell zu Marmelade verarbeitet, wohl wegen des hohen Vitamin-C-Gehaltes. Die Samen wurden zu Speise- und Brennöl verarbeitet.

Türriegel und Färbepflanze

Hartriegelholz ist außerordentlich hart, zäh und schwer und wurde früher als Tür"riegel" und für Drechslerarbeiten verwendet (lat.: *cornu* = hart wie Horn). Mit den dunklen Steinfrüchten wurden früher Textilien und Kleidung grau gefärbt.

Giftigkeit

Der Blutrote Hartriegel beinhaltet vor allem in den Blättern das schwach giftige Cornin. Die rohen, bitteren Steinfrüchte sind ungiftig, ungenießbar und unbekömmlich. Ein Verzehr der rohen Früchte kann vor allem bei Kindern zu Magen-Darmreizungen und Erbrechen führen. Gekocht sind die Früchte genießbar.
Die Bitterkeit der beerenartigen rohen Steinfrüchte lädt nicht zum Verzehr größerer Mengen ein.
Bei empfindlichen Menschen kann das Berühren der Blätter Reizerscheinungen wie Rötung und Juckreiz auslösen.

» Kinder sind besonders gefährdet, da die beerenartigen Steinfrüchte zum Spielen und Verzehr verleiten!

» Vorsicht im Umgang mit der Pflanze wird vor allem hautempfindlichen Menschen empfohlen!

stark giftig

Haselwurz, Gewöhnliche

Die Haselwurz wächst in krautreichen Wäldern auf meist kalkhaltigen Lehmböden. Sie ist in West- und Norddeutschland eher selten zu finden.
Im Gartenhandel wird das Gewächs als Bodendecker für schattige Garten- und Parkstandorte angeboten.

Gewöhnliche Haselwurz
Asarum europaeum
Osterluzeigewächs

Kennzeichen

Wintergrüne Blätter

Die wintergrüne Haselwurz wird bis 10 cm hoch und besteht aus einer oberirdisch kriechenden Sprossachse und den daraus hervorsprießenden, nierenförmigen Blättern (griech.: asaron = unverzweigt, zweiglos). Die Blätter sind tief dunkelgrün und verbleiben den Winter über an der Pflanze. Erst im Frühjahr, wenn die neuen Blätter austreiben, wirft sie die vorjährigen ab.
Ätherische Öle verleihen der Pflanze einen pfefferartigen Geruch. Bis auf die Blattoberseiten sind die oberirdischen Pflanzenteile zottig behaart.
Die ober- und unterirdischen Ausläufer tragen dazu bei, dass die Haselwurz bodendeckend große Flächen besiedelt.

Versteckte Blüten

Unter dem auffälligen Laub, dicht über dem Boden, entwickeln sich von April bis Mai die glockenförmigen, bräunlich- bis purpurroten Blüten. Sie sitzen einzeln in den Blattachseln und setzen sich aus drei Kronblättern zusammen, deren Zipfel sich zunächst zusammenneigen. Dabei bleiben Schlitze frei, durch die kleinere Insekten zum begehrten Nektar in der Blüte gelangen.

Selbstaussäer

Zur Fruchtreife von Juni bis August neigt sich die Kapsel dem Erdboden entgegen und streut wie ein Zuckerstreuer ihre zahlreichen Samen aus den 6 Kammern aus.

Verwechslungsmöglichkeit

» Die jungen Blätter der Haselwurz ähneln entfernt denen des Scharbockskrautes (*Ranunculus ficaria* / Weiteres s. S. 247), sind ausgewachsen jedoch viel größer! Die Blattunterseite der Haselwurz ist im Gegensatz zu den Blättern des Scharbockskrautes leicht bräunlich angelaufen; beim Zerreiben riechen die Blätter der Haselwurz intensiv scharf!

Wissenswertes

Signaturenlehre

Die Haselwurz war früher ein anerkanntes Heilmittel. Die Signaturenlehre, die der Arzt und Philosoph Paracelsus (vermutlich 1493–1541) als erster schriftlich festhielt, besagt, dass die Natur durch Form und Farbe von Pflanzenteilen dem Menschen Hinweise auf die Verwendung als Heilmittel gebe. Aufgrund ihrer nierenförmigen Blätter wurde daraufhin die Haselwurz gegen Nierenleiden eingesetzt.
Hauptanwendungsgebiet war der Einsatz des widerlich schmeckenden Rhizoms als Brechmittel. Zudem wurde das Rhizom der Haselwurz zusammen mit dem Rhizom der Nieswurz (*Helleborus niger* / Weiteres s. S. 61) zu Pulver vermahlen und als Niespulver verwendet. Auch Abtreibungen wurden mit der Haselwurz vorgenommen.
Heute gelten die unterirdischen Pflanzenteile in der Homöopathie als Mittel gegen Übelkeit, Schleimhautreizungen und geistige Erschöpfung.

Pfefferersatz

Aufgrund des pfefferartigen Geruchs und Geschmacks der Blätter wurden diese früher als Pfefferersatz verwendet.

Giftigkeit

Die Haselwurz ist in allen Teilen stark giftig. Sie enthält ätherische Öle mit dem darin enthaltenden Giftstoff Asaron.
Nach dem Verzehr stellt sich ein Brennen in der Mundhöhle und auf der Zunge ein; es kommt zu Niesreiz, Erbrechen, Magen- und Darmbeschwerden, Durchfall und Hautausschlägen. Bei stärkeren Dosierungen treten Nieren- und Gebärmutterentzündungen auf, im schlimmsten Fall tritt Tod durch Atemlähmung ein.
Der stark pfefferartige Geruch und Geschmack halten vom Verzehr größerer Mengen ab.

giftig bis schwach giftig

Heckenkirsche, Rote

Die Rote Heckenkirsche ist in Wäldern und Gebüschen, an Waldrändern und in Hecken auf vorwiegend trockenen, kalkhaltigen Böden zu finden.
Das Gehölz ist häufig Bestandteil von Anpflanzungen.

Rote Heckenkirsche,
Gewöhnliche Heckenkirsche
Lonicera xylosteum
Geißblattgewächs

Kennzeichen

Leicht behaart

Der nur bis zu 3 m hohe, reich verzweigte Strauch treibt sehr zeitig im Frühjahr die leicht behaarten, breit elliptischen Blätter aus. Sie sind gegenständig, das heißt, jeweils zwei Blätter sitzen sich an ebenfalls behaarten Zweigen gegenüber.

Vielseitige Bestäubung

Klein und unauffällig sind die von Mai bis Juni erscheinenden weißlich-gelben Blüten, die zu zweit an einem in den Blattachseln entspringenden Stiel sitzen. Mit ihren Ober- und Unterlippen ähneln sie den Blüten von Lippenblütlern, obwohl die Pflanze zur Familie der Geißblattgewächse zählt. Sie werden vor allem von Hummeln bestäubt.

Doppelbeeren

Zur Fruchtzeit, von Juli bis November, ist die Rote Heckenkirsche mit ihren kirschroten, glänzenden Beeren am auffälligsten. Die Früchte ähneln Johannisbeeren und sitzen paarweise an einem Stiel. Da sie am Grunde leicht miteinander verwachsen sein können, werden sie als Doppelbeeren bezeichnet. Bei Amseln, Drosseln und Grasmücken stehen sie auf dem Speiseplan.

Verwechslungsmöglichkeit

» Die Beeren der Heckenkirsche ähneln denen der Johannisbeere, die Sträucher haben ansonsten nicht viel gemein. Die Beeren der Johannisbeere hängen in Rispen am Strauch.

Wissenswertes

Beliebtes Holz

Der Mensch hat lediglich Verwendung für das gelbliche Holz der Roten Heckenkirsche gefunden, welches aufgrund seiner Härte bei Drechslern beliebt ist.

Giftige Verwandte

Vermutlich weisen die Beeren vieler *Lonicera*-Arten Giftstoffe auf, wie zum Beispiel auch die Alpen-Heckenkirsche (*Lonicera alpigena*) und die Schwarze Heckenkirsche (*Lonicera nigra*), die vor allem in Gebirgslagen vorkommen.

Giftigkeit

Die Giftigkeit der Beeren der Roten Heckenkirsche wird in der Literatur sehr unterschiedlich bewertet, von giftig bis schwach giftig. Hauptwirkstoffe sind Saponine. Es treten Spuren von Alkaloiden und anderen Giftstoffen auf.
Bei Verzehr einiger Früchte tritt Erbrechen und Durchfall auf.
Die Bitterkeit der Beeren hält vom Verzehr größerer Mengen der Früchte meist ab.

» Kinder sind besonders gefährdet, da die roten Früchte Johannisbeeren ähneln und zum Verzehr verleiten!

schwach giftig

Heidelbeere

Die Heidelbeere wächst in lichten Laub- und Nadelwäldern auf sauren, nährstoffarmen Böden. Sie ist in Zwergstrauchheiden und Borstgrasrasen und in Moorwäldern zu finden.
Als Wildobst findet sie in zahlreichen Gärten einen Platz.

Blaubeere, Bickbeere
Vaccinium myrtillus
Heidekrautgewächs

Kennzeichen

Grüne Zweige

Die sommergrüne Heidelbeere ist ein selten höher als 60 cm werdender, reich verzweigter Zwergstrauch. Die grünen Zweige sind kantig bis schmal geflügelt und können Photosynthese betreiben. Die ledrigen Blätter sind eiförmig bis elliptisch und beiderseits grün. Zum Herbst hin färben sich die Blätter rot.
Dort, wo die Heidelbeere auftritt, bildet sie meist große Bestände aus, wozu auch die rege Ausläuferbildung beiträgt.

Blassrosa Blüten

Von Mai bis Juli erscheinen in den Blattachseln glockenförmige, grünlich- bis blassrosafarbene Blüten.

Blaubereifte Beeren

Von Juli bis Oktober reifen die allseits bekannten, blaubereiften Heidelbeeren heran. Das Fruchtfleisch der essbaren Beeren ist rötlich.

Verwechslungsmöglichkeit

» Die Früchte der Rauschbeere (*Vaccinium uliginosum*) sehen denen der Heidelbeere ähnlich, weisen jedoch ein farbloses, wenig schmackhaftes Fruchtfleisch auf. Im Gegensatz zur Heidelbeere sind die Zweigstängel der Rauschbeere nicht grün, sondern bräunlich. Psychoaktive Stoffe oder Giftstoffe konnten in der Rauschbeere selbst nicht nachgewiesen werden, obwohl die Namensgebung dies vermuten lässt. Ein häufig auftretender Pilzbefall führt bei Verzehr von Rauschbeeren in größeren Mengen zu Sehstörungen und Schwindel.

Rauschbeere

Wissenswertes

Beliebtes Wildobst

Die süß-säuerlichen Heidelbeeren wirken auf die Mundschleimhäute zwar schwach zusammenziehend, lassen sich aber gut auch roh verzehren. Sie sind ein beliebtes Wildobst.

Positive Heilkraft

Die ungiftigen Früchte sind frisch abführend, während sie getrocknet wegen des Gerbstoffgehaltes stopfend, also gegen Durchfallerkrankungen wirken. Die Beeren sind vitaminreich und stärken unter anderem das nächtliche Sehvermögen.

Bedenkliche Anwendung

Früher und auch heute noch werden die Blätter der Heidelbeere in der Volkskunde als Tee gegen Blasenschwäche und Durchfall empfohlen. Bei längerer innerer Anwendung können jedoch Vergiftungserscheinungen auftreten, weshalb heute aus medizinischer Sicht von der Einnahme abgeraten wird.

Besen und mehr

Die unbelaubten Zweige der Heidelbeersträucher wurden früher zu Besen verarbeitet, die Beeren zum Färben eingesetzt.

Giftigkeit

Während die Früchte der Heidelbeere essbar und gesund sind, weisen die Blätter schwach giftige Inhaltsstoffe auf, wie zum Beispiel Aucubin und Hydrochinon.
Bei sehr empfindlichen Menschen können die Kerne reizend auf die Magenschleimhaut wirken.

» Von der volkstümlichen Verwendung der getrockneten Blätter als Heiltee wird heute aufgrund der Giftigkeit abgeraten!

» Der Verzehr von zu vielen frischen Heidelbeeren kann zu Durchfall führen!

stark giftig

Herbstzeitlose

Dort, wo die Herbstzeitlose wächst, kommt sie meist in größeren Beständen vor. Sie besiedelt Wiesen und Weiden sowie Bruch- und Auwälder auf tiefgründigen, feuchten, nährstoffreichen Böden. Sie ist vor allem in Mittel- und Süddeutschland anzutreffen.
Im Gartenhandel werden zahlreiche Sorten angeboten.

Colchicum autumnale
Zeitlosengewächs

Kennzeichen

Ungewöhnlicher Zyklus

Wie viele andere unserer Frühblüher überdauert die Herbstzeitlose den größten Teil des Jahres in Form einer Knolle im Boden (Knollen-Geophyt). Während Frühjahrs-Geophyten wie Bärlauch und Primel noch unbelaubte Waldstandorte im Frühjahr zum Wachsen und Gedeihen nutzen, ist der Entwicklungszyklus der Herbstzeitlosen völlig anders. Sie blüht im Herbst (lat.: *autumnale* = Herbst) und fruchtet im darauffolgenden Frühsommer. Im Frühjahr erscheinen die bis 30 cm langen Blätter, die im Juni wieder absterben.

Unterirdischer Fruchtknoten

Die Blüten der Herbstzeitlosen erscheinen von August bis November und ähneln denen von Krokussen. Sie sind zartrosa bis lilafarben, trichterförmig und scheinbar gestielt. Die Kronröhre ihrer Blüte kann 20 cm lang werden und reicht bis in den Boden; der Fruchtknoten liegt unterirdisch über der Knolle. Bis der Pollen zum Fruchtknoten gelangt, können einige Monate vergehen, so dass die eigentliche Befruchtung in den Wintermonaten stattfindet. Falter, Bienen und langrüsselige Fliegen bestäuben die Pflanze.

„Filius ante patrem"

Von Juni bis Juli des folgenden Jahres erscheinen die zur Fruchtreife aufgeblasenen, 4 bis 5 cm langen Fruchtkapseln – scheinbar einige Monate vor den Blüten im Herbst. Daher wird die Herbstzeitlose mancherorts auch „*filius ante patrem*" (lat.: = Sohn vor dem Vater) genannt.

Verwechslungsmöglichkeiten

» Die Blätter der Herbstzeitlosen sind schon häufig mit den essbaren Blättern des Bärlauchs (*Allium ursinum*) verwechselt worden, der an ähnlichen Standorten wächst. Zu mehreren umeinandergewickelt sprießen die Blätter der Herbstzeitlosen aus dem Boden. Sie werden bis zu 30 cm lang, sind fleischig und kahnförmig, das heißt, sie weisen eine nach oben hin zusammengezogene Blattspitze auf. Bärlauchblätter sind weicher, nicht kahnförmig, sondern lanzettlich mit matter Unterseite. Bärlauchblätter sprießen einzeln aus dem Boden, sind gestielt und duften beim Zerreiben nach Knoblauch.

» Von einem Krokus (*Crocus*) lässt sich die Blüte der Herbstzeitlosen nicht nur durch die völlig andere Blütezeit, sondern auch durch die Anzahl der Staubblätter unterscheiden. Der Krokus weist 3, die Herbstzeitlose 6 Staubblätter auf.

Herbstzeitlose

Bärlauch

Wissenswertes

Vielseitige Verwendung

Die Herbstzeitlose wurde früher von Giftmischerinnen genutzt. In der griechischen Mythologie ist die Heimat dieses Berufsstandes der Ort Colchis am Schwarzen Meer; daher der Gattungsname *Colchicum*. Nicht allein früher wurden die Wirkstoffe gegen Gicht eingesetzt, heute allerdings nur noch in homöopathischer Form.
Aufgrund ihrer zellteilenden Wirkung findet die Herbstzeitlose in der Pflanzenzüchtung Verwendung.

Tiergiftig

Auch für viele Tierarten ist der Verzehr der Herbstzeitlosen gefährlich. In der Regel meidet das Weidevieh die Pflanze. Schafe und Ziegen scheinen weniger empfindlich zu sein. Beim Trocknen bleibt die Giftwirkung erhalten und kann somit Heu verunreinigen.

Krokusse

Die zu den Schwertliliengewächsen zählenden heimischen Krokusse, mit denen die Herbstzeitlose mitunter verwechselt wird, gelten als schwach giftig. So zum Beispiel der Weiße Krokus (*Crocus albiflorus*), dessen Vorkommen auf das Alpen- und Alpenvorland begrenzt ist. Verwilderte Zierarten aus dem Garten sind in der freien Landschaft meist unbeständig.

Giftigkeit

Die Herbstzeitlose ist in allen Teilen, vor allem in den Samenschalen und Wurzeln, sehr stark giftig. Verantwortlich dafür ist das Zell- und Kapillargift Colchicin, ein Alkaloid, welches zu schweren Schädigungen der Blutgefäße führt. Das geschieht bei akuten Vergiftungen vor allem im Magen-Darm-Kanal. Colchicin wirkt zudem erbgutverändernd.
2 bis 6 Stunden nach dem Verzehr treten erste Symptome auf, wie Brennen und Kratzen im Mund, Schluckbeschwerden, Durst, Übelkeit, Krämpfe, kolikartige Magenschmerzen und blutiger Durchfall. Es kommt zu stark erhöhtem Puls, Krämpfen und zuletzt zu Atemlähmung, die zum Tod führen kann. Etwa 5 g der Samen sind für den erwachsenen Menschen tödlich, für Kinder bereits 1 g.
Vergiftungen über die Milch von Weidevieh, welches auf mit Herbstzeitlosen besiedelten Weiden steht, sind beim Menschen möglich.
Die Giftwirkung nimmt bei Trocknung nicht ab!

» Kinder sind besonders gefährdet, da im Frühsommer die aufgeblasenen Fruchtkapseln mit den darin klappernden Samen zum Spielen verleiten! Im Herbst animieren die großen Blüten mitunter zum Auslutschen von Nektar oder zum Verzehr!

» Vorsicht vor Verwechslungen ist beim Sammeln von essbaren Bärlauchblättern geboten! Bärlauchblätter duften nach Knoblauch, sind gestielt und kommen einzeln aus dem Boden!

schwach giftig

Holunder, Roter

Der Rote Holunder wächst in lichten Wäldern, auf Kahlschlägen und Schutthalden. Er bevorzugt frischen, humusreichen Böden.
Mitunter ist das Gehölz in Gärten zu finden.

Roter, Trauben-, Berg-, oder Hirsch-Holunder
Sambucus racemosa
Geißblattgewächs

Kennzeichen

Stängelmark

Der Rote Holunder ist ein stark verzweigter Strauch von bis zu 3 m Höhe. Er weist gefiederte Blätter mit schmalen Teilblättern auf, die am Ende lang zugespitzt sind. Das Mark älterer Zweige ist gelbbraun.

Ohne Nektar

Die im Mai / Juni erscheinenden Blütenrispen tragen zahlreiche cremeweiße, schwach duftende Blüten, die wie die des Schwarzen Holunders keinen Nektar tragen.

Leuchtend rot

Von Juli bis August reifen die aufrecht auf den Zweigen stehenden Fruchtstände mit den dicht beieinanderstehenden, leuchtend roten Steinfrüchten.

Verwechslungsmöglichkeiten

» Im nichtblühenden und -fruchtenden Zustand lässt sich der Rote Holunder mit dem schwach giftigen verwandten Schwarzen Holunder (*Sambucus nigra* / Weiteres s. S. 129) verwechseln, dessen Teilblätter breiter sind und am Ende nicht lang zugespitzt. Gutes Unterscheidungsmerkmal ist das weißliche Mark der Stängel des Schwarzen Holunders im Gegensatz zum gelblichbraunen des Roten Holunders.

» Im nicht blühenden und -fruchtenden Zustand lässt sich der Rote Holunder mit dem giftigen Zwerg-Holunder (*Sambucus ebulus* / Weiteres s. S. 132) verwechseln. Der Zwerg-Holunder ist eine Staude ohne verholzte Zweige.

Wissenswertes

Rispe statt Traube

Der Rote Holunder wird auch Trauben-Holunder genannt, obwohl er Blütenrispen trägt. Vermutlich geht der Name darauf zurück, dass die Fruchtstände ähnlich wie diejenigen der Weintraube erscheinen.

Schmackhaftes für die Küche

Die bis zu etwa einen halben Zentimeter großen, roten Steinfrüchte sind reich an Karotinoiden. Aus dem roten, kernlosen (!) Fruchtsaft lässt sich Sirup, Mus oder Gelee herstellen. Nicht jedem Menschen sollen diese Produkte bekömmlich sein!

Brechmittel

Die roten Beeren wurden früher in der Volksheilkunde aufgrund ihrer giftigen Inhaltstoffe als Brech- und Abführmittel genutzt.

Beliebtes Gehölz

Auch bei Vögeln, pollensuchenden Insekten und einigen Schmetterlingsraupen steht der Rote Holunder als Nahrungsquelle hoch im Kurs. Er ist wegen seiner cremeweißen Blütenfülle im Frühsommer und aufgrund seiner leuchtend roten Früchte bei Gartenbesitzern beliebt.

Giftigkeit

Mit Ausnahme der Blüten und des reifen Fruchtfleisches sind in allen Teilen des Roten Holunders harzartige Stoffe zu finden. Die Samen enthalten zudem andere Giftstoffe.
Die harzartigen Stoffe sind dafür verantwortlich, dass roh verzehrte Früchte des Roten Holunders Übelkeit und Erbrechen auslösen, höhere Dosen heftige Magen-Darm-Beschwerden.
Im Gegensatz zum Schwarzen Holunder können die in den Samen befindlichen Giftstoffe des Roten Holunders nicht durch Erhitzen unschädlich gemacht werden!

» Kinder sind besonders gefährdet, da die beerenartigen Steinfrüchte zum Spielen und Verzehr verleiten!

» Bei der Verarbeitung der Früchte des Roten Holunders müssen die Steinkerne entfernt werden!

» Ess- und trinkbare Produkte des verwandten Schwarzen Holunders sind weithin bekannt. Unkenntnis über die richtige Verarbeitung des Roten Holunders, vor allem der Früchte, kann zu gesundheitlichen Beschwerden führen!

schwach giftig

Holunder, Schwarzer

Der weit verbreitete Schwarze Holunder besiedelt Laubwälder, Waldränder und Hecken, Gebüsche und Schuttplätze auf nährstoffreichen, tiefgründigen, frischen Lehm- und Tonböden. Er wird als Kulturbegleiter bezeichnet, da er häufig in der Nähe von Siedlungen anzutreffen ist.

Schwarzer Holunder, Falscher Flieder, Holler, Holder
Sambucus nigra
Geißblattgewächs

Kennzeichen

Sparriger Wuchs

Der anspruchslose Holunder kann zu einem Strauch von sparrigem, verzweigtem Wuchs oder kleinem Baum von bis zu 9 m Höhe auswachsen. Junge Triebe weisen punktförmige Lentizellen auf, die für den Gasaustausch zuständig sind. Ältere Zweige oder Stämmchen sind rissig und warzenbedeckt, mit leicht herauslösbarem weißlichem Mark. Typisch für sein Blattwerk sind die unpaarig gefiederten Blätter.

Holunderblüten

Ab Ende Mai bis in den Juni erscheinen bis über 20 cm breite Doldenrispen mit unzähligen Blüten, die mit ihrem Duft vor allem Fliegen und Käfer anlocken, die sich über den Pollen hermachen. Nektar wird ihnen nicht angeboten.

Holunderbeeren

Die schwarzen, saftigen Steinfrüchte sind im August / September reif. Die Fruchtstiele sind rotviolett.

Verwechslungsmöglichkeiten

» Der Schwarze Holunder kann leicht mit dem verwandten, ebenfalls giftigen Zwerg-Holunder (*Sambucus ebulus* / Weiteres s. S. 132) verwechselt werden. Dieser weist einen staudenförmigen Wuchs ohne verholzte Triebe auf; die Blüten- und Fruchtstände stehen aufrecht und die Staubgefäße sind rot.

» Im nichtblühenden und -fruchtenden Zustand lässt sich der Schwarze Holunder mit dem ebenfalls verwandten Roten Holunder (*Sambucus racemosa* / Weiteres s. S. 126) verwechseln; die Fiederblätter sind bei diesem schmaler und am Ende lang zugespitzt.

» Mitunter werden auch andere Sträucher, die dunkle Beeren tragen, mit dem Schwarzen Holunder verwechselt, wie zum Beispiel der Blutrote Hartriegel (*Cornus sanguinea* / s. S. 112).

Wissenswertes

„Falscher Flieder“

Im botanischen Sinn sind Holunderbeeren keine Beeren, sondern Steinfrüchte. Der Holunderstrauch wird im Volksmund auch „Falscher Flieder“ genannt, die Blütenstände somit „Fliederblüten“, die Früchte „Fliederbeeren“.

Große Heilkräfte

„*Ein Holunderbusch im Garten ist so wertvoll wie eine ganze Apotheke*“, so hieß es früher, „... *ein Geschenk der Natur an den Menschen*“. Blüten, Früchte, Blätter, Holz, Rinde, Mark und Wurzeln wurden wegen ihrer heilwirksamen Inhaltsstoffe gegen eine Vielzahl von Leiden eingesetzt. Noch heute gelten Holunderblüten-Tee und Holunderbeeren-Saft als hervorragende Hausmittel zur Vorbeugung von Erkältungskrankheiten.

Schmackhaftes für die Küche

Aus den Blütendolden können vielerlei schmackhafte Gerichte und Getränke zubereitet werden, wie zum Beispiel Holunderblüten-Gelee und Holundersekt. Aus den saftigen, herb aromatischen „Trauben des kleinen Mannes", wie einst die Holunderbeeren genannt wurden, lässt sich Saft, Wein, Likör, Sirup und Fliederbeer-Suppe herstellen.

Flöten und Färben

Holunderzweige eignen sich gut zur Anfertigung von Flöten und Blasrohren, da sich das helle Mark leicht entfernen lässt. Mit den Früchten wurden früher nicht nur Speisen, sondern auch Haare und Leder gefärbt.

Wohnsitz der guten Geister

Bauern wagten es früher nicht, einen auf dem Hof selbst aufgegangenen Schwarzen Holunder zu beseitigen. Dies geschah aus Achtung vor seiner großen Heilkraft und vor dem Glauben, dass das Gehölz Wohnsitz guter Geister ist, die Haus und Hof vor Dämonen und Hexen schützen.

Geliebt und verhasst

Zahlreiche Vogelarten machen sich über die Früchte des Schwarzen Holunders her.
Ein kalter Auszug mit Wasser und den giftigen Holunderblättern in Erdlöcher von Gartenschädlingen gegossen, hat schon manch eine Wühlmaus oder manch einen Maulwurf vertrieben.

Giftigkeit

Mit Ausnahme der Blüten und des reifen Fruchtfleisches sind in allen Teilen des Schwarzen Holunders harzartige Stoffe zu finden. Die Blätter und auch die unreifen Früchte beinhalten zudem unter anderem das cyanogene Glycosid Sambunigrin (Gattungsname Sambucus). Reife Früchte enthalten kaum noch Sambunigrin.
Die harzartigen Stoffe sind dafür verantwortlich, dass roh verzehrte Früchte des Schwarzen Holunders Übelkeit und Erbrechen auslösen, höhere Dosen heftige Magen-Darm-Beschwerden.
Der herbe, bittere Geschmack der rohen Steinfrüchte hält meist vom Verzehr größerer Mengen ab.
Durch Erhitzen können die Giftstoffe in Früchten und Samen unschädlich gemacht werden.

» Kinder sind besonders gefährdet, da die beerenartigen Steinfrüchte zum Spielen und Verzehr verleiten!

» Ess- und trinkbare Produkte des Schwarzen Holunders sind weithin bekannt. Unkenntnis über die richtige Verarbeitung, vor allem der Früchte, kann zu gesundheitlichen Beschwerden führen! Die Früchte oder deren Saft müssen vor dem Verzehr erhitzt werden!

Holunder, Zwerg-

Der Zwerg-Holunder kommt vor allem im südlichen und südwestlichen Bergland Deutschlands vor. Dort besiedelt er Weg- und Waldränder, Waldlichtungen, Bahndämme, Böschungen und Hecken. Die Pflanze bevorzugt Standorte mit nährstoff- und kalkreichen Böden.

Zwerg-Holunder, Attich, Krautholler
Sambucus ebulus
Geißblattgewächs

Kennzeichen

Unangenehmer Geruch

Im Gegensatz zum Schwarzer Holunder und zum Berg-Holunder weist der verwandte Zwerg-Holunder keine verholzten Triebe auf. Die krautige Staude wird lediglich bis etwa 2 m hoch, stirbt jedes Jahr oberirdisch ab und treibt von den Wurzeln her wieder aus. An den unverzweigten, gefurchten Stängeln entwickeln sich gefiederte Blätter, deren Geruch von manchen Menschen als unangenehm oder sogar widerlich empfunden wird. Die Teilblätter der Fiederblätter sind lanzettförmig, also schmal und lang.

Mit süßem Nektar …

Von Juni bis August erscheinen Dolden mit weißen Blüten, die auffällig rote Staubbeutel aufweisen. Der Duft der Blüten erinnert an Bittermandel und lockt zahlreiche Insekten an. Im Gegensatz zu den beiden heimischen Verwandten bietet der Zwerg-Holunder neben Pollen auch Nektar an.

... und säuerlichen Früchten

Die Steinfrüchte dieser Pflanze stehen an aufrechten Doldenrispen und reifen im August / September heran. Sie sind schwarz gefärbt, kugelig, glänzend und enthalten neben drei Samenkernen einen kräftig färbenden Saft. Ihr Geschmack ist säuerlich-süß.

Verwechslungsmöglichkeiten

- Der Attich kann mit dem schwach giftigen Schwarzer Holunder (*Sambucus nigra* / Weiteres s. S. 129) verwechselt werden. Dieser ist ein Strauch mit verholzten Trieben und weißlichem Stängelmark. Die Blüten- und Fruchtstände hängen herab, die Staubgefäße sind hell.
- Der Attich kann im nichtblühenden und -fruchtenden Zustand mit dem verwandten, ebenfalls giftigen Roten Holunder (*Sambucus racemosa* / Weiteres s. S. 126) verwechselt werden. Letzterer weist verholzte Triebe und gelbbraunes Stängelmark auf.

Wissenswertes

Ehemalige Nutzung

Trotz der Giftigkeit wurde früher mit den saftreichen Früchten Wein dunkler gefärbt; Textilien lassen sich mit ihnen hellblau einfärben. In der Heilkunde wurden vor allem die Wurzeln und die Früchte des Zwerg-Holunders als harn- und schweißtreibendes Mittel eingesetzt.

Giftigkeit

Alle Teile des Zwerg-Holunders, vor allem die Samen, enthalten giftige Bitterstoffe (unter anderem Ebulosid) und andere Giftstoffe.
Der Verzehr kann zu starker Übelkeit, Erbrechen und Durchfall führen. Höhere Dosen führen zu Seh- und Herzrhythmusstörungen.
Selbst nach dem Abkochen sind die ganzen Früchte noch giftig!

- Kinder sind besonders gefährdet, da die beerenartigen Steinfrüchte des Zwerg-Holunders zum Spielen und zum Verzehr verleiten!
- Beim Sammeln und Verarbeiten von Früchten des Schwarzen Holunders sollte es nicht zu Verwechslungen mit den ähnlich aussehenden Früchten des Zwerg-Holunders kommen!

schwach giftig

Huflattich

Der weit verbreitete Huflattich ist als Rohbodenpionier an Wegen, Ufern, Erdanrissen, Aufschüttungen, Äckern oder Schuttplätzen zu finden. Er wächst vorwiegend auf nährstoffreichen Ton- oder Lehmböden. Er gilt als Staunässezeiger.

Tussilago farfara
Korbblütler

Kennzeichen

Schuppen

In der ersten Frühlingssonne, oft schon im Februar, drängen blattlose, geschuppte Blütenstiele ans Licht. Sie haben mit den eigentlichen Blättern nichts zu tun. Der Huflattich ist „vorziehend“, das heißt, dass die Blüten vor den Blättern erscheinen. Erst wenn die Blütenköpfchen welken, entwickeln sich die grundständigen Blätter, die vom Umriss her einem Pferdehuf ähneln. Es handelt sich dabei um 10 bis 30 cm breite rundlich-herzförmige Blätter, die unterseits grau- bis weißfilzig sind.

Huflattich vermehrt sich auch vegetativ durch bis zu zwei Meter lange unterirdische Ausläufer.

Zungen- und Röhrenblüten

Die von März bis April erscheinenden goldgelben Blütenköpfe des Huflattichs ähneln denen vom Löwenzahn. Während letzterer nur Zungenblüten aufweist, erscheinen beim Huflattich neben den am Rande stehenden Zungenblüten noch Röhrenblüten in der Mitte der Köpfe.

Verlängerte Stiele

Bis zur Samenreife können sich die Stiele der Blütenköpfe um das Doppelte verlängern. Die Samen sind wie beim Löwenzahn mit Schirmchen ausgestattet.

Verwechslungsmöglichkeiten

» Der Huflattich wird aufgrund seines Blattwerks häufig mit der Pestwurz (*Petasites hybridus* / Weiteres s. S. 207) verwechselt. Die Blätter der Pestwurz werden viel größer und haben keine graufilzige Unterseite.

» Die Blätter des Huflattichs können mit denen der Kletten, zum Beispiel der Großen Klette, verwechselt werden. Diese sind weit weniger rundlich, eher herzförmig zugespitzt und unterseits leicht silbrig.

Große Klette

Wissenswertes

Heil- und Nutzpflanze

Seit alters her ist das Kraut als Heil- und essbare Pflanze bekannt. Neuere Untersuchungen haben ergeben, dass in den Blättern und vor allem in den Blüten des Huflattichs giftige Pyrrolizidin-Alkaloide enthalten sind. Noch heute wird Huflattich als Hustenmittel genutzt (lat.: *tussis* = Husten, *agere* = vertreiben); Apotheken und Drogerien bieten Produkte an, die aus Sorten bestehen, die keine oder sehr geringe Mengen an giftigen Alkaloiden beinhalten.

Tabakersatz

Während des ersten Weltkrieges wurden die Blätter als Tabakersatz geraucht. Antike Schriftsteller wie zum Beispiel Plinius der Ältere (etwa 23–79 n. Chr.) haben bereits den blauen Dunst des Huflattichs gepriesen.

Giftigkeit

Alle Pflanzenteile des Huflattichs, vor allem die Blätter und Wurzeln, beinhalten giftige Pyrrolizidin-Alkaloide, die in größeren Mengen und / oder über längere Zeit eingenommen, Krebs erzeugen und die Leber schädigen können.
Vergiftungserscheinungen treten häufig erst nach Wochen oder Monaten auf.
Erhitzen und Trocknen zerstört die Giftstoffe nicht.
Die jungen Blätter sind etwas schleimig und schmecken leicht bitter.

» In zahlreichen Quellen, die sich mit Wildpflanzen in der Küche oder der Nutzung selbstgesammelten Huflattichs als Heilpflanze befassen, wird nicht auf die schädigende Wirkung der Pyrrolizidin-Alkaloide hingewiesen!

» In kleinen Mengen, zerkleinert als Zugabe zu Salat oder Wildgemüsegerichten, werden die Blätter trotz der Pyrrolizidin-Alkaloide in vielen Quellen als essbar aufgeführt. Langzeitschäden sollten bedacht werden! Kinder, Schwangere, Stillende und geschwächte Menschen sollten vom Verzehr der Pflanze ganz absehen!

stark giftig
bis giftig

Hundspetersilie

Foto: Roland Spohn

Die weit verbreitete Hundspetersilie ist ein Kulturbegleiter. Seit der jüngeren Steinzeit begleitet die Pflanze den Ackerbau betreibenden Menschen. Auch in Gärten und Parkanlagen sowie in Schutt- und Wildkrautfluren ist die Hundspetersilie zu finden. Sie gilt als Nährstoffzeiger.

Aethusa cynapium
Doldenblütler

Kennzeichen

Knoblauch- bis mäuseartiger Geruch

Die ein- bis zweijährige Hundspetersilie wird je nach Standort 10 cm bis 1,20 m hoch. Ihr kantiger, hohler Stängel ist leicht violett gefärbt. Die Blätter der Hundspetersilie sind zwei- bis dreifach gefiedert, dunkelgrün und auf der Unterseite glänzend (griech.: *aithousa* = die Leuchtende); insgesamt sind sie dreieckig. Junge Blätter sehen denen der Glattblättrigen Petersilie sehr ähnlich.
Typisch für die Hundspetersilie ist der unangenehme, mäuseartige Geruch, der beim Zerreiben der Blätter wahrnehmbar ist.

Foto: Jens G. Rohwer

Markante Hüllblättchen

Der Doldenblütler weist kleine, weiße Blüten auf, die selten rötlich oder gelblich sind. Sie erscheinen von Juni bis Oktober. Typisch für die Hundspetersilie sind die meist 3 auffälligen Hüllblättchen, die am Ansatz der Doldenstiele der Döldchen sitzen. Sie sind einseitswendig und stehen nach außen ab.

Menschenausbreitung

Ab Juli reifen die Früchte heran. Sie sind lufthaltig, schwach geflügelt und können daher vom Wind verbreitet oder vom Regen fortgeschwemmt werden. Die langlebigen Samen werden vor allem durch vom Menschen vorgenommene Erdbewegungen verbreitet.

Fotos (3): Roland Spohn

Verwechslungsmöglichkeiten

- Es können Verwechslungen mit der essbaren Wilden Möhre (*Daucus carota*) oder der Glattblättrigen Petersilie (*Petroselinum crispum, glatt*) vorkommen. Die Blätter der Wilden Möhre duften nach Möhre, die der Glattblättrigen Petersilie nach Petersilie!
- Viele Arten unserer heimischen Doldenblütler können leicht miteinander verwechselt werden!

Wissenswertes

„Glanz"- oder „Tollpetersilie"

Die deutsche Namensgebung der Hunds-Petersilie und der wissenschaftliche Artname (*cynapium)* gehen darauf zurück, dass dieser Doldenblütler im Gegensatz zur Glattblättrigen Petersilie keine für den Menschen nützliche Pflanze ist – sie gilt als minderwertig, nur für den Hund (griech.: *kyon, kynos* = Hund / lat.: *apium* = Petersilie). Allerdings ist die Pflanze auch für Hunde giftig!

Die auf der Unterseite glänzenden Blätter brachten der Pflanze die Namen „Glanzpetersilie" oder „Glanzpeterlein" ein, ihre Giftigkeit den Namen „Tollpetersilie".

Vermutlich geht die Züchtung der Krausen Petersilie auf die damit verbundene Verringerung der Verwechslungsgefahr der Pflanzen zurück. Die Hundspetersilie weist einen unangenehm mäuseartigen Geruch auf und schmeckt scharf und brennend. Bei der gelbblühenden Glattblättrigen Petersilie sind die Blätter matt.

Stark giftig?

Der Grad der Gefährlichkeit der Hundspetersilie für den Menschen ist umstritten. Manche Autoren vermuten, dass die Pflanze weniger giftig ist als vermutet und dass es sich bei den bekannten (älteren) Vergiftungsfällen um Verwechslungen mit dem Gefleckten Schierling (*Conium maculatum* / s. S. 252) gehandelt haben könnte.

Homöopathie

Im Mittelalter wurde die Hundspetersilie als Heilpflanze genutzt. Heute findet sie nur noch in der Homöopathie, unter anderem gegen Brechdurchfall, Verwendung.

Giftigkeit

Die Hundspetersilie enthält in allen Pflanzenteilen das stark giftige Polyin Aethusin. Das ist ein zentral wirkendes Krampfgift. In geringen Mengen kommt auch das lähmend wirkende hochgiftige Schierlingsgift Coniin in der Pflanze vor.
Erste Symptome für Vergiftungen mit der Hundspetersilie sind Brennen in Mund und Rachen, Pupillenerweiterungen und Sehstörungen. Es kommt im weiteren Verlauf zu Erbrechen, Durchfall und zu Bauchschmerzen, Bewusstseinstrübungen und Schüttelkrämpfen. Letztendlich kann aufsteigende Lähmung und Tod durch Atemlähmung eintreten.
Einige Quellen stellen die starke Giftigkeit der Hundspetersilie in Frage.
Der scharfe, brennende Geschmack hält meist davon ab, größere Mengen der Pflanze zu verzehren.
Getrocknet, zum Beispiel im Heu, ist die Hundspetersilie ungiftig.

- Was die Hundspetersilie für den Menschen gefährlich macht, ist die hohe Verwechslungsgefahr mit der Gartenpetersilie, zumal die Hundspetersilie ein Gartenunkraut ist!
- Es sind Verwechslungen mit der essbaren Wilden Möhre vorgekommen, die in der Wildkräuterküche verwendet werden kann. Die Blätter der Wilden Möhre duften nach Möhre!
- Das Sammeln von essbaren Vertretern der Pflanzenfamilie der Doldenblütler für die Verwertung in der Küche sollte nur bei Vorhandensein gründlicher Artenkenntnis vorgenommen werden. Neben den essbaren gibt es viele, häufig ähnlich aussehende, giftige bis sehr giftige Arten dieser weit verbreiteten Pflanzenfamilie. Eine genaue Bestimmung der Doldenblütler erfordert eine weiterführende Bestimmungsliteratur! Bei Unsicherheit sollte auf die Ernte verzichtet werden!

giftig

Immergrün, Kleines

Das Kleine Immergrün wächst in Laub- und Laubmischwäldern, vor allem unter Buchen, und ist häufig in der Nähe von ehemaligen Siedlungen, Burg- und Grabanlagen zu finden. Das Immergrün besiedelt frische, nährstoffreiche Böden und ist auch im Garten als Bodendecker beliebt.

Kleines Immergrün
Vinca minor
Hundsgiftgewächs

Kennzeichen

Immergrüner Halbstrauch

Das Kleine Immergrün kriecht mit seinen bis 1 m langen, an den Knoten wurzelnden Trieben über den Boden. Da die Triebe am Grunde verholzt sind, zählt die Pflanze zu den Halbsträuchern, obwohl sie nur eine Höhe von etwa 20 cm erreicht. Die länglich-lanzettlichen Blätter sind lederartig mit glänzender Blattoberfläche.
Es findet vorwiegend eine vegetative Vermehrung statt.

Kleine Propeller

Wie kleine Propeller sehen die von März bis Mai erscheinenden, hellblau bis violetten Blüten aus. Sie sind etwa 2 bis 3 cm im Durchmesser und werden unter anderem von Faltern und Bienen bestäubt. Früchte mit Samen bildet die Pflanze in unseren Breiten selten aus.

Verwechslungsmöglichkeit

» Sehr ähnlich sieht das Große Immergrün (*Vinca major*) aus, eine großblütige verwandte Art, die häufig in Gärten und auf Friedhöfen zu finden ist, jedoch nur selten verwildert.

Wissenswertes

Hochgiftige Verwandtschaft

Verwandt ist das Kleine Immergrün auch mit dem aus dem Mittelmeer stammenden, hochgiftigen Oleander (*Nerium oleander*), den wir als Topf- und Kübelpflanze kennen.

Ewiges Leben

Im Volksglauben ranken sich zahlreiche Bräuche um die Pflanze. Die immergrüne, dekorativ blühende Pflanze versinnbildlicht ewiges Leben, Erinnerung und Beständigkeit, Treue und Reinheit. Das Kleine Immergrün ist ein beliebter Bodendecker in Friedhofanlagen.

Giftigkeit

Alle Pflanzenteile des Kleinen Immergrüns beinhalten giftige Indol-Alkaloide, vor allem Vincamin.
Diese können bei Verzehr Blutdruckabfall, Herzrhythmusstörungen, Unruhe und Mundtrockenheit auslösen.

» Kinder sind besonders gefährdet, da die dekorativen Blüten zum Spielen und Verzehr verleiten!

schwach giftig

Johanniskraut, Echtes

Das weit verbreitete Echte Johanniskraut bevorzugt lichte, magere und trockene Standorte und wächst an Wegrändern wie auch auf Magerwiesen, Brach- und Ruderalflächen.

Echtes Johanniskraut, Tüpfel-Johanniskraut, Tüpfel-Hartheu
Hypericum perforatum
Johanniskrautgewächs

Kennzeichen

Gegenständige Blätter

Das reich verzweigte, mehrjährige Kraut wird bis zu 60 cm hoch. Am zweikantigen Stängel stehen die gegenständigen Blätter, das heißt, jeweils zwei stehen sich unmittelbar gegenüber. Die Blätter sind klein und eiförmig bis oval.
Die Pflanze wurzelt tief in den Boden hinein; Wurzelausläufer tragen zur Ausbreitung bei.

Ätherische Öle und Harze

Auf den Blättern befinden sich viele kleine helle Punkte – wie perforiert, mit Nadeln durchstochen (lat.: perforatum = durchlöchert)! Es handelt sich dabei um Drüsen mit lichtdurchlässigen ätherischen Ölen.

Johannisblüte

Von Juni bis September erscheinen die goldgelben Blüten mit 5 Kronblättern und auffällig vielen Staubgefäßen, bis zu 80 pro Blüte. Zum Fest Johannes des Täufers (24. Juni) steht das Echte Johanniskraut meist in voller Blüte. In den Blüten- und Kelchblättern finden sich dunkle Punkte und Streifen, die von eingelagerten Harzen herrühren. Werden die Blütenknospen zwischen den Fingern zerrieben, tritt ein blutroter Saft aus.

Die Samen der Pflanze sind sehr langlebig.

Verwechslungsmöglichkeiten

- Das Echte Johanniskraut ist mit anderen heimischen Johanniskräutern zu verwechseln. Von denen unterscheidet es sich vor allem durch die durchscheinenden Öldrüsen in den Blättern, den deutlich zweikantigen Stängel und dem roten Saft der Blütenknospen. Das Gefleckte oder Kantige Johanniskraut (*Hypericum maculatum*) hat einen vierkantigen Stängel. Das Behaarte Johanniskraut (*Hypericum hirsutum*) ist vollständig behaart und weist dadurch einen gräulichen Schimmer auf.
  Der Gehalt an Hypericin ist in diesen verwandten Kräutern geringer.
- Nur von Weitem sieht das Echte Johanniskraut dem giftigen Jakobskreuzkraut (*Senecio jacobaea* / Weiteres s. S. 106) ähnlich. Bei näherer Betrachtung sind die Unterschiede sofort ersichtlich. Die einzelnstehenden, mit ihren 5 Kronblättern ausgestatteten Blüten des Johanniskrautes unterscheiden sich deutlich von den für Korbblütler typischen Blütenköpfchen des Jakobskreuzkrautes. Die Blätter des Johanniskrautes sind klein, oval und gegenständig, die des Jakobskreuzkrautes sind viel größer, fiederteilig und wechselständig.

Wissenswertes

Johannisblut

Besonders große Heil- und Zauberkraft wird dem Johanniskraut zugesprochen, wenn es am Johannistag gesammelt wird. So glaubte man! Das aus den Blüten gewonnene blutrote Öl wurde früher mit dem vom Kreuz tropfenden Blut Christi in Verbindung gebracht. Es fand Verwendung zum Färben von Speisen und Textilien. Die Zugabe dieses rotfärbenden Farbstoffes (Hypericin) in Lebensmitteln ist heutzutage verboten.

Geschätzte Heilpflanze

Das Echte Johanniskraut ist eine seit Alters her geschätzte Heilpflanze. Als Tee wirkt es stimmungsaufhellend und antriebssteigernd und wird gegen Depression, Angst und Nervosität eingesetzt. Äußerlich findet das blutrote Johanniskrautöl Anwendung bei rheumatischen Beschwerden, zur Wundheilung bei Verbrennungen und kleinen Verletzungen wie auch bei Prellungen und Verstauchungen.

Giftigkeit

Das Echte Johanniskraut weist in allen Pflanzenteilen den schwach giftigen Inhaltsstoff Hypericin auf, welcher zu einer erhöhten Lichtempfindlichkeit (Photosensibilität) der Haut führen kann.
Vor allem bei empfindlichen Menschen mit heller Haut können sonnenbrandähnliche Hautveränderungen und Ödeme auftreten.
Der Geschmack des Krautes ist herb und bitter.

» Während der innerlichen Anwendung mit Heiltee oder der äußerlichen mit Johanniskrautöl sollten vor allem empfindliche Menschen den Aufenthalt in der prallen Sonne meiden!

» Die jungen, bitter schmeckenden Blätter und die dekorativen süßen Blüten werden in Wildkräuterbüchern als essbar angegeben. Auch hier gilt, dass bei empfindlichen Menschen durch Verzehr eine Erhöhung der Lichtempfindlichkeit auftreten kann!

Kälberkropf, Hecken-

Der Hecken-Kälberkropf wächst in nährstoffreichen, schattenliebenden Stauden- und Unkrautfluren und ist an Rändern von Wäldern, Hecken und Gebüschen zu finden. Dort, wo die Pflanze wächst, ist der Boden meist stickstoffreich.

Hecken-Kälberkropf, Betäubender Kälberkropf, Taumel-Kälberkropf
Chaerophyllum temulum
Doldenblütler

Kennzeichen

Verdickte Knoten

Der ein- bis zweijährige Kälberkropf wird bis zu 1 m hoch. Seine borstig behaarten Stängel sind rund, meist violett gefärbt oder rotfleckig. Unter den Knoten ist er auffällig verdickt. Die Blätter sind doppelt gefiedert und ebenfalls behaart. Der Geruch der Blätter erinnert an Möhre und Kümmel.

Doppeldolde

Der Doldenblütler blüht von Mai bis Juli. Es bilden sich Doppeldolden mit zahlreichen kleinen weißen Blüten aus, die sich von Juli bis September jeweils zu 5 bis 7 mm langen Früchten entwickeln.

Verwechslungsmöglichkeiten

- Der Betäubende Kälberkropf kann vor allem mit dem stark giftigen Schierling (*Conium maculatum* / Weiteres s. S. 252) verwechselt werden. Dieser weist glatte Stängel auf und eirunde, nur bis 3 mm lange Früchte. Ausschlaggebendes Unterscheidungsmerkmal ist der an Mäuseharn erinnernde, widerliche Geruch des Schierlings.
- Viele Arten unserer heimischen Doldenblütler können leicht miteinander verwechselt werden!

Wissenswertes

Verwandte ungiftige Arten

Der Knollige Kälberkropf (*Chaerophyllum bulbosum*), auch Rüben-Kälberkropf genannt, galt bis zum Mittelalter mit seinen bis 10 cm langen Knollen als Kartoffel-Ersatz. Die Pflanze weist fein geschlitzte Blätter auf und wächst vor allem in Spülsäumen von Auwäldern und Flüssen.
Der Behaarte Kälberkropf (*Conium hirsutum*) kommt unter anderem in feuchten Bergwäldern und Hochstaudenfluren vor. Seine Stängel sind auffällig abstehend behaart und unter den Knoten nicht verdickt. Die Blütenblätter sind bewimpert.

Taumel-Kälberkropf

Bei Tieren wurde nach Aufnahme größerer Mengen durch Lähmungen hervorgerufenes Taumeln beobachtet. Daher wird die Pflanze auch Taumel-Kälberkropf genannt.

Giftigkeit

Der Betäubende Kälberkropf ist aufgrund giftiger Inhaltsstoffe wie Polyine schwach giftig. Vermutungen über das Vorhandensein flüchtiger Alkaloide konnten bisher nicht bestätigt werden. Frühere Berichte über starke bis tödliche Vergiftungen sind vermutlich auf Verwechslungen mit dem sehr ähnlich aussehenden, verwandten Gefleckten Schierling (*Conium maculatum* / Weiteres s. S. 252) zurückzuführen.
Symptome für Vergiftungen sind Übelkeit, Erbrechen, Bauchschmerzen und Durchfall.
Bei empfindlichen Menschen können bei Berührung allergische Reaktionen und entzündliche Hautreizungen auftreten.

» Beim Sammeln von essbaren Blättern von Wild- und Küchenkräutern, zum Beispiel von Wiesen-Kerbel (*Anthriscus sylvestris*), Petersilie (*Petroselinum crispum*), Kerbel (*Antriscus cerefolium*), beim Sammeln von essbaren Früchten (zum Beispiel von Anis (*Pimpinella anisum*), Wiesen-Kümmel (*Carum carvi*) und beim Sammeln von essbaren Wurzeln, zum Beispiel Petersilienwurzel (*Petroselinum crispum convar. tuberosum)* und Meerrettich (*Armoratia rusticana*) ist Vorsicht vor Verwechslung geboten!

» Das Sammeln von essbaren Vertretern der Pflanzenfamilie der Doldenblütler für die Verwertung in der Küche sollte nur bei Vorhandensein gründlicher Artenkenntnis vorgenommen werden. Neben den essbaren gibt es viele, häufig ähnlich aussehende, giftige bis sehr giftige Arten dieser weit verbreiteten Pflanzenfamilie. Eine genaue Bestimmung der Doldenblütler erfordert eine weiterführende Bestimmungsliteratur! Bei Unsicherheit sollte auf die Ernte verzichtet werden!

schwach giftig

Kalmus

Kalmus stammt ursprünglich aus dem subtropischen Süd- und Ostasien. Die Araber brachten die Pflanze im 16. Jahrhundert nach Mitteleuropa, wo sie sich in unsere heimische Pflanzenwelt als Neophyt integriert hat. Sie besiedelt Ufer von stehenden und langsam fließenden, nährstoffreichen Gewässern.
Kalmus hat auch als Zierpflanze in Gartenteichen Einzug gefunden.

Acorus calamus
Kalmusgewächs

Kennzeichen

Gewellte Blattränder

Die Kalmuspflanze wird 60 bis zu 150 cm hoch und duftet stark aromatisch. Die steif aufrechten, schwertförmigen Blätter weisen stellenweise am Blattrand eine deutlich sichtbare Querfältelung auf.
Üppig verbreitet sich die Pflanze durch den unterirdisch kriechenden Wurzelstock.

Ohne Früchte

Von Mai bis Juli erscheinen kolbenartige, grünliche Blütenstände von 4 bis 10 cm Länge. Sie werden zwar von Fliegen besucht, Fruchtansätze finden sich in unseren Breiten an der ursprünglich subtropischen Art jedoch nicht.

Verwechslungsmöglichkeit

» Im vegetativen Zustand ist Kalmus leicht mit der ebenfalls schwach giftigen Wasser-Schwertlilie (*Iris pseudacorus* / Weiteres s. S. 270) zu verwechseln, die ähnliche Standorte besiedelt. Beim Kalmus sind die Ränder der eher gelbgrünen Blätter charakteristisch gewellt, bei Schwertlilien sind sie platt. Die Blätter der Kalmuspflanze duften beim Zerreiben sehr intensiv aromatisch.

Wissenswertes

Alte Nutzpflanze

Seit alters gilt vor allem der nach Kampfer riechende, getrocknete Wurzelstock als Arzneimittel mit verdauungsanregender Wirkung (Magenwurz) wie auch als Mittel gegen Erschöpfung und Appetitlosigkeit. Zahnschmerzen finden durch das Kauen der Wurzel Linderung. Die ätherischen Öle wurden in der Parfüm-, Likör- und Tabakindustrie eingesetzt.

Kandiert wird Kalmus als „Deutscher Ingwer" bezeichnet, weil er eine dem Ingwer vergleichbare Schärfe aufweist.

Mancherorts stehen junge Sprosse und Blütentriebe auf dem Speiseplan.

Giftigkeit

Blätter und vor allem der Wurzelstock der Kalmuspflanze weisen ätherische Öle mit dem Inhaltsstoff β-Asaron auf.

Bei Verzehr in sehr hohen Dosen können Halluzinationen auftreten. Die Pflanze steht im Verdacht, eine krebserregende und erbgutschädigende Wirkung aufzuweisen. Die schädlichen Inhaltsstoffe schwanken in ihrem Gehalt sehr stark, weshalb heute nur geprüfte Arznei- und Lebensmittel auf den Markt dürfen.

Zunächst ist der Geschmack der Kalmuswurzel eher süß und erinnert an Ingwer; im Nachgeschmack ist er jedoch bitter.

» Von der Herstellung und Verarbeitung selbst gesammelter Pflanzenteile zur Herstellung von Heil-, Genuss- oder Lebensmitteln ist aufgrund der gesundheitsschädlichen Wirkung und der im Gehalt stark schwankenden, giftigen Inhaltsstoffe abzuraten!

schwach giftig

Klappertopf, Zottiger

Der Zottige Klappertopf kommt vor allem in Mittel- und Süddeutschland vor. Dort besiedelt er meist kalkhaltige, magere Böden und ist in Frischwiesen und -weiden, Trocken- und Halbtrockenrasen zu finden.

Zottiger Klappertopf,
Behaarter Klappertopf
Rhinanthus alectorolophus
Braunwurzgewächs

Kennzeichen

Sitzende Blätter

Der einjährige Zottige Klappertopf wird bis zu 50 cm hoch und weist eine dichte Behaarung auf. Die lanzettlichen, gezähnten Blätter sind ungestielt.

Violetter Zahn

Von Mai bis in den August hinein erscheinen die ährenförmigen Trauben. Mehrere 2 cm lange, gelbe Blüten mit aufwärts gebogener Blütenröhre stehen hier beisammen. Die helmförmige Oberlippe ist an der Spitze mit einem über 2 mm langen violetten, manchmal weißlichen Zahn ausgestattet. Auffällig sind die bauchförmigen, bleichgelben Blütenkelche. Beim Zottigen Klappertopf sind sie behaart.

Klappernde Früchte

Zur Fruchtzeit, von Juni bis September, vergrößert sich der bauchige Blütenkelch und wird bräunlich pergamentartig. Darin klappern die reifen Samen im Wind. Sie sind flach und können mit dem geflügelten Rand gut vom Wind verbreitet werden.

Verwechslungsmöglichkeit

» Der Zottige Klappertopf kann leicht mit verwandten Klappertöpfen verwechselt werden, wie zum Beispiel mit dem Großen (*Rhinanthus serotinus*) und dem Kleinen Klappertopf (*Rhinanthus minor*). Beide weisen einen kahlen Kelch auf, der Kleine zudem eine gerade Kronröhre. Diese Klappertopfarten sind ähnlich giftig.

Wissenswertes

Halbschmarotzer

Der Klappertopf ist ein Halbschmarotzer. Er lebt auf verschiedenen Blütenpflanzen, vor allem auf Wiesengräsern, denen er Wasser und Nährstoffe entzieht. Im Gegensatz zu den bräunlichen Vollschmarotzern können Halbschmarotzer Photosynthese betreiben und sind daher grün.

Aucubin

Während das Glycosid Aucubin einerseits bei erhöhtem Verzehr zu schädlichen Vergiftungserscheinungen führen kann, wirkt es in geeigneter Dosis entzündungshemmend und antibiotisch.
Mit Klappertopfsamen verunreinigtes Getreide hat in Zeiten, als es noch keine Saatgutreinigung gab, zu Vergiftungen geführt. So auch die schwach giftigen Wachtelweizenarten (*Melampyrum*), die ebenfalls Aucubin enthalten. Ihre dunklen Samen führten zu Brotvergiftungen und schwarzblau gefärbtem Brot.

Giftigkeit

Alle Pflanzenteile des Klappertopfes, vor allem die Samen, sind durch das Glycosid Aucubin schwach giftig.
Verzehr von hohen Dosen kann zu Bauchkrämpfen und Durchfall führen.

» Kinder sind besonders gefährdet, da die attraktiven Früchte zum Spielen und Verzehr verleiten!

stark giftig

Kornrade, Gewöhnliche

Die ursprüngliche Heimat der Kornrade ist vermutlich Westasien, von wo aus sich die Pflanze seit der Jungsteinzeit als Kulturbegleiter mit dem Ackerbau bis nach Mitteleuropa ausgebreitet hat. Sie besiedelt vor allem stickstoffreiche, trockene Böden.
In Deutschland ist das ehemals weit verbreitete Ackerwildkraut laut Roter Liste der gefährdeten Pflanzenarten heute als „stark gefährdet" einzustufen.
Vielerorts ist das Nelkengewächs als Schmetterlingsmagnet wieder in Wildblumen-Aussaaten und in Gärten zu finden.

Gewöhnliche Kornrade
Agrostemma githago
Nelkengewächs

Kennzeichen

Dem Getreide angepasst

Die einjährige Kornrade wird etwa einen halben bis einen Meter hoch; fast genauso tief dringt die spindelförmige Wurzel in den Boden ein. Die schlanke, zierliche Pflanze weist gegenständige, lineare Blätter auf.

Auffällige Blüten

Die blass-purpurfarbenen Blüten erscheinen von Juni bis Juli. Sie werden von den grünen, zottig behaarten Kelchblattzipfeln weit überragt. Die Pflanze wird vor allem von Tagfaltern bestäubt.

Große Samen

Bis August / Oktober reifen große, dunkle Samen heran, die erst nach dem Verwittern der Fruchtkapsel oder beim Dreschen freigesetzt werden. Sie ähneln denen des Schwarzkümmels (lat.: *gith* = Bezeichnung für Schwarzkümmel).

Wissenswertes

Agrarkulturbegleiter

Die Kornrade ist ein typisches Beispiel dafür, dass Pflanzen sich den vom Menschen geschaffenen Bedingungen vollständig anpassen können. Die Samen sind zu groß, um sie einfach aus dem Saatgut zu sieben, wie es bei kleineren Samen von vielen anderen Ackerwildkräutern möglich ist. Kornradesamen wurden ehemals mit dem Getreide frostfrei gelagert und gelangten bei jeder Einsaat wieder auf die Ackerflächen. So konnte sich die Pflanze gut ausbreiten.

Auch durch den hohen, unverzweigten Wuchs ist die einjährige Kornrade als Ackerwildkraut dem Getreide ideal angepasst.

„Höllenkorn“

Nicht selten kam es damals zu Massenvergiftungen. Brotmehl konnte bis zu 7 % Kornradesamen enthalten. Effektivere Saatreinigungsmethoden und der Einsatz von Unkrautvernichtungsmitteln führten zum Rückgang der Vergiftungen wie auch der Vorkommen an sich.

Heilmittel

Bis etwa zum Ende des 18. Jahrhunderts wurde die Kornrade als Heilmittel eingesetzt, vor allem gegen Magen- und Hauterkrankungen. Aufgrund der Giftigkeit der Pflanze findet sie heute nur noch in der Homöopathie Verwendung.

Giftigkeit

Alle Teile der Kornrade, vor allem die Samen, enthalten stark giftige Saponine, unter anderem Githagin. In den Samen können bis zu 6 % dieses Giftstoffes enthalten sein.

Nach dem Verzehr kommt es zu Symptomen wie Kratzen in Mund und Rachen, Übelkeit, Kopfschmerzen, Erbrechen und Durchfall, wie auch zu Kreislaufstörungen. Bei hohen Dosen tritt durch Atemlähmung der Tod ein.

» Kinder sind besonders gefährdet, da die attraktiven Blüten, die Samenkapseln und die großen, schwarzen Samen zum Spielen und Verzehr verleiten!

Kreuzdorn, Echter

Der Echte Kreuzdorn wächst in Hecken und Gebüschen, an Waldrändern und in Magerweiden auf sonnigen, trocken-warmen Standorten. Er bevorzugt kalkhaltige Böden.

Echter Kreuzdorn, Purgier-Kreuzdorn
Rhamnus cathartica
Kreuzdorngewächs

Foto: Roland Spohn

Kennzeichen

Mit Dornspitzen

Als sparriger Strauch wird das Gehölz um die 3 m hoch, als kleiner Baum kann er Höhen von bis zu 8 m erreichen. Die Zweige laufen häufig in Dornspitzen aus. Die Blätter sind rundlich bis elliptisch und weisen einen fein gesägten Blattrand auf; sie verfärben sich zum Herbst hin gelb. Bei diesem Gehölz ist die Blattstellung variabel, kann also gegen- oder wechselständig sein.

Unscheinbare Blüten

Meist in Büscheln sitzen die von Mai bis Juni erscheinenden Blüten beisammen. Die grünlichen, sternförmigen Einzelblüten locken mit ihrem süßen Duft vor allem Fliegen an.

Schwarze Früchte

Es entwickeln sich erbsengroße Steinfrüchte, die zunächst grün, dann rot sind und sich zur Fruchtreife hin, von September / Oktober, schwarz färben.

Verwechslungsmöglichkeit

» Leicht verwechselt werden kann der Echte Kreuzdorn mit dem nahe verwandten Faulbaum (*Frangula alnus* / Weiteres s. S. 84). Die Blattränder des Kreuzdorns sind im Gegensatz zu denen des Faulbaumes fein gesägt. Der Faulbaum hat keine dornspitzigen Zweigenden.

Wissenswertes

Mitunter tödlich!

Der Echte Kreuzdorn heißt im Volksmund aufgrund seiner purgierenden, abführenden Wirkung auch Purgier-Kreuzdorn oder „Scheißbeere". Vor allem die Beeren wurden früher als drastisches Abführmittel verwendet, wovon heute wegen der starken, schwer regulierbaren, womöglich tödlichen Wirkung abgeraten wird.

„Gelbbeere" und orangerotes Holz

Kreuzdorn ist eine alte Färberpflanze; unreife Früchte färben je nach Behandlung grün oder gelb („Gelbbeere"). Das harte, orangerote Holz eignet sich für Drechslerarbeiten.

Giftigkeit

In der Rinde des Kreuzdorns und vor allem in den unreifen Früchten sind giftige Anthra-Glycoside enthalten.
Verzehr kann Übelkeit, Erbrechen, starken Durchfall und Nierenreizungen auslösen. Die Früchte schmecken zunächst etwas süßlich, dann widerlich bitter, was vom Verzehr größerer Mengen abhält.

» Kinder sind besonders gefährdet, da die beerenartigen Steinfrüchte zum Spielen und Verzehr verleiten!

schwach giftig

Küchenschelle, Gewöhnliche

Die Gewöhnliche Küchenschelle wächst in Trocken- und Halbtrockenrasen sowie in Kalk-Kiefernwäldern. Sie bevorzugt trockenwarme, basenreiche Böden. Durch Rückgang dieser Standorte ist auch die Pflanze im Rückgang begriffen. Auf der Roten Liste der gefährdeten Pflanzenarten Deutschlands ist die Küchenschelle als „gefährdet" eingestuft; laut Bundesnaturschutzgesetz ist sie besonders geschützt!
In Steingärten findet die dekorative Staude als Zierpflanze einen Platz.

Gewöhnliche Küchenschelle, Echte Küchenschelle, Kuhschelle
Pulsatilla vulgaris
Hahnenfußgewächs

Kennzeichen

Seidig behaart

Die Küchenschelle wird bis zu 30 cm hoch. Ihre tief gespaltenen Grundblätter erscheinen in der Regel erst nach der Blüte und bilden eine bodennahe Rosette aus. Die ganze Pflanze ist seidig behaart, ein Schutz vor der Trockenheit.

Kennzeichen

Glockenblume

Die Küchenschelle ist ein Frühblüher. Bereits im März sind die ersten glockenförmigen Blüten zu entdecken (lat.: *pulsare* = schlagen, läuten). Bis in den Mai locken die großen, blauviolett blühenden Blüten Bienen und Hummeln an.

„Hexenbesen"

Als Hexenbesen werden die im Juni / Juli erscheinenden kleine Nüsschen mit dem zottigen Federschweif bezeichnet.

Verwechslungsmöglichkeit

» Die Gewöhnliche Küchenschelle kann leicht mit der verwandten Wiesen- oder Nickenden Küchenschelle (*Pulsatilla pratensis*) verwechselt werden, deren Blüten nicken und von dunkelvioletter Farbe sind. Alle Pulsatilla-Arten sind ähnlich giftig!

Wissenswertes

Verwandte Arten

Es gibt weitere heimische Pulsatilla-Arten und Unterarten, wie zum Beispiel die laut Roter Liste „stark gefährdete" Wiesen-Küchenschelle, die vor allem in Ostdeutschland vorkommt und auf die Alpenregion und den Harz begrenzte Alpen-Küchenschelle.

Heilkunde

Heute spielt die Küchenschelle in der Homöopathie eine große Rolle.

Giftigkeit

Alle Pulsatilla-Arten weisen in allen frischen Pflanzenteilen das giftige Alkaloid Protoanemonin sowie Ranunculin und deren Zersetzungsprodukte auf.
Verzehr der Küchenschelle kann zu Übelkeit, Erbrechen, Durchfall und Benommenheit, in großen Dosen zu Lähmungserscheinungen führen.
Das frische Material wirkt haut- und schleimhautreizend. Die Berührung der Pflanze kann bei empfindlichen Menschen zu starken Hautreizungen mit Blasen und Entzündungen führen.
Der sehr bittere Geschmack hält vom Verzehr größerer Mengen meist ab.
Bei Trocknung oder Erhitzen werden die Giftstoffe abgebaut, bei alkoholischen Auszügen jedoch nicht!

» Kinder sind besonders gefährdet, da die dekorativen Pflanzen zum Pflücken verleiten!

» Beim Umgang mit der Pflanze im Garten ist das Tragen von Handschuhen angeraten!

schwach giftig

Lampionblume

Die Blasenkirsche besiedelt Stauden- und ausdauernde Unkrautfluren auf nährstoffreichen Böden, vor allem in Mitteldeutschland. Heimische Bestände werden auf der Roten Liste der gefährdeten Pflanzenarten Deutschlands als „gefährdet“ eingestuft.

Die Pflanze ist vor allem als Gartenzierpflanze bekannt. Von dort aus ist sie stellenweise in die freie Landschaft verwildert.

Gewöhnliche Blasenkirsche
Physalis alkekengi
Nachtschattengewächs

Kennzeichen

Lange Ausläufer

Die eiförmigen, bis 10 cm langen Blätter der bis 60 cm hochwachsenden Staude sind am Rand mehr oder weniger geschweift.

Über lange, unterirdische Ausläufer ist eine weiträumige Ausbreitung möglich.

Nachtschatten

Zwischen Mai und August erscheinen kleine, grünlich-weiße Blüten, welche die Zugehörigkeit zu den Nachtschattengewächsen erkennen lassen.

Süß-säuerlicher Geschmack

Aus den Kelchblättern der Blasenkirsche entwickeln sich große, aufgeblasene, zunächst grüne, dann zur Reife hin, von September bis November, kräftig rot-orange Lampions (altgriech.: *physa* = Blase). Die Kelchblätter verwittern skelettartig und machen eine innen liegende, ebenfalls orangefarbene Beere sichtbar.

Verwechslungsmöglichkeit

» Die Lampionblume kann mit der verwandten Kap-Stachelbeere verwechselt werden, die aus Gartenbeständen stellenweise in die freie Landschaft unbeständig verwildert. Die Blüten der Kapstachelbeere sind gelblich mit braun getupftem Grund, ihre Fruchthüllen sind hellbraun, die etwas klebrigen Früchte gelborange. Auch ihre Früchte sollten vor dem Verzehr gewaschen werden.

Kap-Stachelbeere

Wissenswertes

Vollreif?

Die Blasenkirsche weist einen süß-säuerlichen Geschmack auf und ist im vollreifen Zustand essbar. Vollreif sind die Beeren, wenn die Fruchthüllen sich bereits bräunlich verfärbt haben. Die Beeren reifen nach der Ernte nicht nach!

Dekorative Zierpflanze

Die Lampionblume ist aufgrund der dekorativen Lampions als Gartenpflanze sehr beliebt. Als Schnittblume schmückt sie herbstliche Kaffeetafeln; getrocknet verschönern die Lampions Kränze und Gestecke. Zahlreiche Sorten sind im Handel erhältlich.

Giftigkeit

Mit Ausnahme der vollreifen Beeren enthalten alle Teile der Lampionblume giftige Bitterstoffe. Der pergamentartige Kelch der Lampionblume sondert auf der mit Drüsen besetzten Innenseite einen bitteren Saft ab, der beim Öffnen mit den Fingern leicht auf die Beere übertragen werden kann. Diese Ausscheidungen lösen bei empfindlichen Menschen beim Verzehr Unverträglichkeiten aus.

» Vor dem Verzehr sollten die vollreifen Beeren gründlich gewaschen werden. Nur in kleinen Mengen verzehren!

» Kinder sind besonders gefährdet, da die Früchte zum Spielen und Verzehr verleiten!

schwach giftig

Lattich, Gift-

Foto: H. Zell (CC BY-SA 3.0)

Der Gift-Lattich stammt ursprünglich aus dem Mittelmeergebiet und hat sich als Neubürger bei uns angesiedelt, vor allem in der Mitte Deutschlands. Dort wächst er in sonnigen, nährstoffreichen und trockenen Stauden- und ausdauernden Unkrautfluren, zum Beispiel auf Böschungen und in Weinbergen.

Gift-Lattich, Stink-Lattich, Wilder Lattich
Lactuca virosa
Korbblütler

Kennzeichen

Pfeilförmiger Blattgrund

Der ein- bis zweijährige Gift-Lattich wird bis zu 150 cm hoch und weist meist eine grundständige Blattrosette auf. Auffällig ist der gelblich-weiße, oft rötlich überlaufene Stängel. Mit stängelumfassendem, pfeilförmigem Grund sitzen die blaugrünen, meist ungeteilten Blätter auf. Sie sind am Rand fein dornig gezähnt und unterseits am Mittelnerv stachelig.

Unangenehm

Die ganze Pflanze riecht unangenehm. Beim Verletzen oder Aufschneiden des Stängels tritt ein bitter schmeckender, weißlicher Milchsaft aus (lat.: *lac* = Milch), der sich an der Luft bräunlich verfärbt.

Fotos (2): Andreas Zehm

Blütenrispe

12 bis 16 Blütenköpfchen mit blassgelben Zungenblüten sind von Juli bis August in einem rispenförmigen Blütenstand zu entdecken. Wie beim Löwenzahn werden die Samen durch Schirmchen vom Wind verbreitet.

Verwechslungsmöglichkeiten

» Der Gift-Lattich ist leicht mit dem Kompass-Lattich (*Lactuca serriola*) zu verwechseln. Letzterer bleibt kleiner im Wuchs und stellt seine Blätter meist senkrecht zur Sonneneinstrahlung; die Blätter des Gift-Lattichs sind eher waagerecht ausgerichtet.

» Der Mauer-Lattich (*Mycelis muralis*, ehemals *Lactuca muralis*) weist an den Blättern große, dreieckige Endlappen auf.
Die ebenfalls milchsaftführenden Stängel beider Arten weisen eine ähnliche Giftwirkung auf wie der des Gift-Lattichs.

Wissenswertes

Alte Heilpflanze

Der Gift-Lattich wurde bereits im Altertum als Heilpflanze verwendet, der eingedickte Milchsaft als Schlaf- und Beruhigungsmittel gegen Husten (Lactucarium) und vor allem als harntreibendes Mittel.

„Deutsches Opium"

Ab Mitte des 19. bis etwa Mitte des 20. Jahrhunderts wurde der Gift-Lattich vor allem im Moselgebiet großflächig angebaut, um den getrockneten Milchsaft und die Blätter als Opiumersatz und Beruhigungsmittel zu nutzen. Noch im 1. Weltkrieg sollen Kriegsverletzte damit behandelt worden sein.
In den 70er Jahren kam es erneut zum kurzzeitigen Anbau des Gift-Lattichs, als sich seine Wirkung in Hippiekreisen herumsprach.

Weitgehend giftfrei

Der Kompass-Lattich gilt als Stammpflanze des grünen Kopfsalates (*Lactuca sativa*). In den als Salat genutzten Blättern beider Arten ist der Gehalt des für Lattiche typischen Milchsaftes viel zu gering, um spürbare Effekte hervorzurufen.

Giftigkeit

Der Gift-Lattich enthält bittere Sesquiterpenlactone, vor allem Lactucin und Lactopicrin, die in der richtigen Dosis beruhigende und narkotisierende Wirkung aufweisen. Als stark giftig wird der gesammelte, eingedickte, getrocknete Milchsaft eingestuft. Seine Wirkung soll dem von Opium ähneln, aber mit deutlich geringerer Wirkung.
Eine Überdosierung von Saft und getrockneten Blättern kann zu Schweißausbrüchen, Schwindel, Benommenheit und Kopfschmerzen führen. Vermutungen, dass sich Alkaloide in der Pflanze befinden, konnten nicht bestätigt werden.
Die Pflanze schmeckt bitterscharf, was vom Verzehr größerer Mengen abhält.

» Die interessanten, milchführenden Stängel der Pflanze können Kinder zum Abpflücken, Spielen und Verzehren verleiten!

giftig bis schwach giftig

Lerchensporn, Hohler

Der Hohle Lerchensporn wächst in Laubmischwäldern, Gebüschen und Weinbergen. Er bevorzugt frische, tiefgründige, nährstoff- und basenreiche Böden und bildet meist große, flächendeckende Bestände aus.
Seit dem 16. Jahrhundert wird der Lerchensporn in Gärten als Zierpflanze eingebracht. Von dort aus ist er stellenweise wieder in die freie Landschaft verwildert.

Hohler Lerchensporn
Corydalis cava
Erdrauchgewächs

Kennzeichen

Hohle Knolle

Der Hohle Lerchensporn wird bis zu 30 cm hoch und entspringt im zeitigen Frühjahr aus einer etwa walnussgroßen hohlen Knolle. An den aufrechten Stängeln sitzen je 2 doppelt dreiteilige, blaugrüne Blätter mit tiefen Einschnitten. Bereits ab Ende Juni zieht der Knollen-Geophyt wieder ein.

Sporn

Von März bis April erscheinen die reichblütigen Blütentrauben mit rötlichvioletten oder weißen Blüten. Wie der Name Lerchensporn andeutet, weisen die Blüten einen Sporn auf. Tief darin verborgen sitzt der süße Nektar, der nur von Insekten mit langen Rüsseln erreicht wird, wie zum Beispiel von Hummeln.

Schoten

In grünen Schoten wachsen von April bis Juni die Samen heran.

Verwechslungsmöglichkeiten

» Es besteht die Möglichkeit der Verwechslung mit anderen, ähnlich giftigen Lerchenspornarten. Der eng verwandte Finger-Lerchensporn (*Corydalis solida*), auch Gefingerter Lerchensporn genannt, sieht dem Hohlen Lerchensporn sehr ähnlich. Die beiden Arten lassen sich an den unter den Blüten sitzenden Tragblättern unterscheiden: beim Hohlen Lerchensporn sind diese einfach, beim Gefingerten Lerchensporn gefingert. Die Knolle des Finger-Lerchensporns ist nicht hohl.

» Der neu eingebürgerte Gelbe Lerchensporn (*Corydalis lutea*), auch Gelber Scheinlerchensporn genannt, blüht gelb und wächst vor allem an und auf Mauern. Er ist ebenfalls giftig.

» Der ebenfalls giftige Gewöhnliche Erdrauch (*Fumaria officinalis*) blüht von Mai bis September und weist feingliedrigere Blattabschnitte auf. Er ist vor allem auf Äckern zu finden.

Gelber Lerchensporn

Gewöhnlicher Erdrauch

Wissenswertes

Zierpflanze

Aufgrund der dekorativen Blüten ist der Lerchensporn schon seit dem 16. Jahrhundert eine beliebte Gartenzierpflanze.

Giftigkeit

Die oberirdischen Teile des Hohlen Lerchensporns werden als schwach giftig eingestuft, die Knolle als giftig bis sogar stark giftig. Bei den giftigen Inhaltsstoffen handelt es sich um Alkaloide, unter anderem Corydalin und Bulbocapnin.
Nach dem Verzehr der Knolle kann es zu Magen-Darm-Beschwerden kommen; höhere Dosen führen zu Lähmungen der Muskulatur und beeinflussen das zentrale Nervensystem.
Die Knolle schmeckt bitter. Da sie tief im Erdreich sitzt, ist die Vergiftungsgefahr gering.

» Im Garten sollten essbare Gemüsezwiebeln oder -knollen nicht mit den giftigen Knollen des Lerchensporns verwechselt werden!

schwach giftig

Liguster

In der freien Landschaft ist der Liguster in sonnigen Gebüschen und lichten Wäldern sowie an Wegrändern zu finden. Er bevorzugt trockenwarme, meist kalkreiche Böden.
Häufig wird die Pflanze als Heckenpflanze im Garten kultiviert, von wo aus sie mancherorts verwildert ist.

Gewöhnliche Rainweide, Tintenbeere
Ligustrum vulgare
Ölbaumgewächs

Kennzeichen

Im Winter grün

Der wintergrüne Liguster ist ein strauchförmig wachsendes Gehölz mit abstehend ausgebreiten Ästen. Selten wächst ein Exemplar zu einem bis 5 m hohen Baum aus. Die 2,5 bis 6 cm langen, lanzettlichen Blätter stehen gegenständig an den Zweigen, sind ledrig und oberseits glänzend grün. Erst im Frühjahr, wenn die neuen Blätter austreiben, wirft er die vorjährigen ab.

Unangenehmer Duft

Von Juni bis Juli erscheinen kleine weiße Blüten in endständigen dichten Rispen. Ihr Duft wird vom Menschen meist als unangenehm empfunden; Insekten wie Bienen, Schwebfliegen und Falter lockt er an.

Wintersteher

Neben den Blättern behält das Gehölz auch die ab August reifen erbsengroßen, schwarzglänzenden, beerenartigen Steinfrüchte den Winter über an den Zweigen. Damit zählt der Liguster zu den sogenannten Winterstehern. Die Früchte dienen vor allem Vogelarten wie Gimpel, Buchfink und Drossel als Winternahrung.

Verwechslungsmöglichkeit

» Die Früchte des Ligusters werden manchmal mit anderen Gehölzen verwechselt, die ebenfalls schwarze Früchte tragen. Dazu zählen Schwarzer Holunder (*Sambucus nigra* / Weiteres s. S. 129), Traubenkirschen (*Prunus padus* und *Prunus serotina* / Weiteres s. S. 299), Blutroter Hartriegel (*Cornus sanguinea* / Weiteres s. S. 112), Wolliger Schneeball (*Viburnum lantana* / Weiteres s. S. 259), Faulbaum (*Frangula alnus* / Weiteres s. S. 84) oder die stark giftige Lorbeer-Kirsche (*Prunus laurocerasus* / auch Kirschlorbeer genannt) im Garten.
An der Größe und Form der Blätter ist der Liguster gut zu bestimmen. Die Lorbeer-Kirsche weist ebenfalls ledrige Blätter auf, die jedoch wesentlich kräftiger und größer sind. Sie stehen wechselständig an den Zweigen.

Wissenswertes

Beliebte Heckenpflanze

Da Heckenpflanzen in der Regel häufig geschnitten werden, kommt hier der Liguster eher selten zur Blüte und somit nicht zur Ausbildung der giftigen Steinfrüchte.

Flechtmaterial

Die Bezeichnung Liguster stammt vom lateinischen Wort *ligare* = binden ab, da die Zweige des Strauches wie die der Weide sehr schnittverträglich sind und früher zum Flechten eingesetzt wurden. Daher wird der Strauch volkstümlich „Rainweide“ genannt.

Zweifelhafte Färbung

Die Früchte des Ligusters wurden früher zu Tinte und Malfarben verarbeitet, zum Färben von Textilien verwendet und trotz ihrer Giftigkeit auch zum Einfärben von Wein eingesetzt.

Giftigkeit

Für den Menschen sind alle Pflanzenteile des Ligusters schwach giftig, vor allem die beerenartigen Steinfrüchte, die giftige Glycoside, den Bitterstoff Ligustrosid und andere Giftstoffe enthalten.
Erst, wenn größere Mengen der Früchte verzehrt werden, kann es zu Magen- und Darmbeschwerden, Erbrechen und Kopfschmerzen kommen, in schweren Fällen zu Kreislaufbeschwerden. Ältere Berichte von schweren bis tödlichen Vergiftungen durch die Früchte stammen aus dem 19. Jahrhundert und werden heute angezweifelt.
Kontakt mit der Haut kann bei empfindlichen Menschen Hautentzündungen hervorrufen.

» Kinder sind besonders gefährdet, da die beerenartigen Steinfrüchte zum Spielen und Verzehr verleiten!

» Vorsicht ist im Umgang mit der beliebten Gartenpflanze bei Kontakt geboten, zum Beispiel beim Heckenschneiden!

schwach giftig
bis ungiftig

Löwenzahn, Gewöhnlicher

Der weit verbreitete Gemeine Löwenzahn ist auf Wiesen und Weiden, Äckern, Ruderalflächen, in Gärten und an den unwirtlichsten Stellen zu finden. Er bevorzugt einen stickstoffreichen, meist tiefgründigen Boden; Massenvorkommen zeigen eine Überdüngung an.

Gewöhnlicher Löwenzahn, Wiesen-Löwenzahn, Kuhblume
Taraxacum officinale
Korbblütler

Kennzeichen

Nicht gefährlich

Aus einer kräftigen Pfahlwurzel entspringt beim mehrjährigen Löwenzahn eine dem Boden anliegende Rosette aus gezähnten Blättern, die an ein Löwengebiss erinnern.

Blütenkörbchen

Die Hauptblütezeit ist der April; einzelne Blütenköpfchen sind noch bis zum Herbst zu entdecken. Sie sitzen einzeln auf langen, hohlen, Milchsaft führenden Stängeln. Jedes einzelne Köpfchen weist bis zu 200 Blüten auf, die wie kleine Zungen aussehen. Sie öffnen sich nur bei sonnigem Wetter und werden vor allem von Bienen besucht.

„Pusteblume"

Die Samen mit den kleinen Fallschirmchen schickt der Löwenzahn mit dem Wind zu neuen Standorten.

Verwechslungsmöglichkeit

» Vor der Blüte kann der Löwenzahn mit anderen Korbblütlern, wie Ferkelkräutern (*Hypochoeris*), Wiesenpippau (*Crepis biennis*) oder Wegwarte (*Cichorium intybus*) verwechselt werden. Diese Pflanzen gelten als nicht giftig.

Wissenswertes

Weitgehend essbar

Viele Pflanzenteile des Löwenzahns sind essbar und lassen sich in der Küche verarbeiten. Die bitter schmeckenden, frischen jungen Blätter können vor allem im Frühjahr zu Salaten oder Gemüse verarbeitet werden. Die gelben Blüten wurden früher zum Färben von Butter verwendet, was der Pflanze mancherorts den Namen „Butterblume" eingebracht hat. Aus den Blüten lässt sich Gelee, Tee, Likör, Wein oder Löwenzahnblüten-Sirup herstellen oder sie werden als Dekoration eingesetzt. Die Wurzeln können zu Gemüse verarbeitet werden; sie dienten in Notzeiten als Kaffee-Ersatz.

Bitter-süßes Heilmittel

Schon seit jeher hat der Mensch den Löwenzahn als Heilpflanze zu nutzen gewusst, vor allem die positiv auf den Körper wirkenden Bitterstoffe (griech.: *taraxo* = Störung, *akos* = Heilmittel / lat.: *officinalis* = Pflanze mit Arzneiwirkung). Die Inhaltsstoffe des Löwenzahns wirken blutreinigend, blutbildend, harntreibend („Bettseicher") und beeinflussen vor allem Leber, Galle und Nieren wie auch Verdauungsorgane positiv. Die Wurzeln sind als Diabetikergemüse geeignet. Die honigsüßen Blüten lassen sich zu einem Magenbitter verarbeiten.

Giftigkeit

Die röhrenartigen Stängel und die Wurzel des Löwenzahns enthalten eine weiße, klebrige Flüssigkeit. Darin sind Bitterstoffe, Triterpene und Harze enthalten.
Verzehr in großen Mengen kann Bauchschmerzen, Brechreiz und Durchfall auslösen.
Sehr empfindliche Menschen reagieren mit Juckreiz, wenn der Saft die Haut berührt.

» Menschen mit Gallenerkrankungen sollten ärztliche Rücksprache halten, wenn sie den Löwenzahn in ihren Speiseplan einbauen wollen!

» Die interessanten, milchführenden Stängel der Pflanze können Kinder zum Abpflücken, Spielen und Verzehren verleiten!

giftig

Lupine, Vielblättrige

Die Vielblättrige Lupine stammt ursprünglich aus Nordamerika. Aus Anpflanzungen ist sie in die freie Landschaft verwildert und gilt seit dem 19. Jahrhundert als weit verbreiteter Neubürger (Neophyt). Die invasive Art ist in nährstoffreichen Stauden- und ausdauernden Unkrautfluren zu finden und mancherorts zu einer Problempflanze geworden.
Sie wird im Garten als Zierpflanze angepflanzt.

Vielblättrige Lupine, Wolfsbohne, Stauden-Lupine
Lupinus polyphyllus
Schmetterlingsblütler

Kennzeichen

Gefingerte Blätter

Die Vielblättrige Lupine ist eine Staude, die 60 bis 150 cm hoch werden kann. Die Blätter sind gefingert, wobei die 10 bis 15 lanzettlichen Teilblättchen 3 bis 15 cm lang sein können. Durch unterirdische Ausläufer vermag sich die Lupine zu vermehren.

Vielblütige Traube

Von Juni bis in den August hinein schmücken 50 bis 80 cm lange Blütentrauben die Pflanze. Der Blütenstand öffnet sich von der Basis zur Spitze hin. Meist sind die Blüten blau, selten weiß, rosa oder purpurfarbig. Hummeln und verschiedene Bienenarten machen sich über den Pollen her; Nektar bieten die zahlreichen Blüten nicht an.

Behaarte Hülsen

Von Juli bis Oktober erscheinen behaarte Hülsen von bis zu 6 cm Länge. Sie sind in der Lage, die Samen über mehrere Meter hinaus zu schleudern.

Verwechslungsmöglichkeit

- Mitunter wird die giftige Lupine mit dem stark giftigen Blauen Eisenhut (*Aconitum napellus* / Weiteres s. S. 80) verwechselt. Während die Blätter der Lupine gefingert sind, sind die des Eisenhutes mehrfach tief eingeschnitten.
- Im blütenlosen Zustand leicht verwechseln lässt sich die giftige Vielblättrige Lupine mit den ungiftigen Sorten der aus dem Mittelmeerraum stammenden einjährigen Süßlupinen. Diese werden aufgrund ihrer eiweißreichen Samen als Viehfutter und für die menschliche Ernährung angebaut: die Gelbe (*Lupinus luteus*), die Weiße (*Lupinus albus*) und die blaublühende Schmalblättrige Lupine (*Lupinus angustifolius*).

Wissenswertes

„Wolfsbohne"

Auf die graue Behaarung der bohnenartigen Früchte wird sowohl im wissenschaftlichen Namen *Lupinus* (lat.: *lupus* = Wolf) und im volkstümlichen Namen „Wolfsbohne" eingegangen.

Bodenverbesserer

Sowohl mit dem tiefreichenden Wurzelwerk wie auch mit den Stickstoff bindenden Wurzelknöllchen vermag der Rohbodenpionier die Bodenstruktur zu verbessern.

Zierde im Garten

Die Vielblättrige Lupine und die zahlreich aus ihr entwickelten Sorten mit den unterschiedlichsten Blütenfarben sind als Zierstauden im Handel erhältlich. Alle diese Zierformen sind giftig!

Bitterlupine

Aufgrund der Bitterkeit der Samen zählt die Vielblättrige Lupine zu den Bitterlupinen.

Süßlupinen

Die Samen der Süßlupinen sind sehr eiweißreich und wurden im Mittelmeerraum schon seit dem Altertum durch aufwendiges Waschen und Kochen genießbar gemacht und als Nahrung eingesetzt.

Seit dem 19. Jahrhundert wurden die drei genannten einjährigen Arten bei uns als Gründüngungspflanzen genutzt. Durch weitgehendes Herauszüchten der giftigen bitteren Inhaltsstoffe in den 30er Jahren des 20. Jahrhunderts entstanden Sorten mit niedrigen Alkaloidgehalten. Sie werden „Süßlupinen" genannt und sowohl als Vieh- und Wildfutterpflanzen angebaut als auch für die menschliche Ernährung. In Deutschland erfolgt der Anbau der Süßlupinen bevorzugt in Nord- und Ostdeutschland.

Für den menschlichen Verzehr werden heute weitgehend alkaloidfreie Sorten kultiviert.

Giftigkeit

In allen Teilen der Vielblättrigen Lupine, vor allem in den Samen, befinden sich bitter schmeckende, giftige Chinolizidin-Alkaloide (unter anderem Lupinin und Spartein). Vergiftungssymptome sind je nach Menge der Aufnahme Übelkeit, Mundtrockenheit, Schwindel, Verwirrung, Herzrasen, in hohen Dosen Atemlähmung und Herzstillstand.

Der bittere Geschmack der Pflanze hält vom Verzehr größerer Mengen ab.

- Da es äußerlich schwer zu erkennen ist, ob eine Lupine zu den giftigen Bitterlupinen oder den ungiftigen Süßlupinen zählt, ist Vorsicht im Umgang mit allen Lupinenpflanzen geboten!
- Kinder sind besonders gefährdet, da die bohnenartigen Hülsen zum Spielen und Verzehr verleiten! Dies gilt vor allem dort, wo die mehrjährige Lupinenart als Zierpflanze eingebracht wurde.
- Auch bei bitter schmeckenden Produkten von Süßlupinen ist Vorsicht geboten! Das bitter schmeckende Einweichwasser von Lupinensamen sollte nicht verzehrt werden!

Märzenbecher

Der Märzenbecher ist in Bruch- und Auwäldern, in Feuchtwiesen sowie in Laub- und Tannenwäldern zu finden, vor allem in Mittel- und Süddeutschland. Er bevorzugt frische bis feuchte, nährstoffreiche, saure Bodenverhältnisse. Laut der Roten Liste der gefährdeten Pflanzenarten Deutschlands steht die Art auf der Vorwarnliste; sie ist laut Bundesnaturschutzgesetz besonders geschützt! Als Gartenzierpflanze ist der Märzenbecher schon seit dem Mittelalter bekannt.

Frühlings-Knotenblume
Leucojum vernum
Narzissengewächs

Kennzeichen

Zwiebel-Geophyt

Der mehrjährige, bis 30 cm hoch werdende Märzenbecher ist ein Zwiebel-Geophyt. Im zeitigen Frühjahr sprießen 3 bis 4 schmale, lange Blätter aus dem Boden. Bereits im Frühsommer, nach der Fruchtreife, zieht die Pflanze ihre Blätter wieder ein und überdauert bis zum nächsten Frühjahr als Zwiebel im Boden.

Becherförmige Blüten

Von Februar bis April erscheinen einzelnstehende Blütenstängel mit in der Regel 1 bis maximal 2 Blüten. Die becherförmig zusammenstehenden, 6 gleichlangen Blütenblätter weisen grün gefleckte Spitzen auf. Sie ziehen mit ihrem veilchenartigen Duft vor allem Bienen und Tagfalter an.

Fruchtkapsel

Im Mai / Juni streut die birnenförmige Fruchtkapsel ihre weißlichen Samen aus.

Verwechslungs-möglichkeiten

- Eine Verwechslung des Märzenbechers ist mit dem schwach giftigen Schneeglöckchen (*Galanthus nivalis* / s. S. 263) möglich. Schneeglöckchen haben kleinere Blüten mit ungleich langen Blütenblättern.
- Eine weitere Verwechslungsmöglichkeit besteht mit der eng verwandten, ebenfalls giftigen Sommer-Knotenblume (*Leucojum aestivum*). Diese Gartenpflanze wird bis zu 60 cm groß und bildet bis zu 7 Blüten pro Blütenstängel aus.

Sommer-Knotenblume

Wissenswertes

„Knotenblume"

Aufgrund der auffälligen Verdickung des Fruchtknotens unterhalb der Blüte wird der Märzenbecher auch „Knotenblume" genannt.

Giftigkeit

Alle Pflanzenteile, besonders die Zwiebel des Märzenbechers, enthalten Alkaloide wie Lycorin und Galanthamin.
Verzehr kann zu Übelkeit, Erbrechen, Durchfall und bei höheren Dosen zu Lähmungen und Kollaps führen.

- In der Umgebung von Kleinkindern ist im Umgang mit dem Märzenbecher, vor allem mit den Zwiebeln, Vorsicht geboten! Märzenbecher finden sich zum Beispiel in Blumenvasen, in der Tischdeko, manchmal sogar mit den Zwiebeln! Auch Blumenwasser aus der Vase mit Märzenbechern ist giftig!
- Da der Märzenbecher eine beliebte Zierpflanze ist, sollten die Zwiebeln an Gartenstandorten nicht mit essbaren Gemüsezwiebeln verwechselt werden!

stark giftig

Maiglöckchen

Das Maiglöckchen besiedelt wärmeliebende Wälder, Gebüsche und schattige Säume mit humosen, mäßig nährstoff- und basenreichen, meist kalkarmen Böden. Es ist eine der wenigen heimischen Pflanzenarten, die ihren Weg bereits im Mittelalter in die Gärten gefunden hat und bis heute eine beliebte Gartenpflanze geblieben ist. Neben der weißblühenden Wildform gibt es Sorten mit andersfarbigen Blüten.
Vielerorts ist die Wildpflanze wiederum aus der Kultur in die freie Landschaft verwildert.

Maiblume
Convallaria majalis
Maiglöckchengewächs

Kennzeichen

Rhizom-Geophyt

Das Maiglöckchen wird 15 bis 20 cm hoch. Es zählt zu den Frühblühern (Geophyten). Im zeitigen Frühjahr blüht und fruchtet die Pflanze und zieht ihre Blätter relativ schnell wieder in den Boden ein. Bis zum nächsten Frühjahr überdauert sie mit kriechenden Rhizomen im Boden. Vermehrung findet auch durch diese Rhizome statt, die dazu führt, dass die Pflanze stets truppweise und häufig großflächig auftritt.
Die Sprosse weisen jeweils 2 langscheidige, elliptische bis lanzettliche Blätter auf, die 20 bis 30 cm lang werden.

Duftende Blüten

Im Mai / Juni sprießt pro Pflanze ein traubenartiger, einseitswendiger Blütenstand mit 5 bis 13 stark duftenden, glockenförmigen Blüten aus den Blattpaaren (lat.: *majalis* = im Mai). Die Blütenhülle setzt sich aus 5 miteinander verwachsenen Kronblättern zusammen. Bestäuber, vor allem Bienen, fliegen die Glocken von unten an und finden Halt an den zurückgerollten Spitzen der Kronblätter. Während sie sich über den Nektar hermachen, rieselt der Pollen auf sie herab.

Wintersteher

Aus den befruchteten Blüten entwickeln sich von September bis November erbsengroße, rote Beeren mit hartschaligen Samen. Sie verbleiben manchmal bis in den Winter hinein an den Fruchtstielen.

Verwechslungsmöglichkeit

» Maiglöckchen und Bärlauch (*Allium ursinum*) treten vielerorts am selben Standort auf. Da Bärlauch als Küchenkraut in Mode gekommen ist, besteht eine große Verwechslungsgefahr beim Sammeln! Bärlauchblätter duften nach Knoblauch. Sie sprießen im Gegensatz zu den Blättern des Maiglöckchens einzeln aus dem Boden und weisen keine langen Blattscheiden auf!

Maiglöckchen

Bärlauch

Wissenswertes

Parfüm- und Schnupftabakpflanze

Die Blüten der Maiglöckchen beinhalten wohlriechende ätherische Öle, die in der Parfüm- und Kosmetikindustrie von Bedeutung sind. Da sie Niesreiz auslösen, wurden sie früher auch zur Herstellung von Schnupftabak eingesetzt.

Allein die Dosis macht's

Herzwirksame Inhaltsstoffe des Maiglöckchens sind noch heute in der Medizin von Bedeutung.

Giftigkeit

Alle Teile des Maiglöckchens sind giftig, vor allem die jungen Blätter, Blüten und Früchte. Sie enthalten unter anderem das herzwirksame Glykosid Convallatoxin. Symptome einer Vergiftung sind zunächst Übelkeit und Erbrechen, bei sehr hohen Dosen (zum Beispiel bei der Verwechslung mit essbaren Bärlauchblättern) kommt es zu Schwindel, Herzrhythmusstörungen und Blutdruckschwankungen, schließlich durch verlangsamte Atmung und Herzstillstand zum Tod.
Der Verzehr nur weniger Beeren kann bei Kindern bereits Brechdurchfall auslösen. Der bittere Geschmack der Beeren hält vom Verzehr größerer Mengen ab. Schwere Vergiftungen sind aufgrund der schlechten Aufnahme der Giftstoffe durch den Körper eher selten.
Allein das Berühren der Pflanze kann bei empfindlichen Menschen zu Reizungen der Haut und der Augen führen.

- Kinder sind besonders gefährdet! Die süßlich duftenden Blüten und die roten Beeren verleiten zum Pflücken und Probieren!
- Maiglöckchen als Zierpflanzen im Garten erfordern bei der Bearbeitung (Auspflanzen, Teilen, Umsetzen ...) Vorsichtsmaßnahmen hinsichtlich möglicher Hautkontakte. Das gilt auch für den Umgang mit Maiglöckchen, die als Schnittblumen verwendet werden!
- Nicht eindeutig belegt ist, ob Blumenwasser aus Vasen mit Maiglöckchen giftig ist!

nicht giftig (im klassischen Sinn)

Margerite, Wiesen-

Foto: Roland Spohn

Die weit verbreitete Wiesen-Margerite ist auf nährstoffreichen Wiesen und Weiden, auf Äckern und in Brachflächen zu finden. An neu angelegten Straßenbegleitflächen ist sie manchmal in großen Beständen als Pionierpflanze anzutreffen.
Seit dem Mittelalter wird die Pflanze als Zierpflanze im Garten genutzt.

Wiesen-Margerite,
Gewöhnliche Wucherblume
Leucanthemum vulgare
Korbblütler

Kennzeichen

Spatelförmige Blätter

Die mehrjährige Margerite kann bis zu 80 Zentimeter in die Höhe wachsen und sehr tief im Boden wurzeln. An den aufrechten Stängeln sitzen spatelförmige, am Rand gezähnte Blätter.

Attraktives Blütenköpfchen

Die vom Mai bis in den Herbst hinein erscheinenden Blütenköpfe der Margerite bestehen jeweils aus etwa

300 bis 400 gelben Röhrenblüten im Zentrum und etwa 25 weißen Zungenblüten im Randbereich. Die Blütenköpfchen weisen einen Durchmesser von bis zu 6 Zentimetern auf. Bienen, Wildbienen, Fliegen, Käfer und Schmetterlinge sind auf ihnen zu finden.

Fotos (2): Roland Spohn

Verwechslungsmöglichkeit

» Die jungen Blätter der Margerite können mit dem giftigen Jacobs-Kreuzkraut verwechselt werden (*Senecio jacobaea* / Weiteres s. S. 106). Das Jacobs-Kreuzkraut hat fiederteilige Blätter.

Wissenswertes

Essbar

In der Wildpflanzenküche werden die zarten, jungen bodenständigen Blättchen und jungen Triebe geerntet und zum Beispiel als Salatbeigabe verwendet.

Liebesorakel

„Er liebt mich, er liebt mich nicht. Er liebt mich …". Seit alters her wird die Wiesen-Margerite als Liebesorakel verwendet.

Gartenhybride

Schon seit dem Mittelalter steht die Pflanze als Zierpflanze im Garten. Heute gibt es großblütige Hybriden in allen Farben.

Giftigkeit

Die Margerite zählt nicht zu den klassischen Giftpflanzen! Sie soll hier als Beispiel für weit verbreitete Pflanzen stehen, die bei empfindlichen Menschen zu Kontaktallergien oder Hautirritationen führen können, die durch Jucken und Rötungen angezeigt sind. Dazu zählen weitere Arten wie Kamille oder Primeln. Bei der Margerite wird diese Wirkung vor allem durch Polyacetylene hervorgerufen.

» Menschen, die eine Allergie gegen Korbblütler aufweisen, sollten diese Pflanze meiden. Vor dem Umgang mit der Margerite sollte überprüft werden, ob eine Empfindlichkeit vorliegt!

» Empfindliche Kinder sind besonders gefährdet, da die dekorativen Blütenköpfchen zum Pflücken von Blumensträußen verleiten!

schwach giftig

Mauerpfeffer, Scharfer

Der weit verbreitete Scharfe Mauerpfeffer ist vor allem auf flachgründigen, mageren, humusarmen Sand- oder Steinböden zu finden. Er wächst an und auf Mauern, auf Dächern, in Sandtrockenrasen, an Bahndämmen und ist mancherorts auch in größeren Beständen an Straßenrändern zu entdecken.

Scharfer Mauerpfeffer, Fetthenne
Sedum acre
Dickblattgewächs

Kennzeichen

Scharfer Geschmack

Der Scharfe Mauerpfeffer wird lediglich wenige bis 15 cm hoch und bildet polsterähnliche Bestände aus. Die dicklichen Blätter sind eiförmig, bis zu 4 mm lang und am Grund bis zu 3 mm breit. Die Blättchen sitzen quirlförmig um den Stiel herum.
Die Pflanze vermehrt sich auch über die sich leicht bewurzelnden Stängelteile.

Gelbe Sternchen

Ab Juni / Juli sind die Polster mit sternförmigen gelben Blüten übersät. Die Samen werden unter anderem durch Ameisen verbreitet.

Verwechslungsmöglichkeit

» Der Scharfe Mauerpfeffer ist leicht mit dem Milden Mauerpfeffer (*Sedum sexangulare*) zu verwechseln. Letzterer schmeckt, wie der Name vermuten lässt, nicht scharf. Seine kleinen Blättchen sind linealisch-länglich, am Grunde gespornt und sitzen deutlich in sechs Zeilen um den Stängel herum (lat.: *sexangulare* = sechskantig). Diese Art wird als nicht oder kaum toxisch angegeben!

Milder Mauerpfeffer

Wissenswertes

Dickblattgewächse

Als Schutz vor Austrocknung ist der Mauerpfeffer in der Lage, seine Spaltöffnungen tagsüber geschlossen zu halten; seine dickfleischigen Blätter können Wasser speichern.

Der Scharfe Mauerpfeffer wird auch als Fetthenne bezeichnet. Diese Bezeichnung wird ebenso für verschiedene andere Dickblattgewächse verwendet.

Giftigkeit

Der Mauerpfeffer beinhaltet in allen Teilen schwach giftige Piperidin-Alkaloide und einen bisher unerforschten Scharfstoff auf.

Je nach Dosierung und Empfindlichkeit können Reizungen und Brennen in Mund und Rachen, Erbrechen und Krämpfe ausgelöst werden.

Die ganze Pflanze weist einen pfefferartigen, scharfen-bitteren Geschmack auf. Er geht beim Trocknen verloren.

» Die Pflanze wird in etlichen Veröffentlichungen als essbar aufgeführt! Vorsicht ist geboten!

schwach giftig

Milchstern, Doldiger-

Der Doldige Milchstern wächst auf Wiesen und Weiden, Äckern, in Parkrasen und Weinbergen. Er bevorzugt tiefgründige, nährstoffreiche Böden.

Doldiger Milchstern
Ornithogallum umbellatum
Spargelgewächs

Kennzeichen

Weiße Mittellinie

Die im Schnitt 20 cm hoch werdende Pflanze treibt zeitig im Jahr 5 bis 8 linealische Blätter mit auffällig weißer Mittellinie aus. Als Frühblüher zieht sie zeitig wieder ein und überdauert mit der rundlichen Zwiebel bis zum nächsten Frühjahr im Boden.

Fotos (2): Roland Spohn

Weißgrüne Blüten

Von Juni bis Juli erscheinen zahlreiche sternförmige Blüten in doldenähnlicher Traube. Die Blütenblätter sind innen weiß, außen grün mit schmalem weißem Rand.
Samen werden in Mitteleuropa von dieser Pflanze häufig nicht gebildet.

Verwechslungsmöglichkeiten

- Im Garten kann der Doldige Milchstern mit dem essbaren Schnee- oder Glöckchen-Lauch (*Allium triquetrum*) verwechselt werden. Beim Zerreiben duften die Blätter des Lauchs nach Zwiebeln und Knoblauch, seine glockenförmigen Blüten hängen im Gegensatz zu denen des Milchsterns herab.
- Der Nickende Milchstern (*Ornithogallum nutans*) weist traubenförmige Blütenstände auf.

Wissenswertes

Giftige Speise

Im Südosten Europas wurden die Zwiebeln des Milchsterns früher gekocht oder geröstet gegessen.

Giftigkeit

Alle Pflanzenteile der Milchsterne, vor allem die Zwiebeln, enthalten schwach giftige Inhaltsstoffe, unter anderem Saponine und herzwirksame Glycoside.
Verzehr größerer Mengen kann zu Übelkeit und Erbrechen, Seh- und Herzrhythmusstörungen führen.
Kontakt mit dem Pflanzensaft kann bei empfindlichen Menschen Haut- und Schleimhautreizungen auslösen.

- In der Umgebung von Kleinkindern ist im Umgang mit dem Milchstern, vor allem mit den Zwiebeln, Vorsicht geboten!
- Im Garten sollten die Zwiebeln nicht mit essbaren Gemüsezwiebeln verwechselt werden!
- Direkter Hautkontakt sollte vermieden werden.

schwach giftig

Minze, Polei-

Die in Deutschland seltene Polei-Minze wächst auf feuchten Standorten, vor allem in Überschwemmungsbereichen von Stromtälern. Die Art wird laut der Roten Liste der gefährdeten Pflanzenarten Deutschlands als „gefährdet" eingestuft.

Polei-Minze
Mentha pulegium
Lippenblütler

Fotos (3): Roland Spohn

Kennzeichen

Meist niederliegend

Die ausdauernde Polei-Minze wird wenige cm bis 50 cm groß. Sie ist aufrecht oder niederliegend anzutreffen. Ihre kleinen, elliptischen Blätter sind kurz gestielt. Die Pflanze weist einen scharfen, an Minze erinnernden Geruch auf.
Durch verzweigte, unterirdische Ausläufer vermag sich die Polei-Minze zu vermehren.

Ohne Lippen

Die von Juli bis September erscheinenden Blütenstände ähneln denen unserer Wasser-Minze. Sie stehen in dichten Scheinquirlen am Ende des Blütenstängels beisammen und werden reichlich von Bienen und Hummeln bestäubt. Ober- und Unterlippe sind nicht deutlich ausgeprägt.

Verwechslungsmöglichkeit

» Leicht zu verwechseln ist die Polei-Minze mit der Wasser-Minze (*Mentha aquatica*), wie auch mit der Echten Pfeffer-Minze (*Menta x piperita*). Von den anderen Minze-Arten lässt sich die Polei-Minze dadurch unterscheiden, dass die Öffnung des Blütenschlundes behaart ist. Da die Polei-Minze leicht mit anderen Minze-Arten bastardisiert, ist die Zuordnung schwierig. Alle anderen Minze-Arten sind nicht giftig.

Wissenswertes

Zweifelhafte Wirkung

Die Polei-Minze war lange Zeit eine beliebte Bauerngartenpflanze und wurde wie die Pfefferminze genutzt. Sie galt als Frauenheilkraut und in hoher Dosierung als Abtreibungsmittel, wobei der Einsatz mitunter auch für die Frau tödlich endete.
Die Pflanze galt als wirksames Mittel gegen Ungeziefer (lat.: *pulex* = Floh).

Giftigkeit

Alle Pflanzenteile der Polei-Minze enthalten unter anderem das giftige ätherische Öl Pulegon.
Bei Verzehr größerer Mengen kann es zu Erbrechen, Blutdruckanstieg und Lähmungserscheinungen kommen, bei sehr hoher Dosierung zu Atemlähmung. Neuerdings sind leberschädigende Wirkungen nachgewiesen. Die Aufnahme sehr großer Pflanzenmengen wirkt abtreibend.

» Zur innerlichen Anwendung ist das Kraut wie auch das ätherische Öl der Poleiminze nicht empfehlenswert! Trotz ihrer Giftigkeit wird die Pflanze in vielen Quellen als essbar angegeben.

schwach giftig

Mistel

Die Mistel wächst in den Kronen von Laubbäumen, vor allem auf Apfelbäumen und Pappeln; seltener sind Misteln auf anderen Bäumen zu finden. Unterarten sind auf Nadelgehölzen wie Tannen und Kiefern zu entdecken. Im Nordwesten Deutschlands ist die Pflanze weniger häufig anzutreffen.

Viscum album
Mistelgewächs

Kennzeichen

Nestern gleich

Die immergrüne Mistel bildet kugelförmige Büsche von maximal 1 m Breite aus, die meist rund um die Zweige des Wirtsgehölzes stehen. Sie wächst sehr langsam und kann bis zu 70 Jahre alt werden.
An den gelblichgrünen, gleichmäßig verzweigten Ästen sitzen die länglichen Blätter. Sie sind dicklich bis lederartig, teilweise sichelförmig gebogen.

Unscheinbare Blüten

Meist noch vor dem Blattaustrieb der Wirtspflanze, von März bis Mai, entwickeln sich die kleinen gelbgrünlichen Blüten. Männliche und weibliche Blüten sitzen auf verschiedenen Pflanzen. Sie werden von Bienen, Hummeln und Fliegen besucht.

Wie weiße Perlen

Die weißen, wie Perlen aussehenden Früchte werden von einem klebrigen, schleimigen Fruchtfleisch umgeben. Es handelt sich um Scheinbeeren. Sie reifen erst in den darauffolgenden Wintermonaten (Dezember bis März) aus, wenn die Wirtspflanzen wiederum unbelaubt sind. Die Früchte werden von Vögeln, vor allem von der Misteldrossel, verbreitet.

Verwechslungsmöglichkeit

» Aufgrund der Namensähnlichkeit kommt es häufig zu Verwechslungen mit der Mispel (*Mespilus germanica*), einem Obstgehölz mit schmackhaften gelben Früchten. Als Eselsbrücke eignet sich die Vorstellung, dass die „Mist"el durch den Mist der Vögel auf die Bäume gelangt ist.

Wissenswertes

Halbschmarotzer

Der Mistelkeimling dringt in das Holz des Baumes ein und entzieht diesem Wasser und Nährstoffe. Da die Mistel mit ihren Blättern selbst Photosynthese betreiben kann, wird sie als Halbschmarotzer bezeichnet. Einzelne Misteln schaden einem Wirtsbaum kaum, unter vielen leidet er und stirbt schließlich ab.

Nutzungsvielfalt

Der Begriff „Viskosität" geht auf die Zähflüssigkeit des Mistelfruchtfleisches zurück. Schon die Römer haben aus den klebrigen Beeren Leim hergestellt, mit dem Vögel gefangen wurden. Die Pflanze wird heute unter anderem in der Krebstherapie und als blutdrucksenkendes Mittel eingesetzt, wie auch in der Homöopathie.

Ewige Liebe und Zauberkraft

Ein Kuss unter Mistelzweigen verspricht ewige Liebe. Der mit Misteln angereicherte Zaubertrank des Miraculix verleiht Asterix & Obelix unglaubliche Kräfte.

Giftigkeit

Bis auf die Beeren beinhalten alle frischen Pflanzenteile der Mistel verschiedene giftige Inhaltsstoffe, unter anderem Viscotoxine. Der Grad der Giftigkeit soll von der Wirtspflanze abhängig sein. Auf Apfelbäumen gewachsene Misteln weisen geringe Giftmengen auf, Ahorn und Linde die höchsten.

Der Verzehr von Blättern und Zweigen kann zu Magen- und Darmbeschwerden, Herz- und Blutdruckproblemen führen.

Die grünen Pflanzenteile riechen eigenartig und schmecken bitter. Daher ist der Verzehr größerer Mengen eher unwahrscheinlich.

Kontakt mit dem Saft der Blätter und Stängel kann bei empfindlichen Menschen zu Reizungen der Haut und Schleimhäute führen.

» Da Mistelzweige traditionsmäßig ins Haus geholt werden, sind Kleinkinder besonders gefährdet, da sie alles in den Mund nehmen! Auch die weißen, beerenartigen Früchte mit ihrem süßen Fruchtfleisch verleiten zum Verzehr! Diese sind zwar nicht giftig, aber sie können aufgrund ihrer Klebrigkeit leicht im Rachen hängen bleiben!

» Beim Umgang mit Mistelzweigen sollten vorsichtshalber Handschuhe getragen werden, um Hautreizungen zu vermeiden!

schwach giftig

Mohn, Klatsch-

Der weit verbreitete Klatsch-Mohn wächst bevorzugt auf kalk- und stickstoffreichen Lehmböden. Er ist vor allem in Getreidefeldern zu finden, aber auch in den Randbereichen weiterer Ackerkulturen, auf Schutt- und Brachflächen. Seit der Steinzeit begleitet er den ackerbauenden Menschen.

Klatsch-Mohn, Blutblume, Feld-Mohn
Papaver rhoeas
Mohngewächs

Kennzeichen

Mit Milchsaft

Der ein- bis zweijährige Klatschmohn wird 20 bis 90 cm hoch. Einfach geformte bis doppelt fiederteilige Blätter mit groben bis scharf gesägten Abschnitten stehen an den borstig behaarten Stängeln. Die Pflanze enthält einen weißlichen Milchsaft.

Pollenreich

Von Mai bis Juli drängen die zerknautschten Blütenblätter der einjährigen Pflanze aus den Knospen. Die Mohnblüte ist nektar- und duftlos. Am Grunde befinden sich bläuliche Saftmale, die den Insekten den Weg zum üppig vorhandenen, grünschwarzen Pollen weisen.

Kleine Salzstreuer

Die kugelig-eiförmigen, unten abgerundeten Mohnkapseln werden 1 bis 2 cm lang. Mit ihren 8 bis 18 Narbenstrahlen sehen sie wie kleine Salzstreuer aus. Vom Wind oder von vorbeistreifenden Tieren bewegt, werden je Kapsel von Juli bis August weit mehr als 2000 Samen bis zu 4 m weit herausgeschleudert.

Verwechslungsmöglichkeiten

- Eine mit dem Klatsch-Mohn verwandte heimische Art ist der Saat-Mohn (*Papaver dubium*). Im Gegensatz zu den rundlichen Mohnkapseln des Klatsch-Mohns sind seine Kapseln länglich und weisen nur 4 bis 10 Narbenstrahlen auf. Der Saat-Mohn ist auf eher kalkarmen Standorten anzutreffen.
- Der Sandmohn (*Papaver argemone*) bleibt wesentlich kleiner, wächst auf Sandböden und hat mit abstehenden Borsten überzogene Kapseln. Die beiden Arten sind ebenfalls schwach giftig.

Saat-Mohn

Wissenswertes

Nussige Speise

Seit dem Altertum werden die nussig schmeckenden Samen zum Backen von Kuchen und anderem Backwerk eingesetzt. Auch das aus den Samen gepresste Öl wird in der Küche genutzt.

Kinderbrei

Der Gattungsname *Papaver* geht vermutlich darauf zurück, dass im Mittelalter kleinen Kindern zur Beruhigung ein Aufguss aus Mohn unter den Brei gemischt wurde (lat.: *papa* = Kinderbrei).

Volksmedizin

In der Volksmedizin wurde Mohn früher auf vielfältigste Weise eingesetzt, gegen Schlaflosigkeit, Fieber, Verstopfung, Husten und mehr.

Im Mohne schlafen

Der Dichter Ludwig Uhland (1787-1847) besingt in seinem Gedicht „Der Mohn" nicht nur die ästhetischen Seiten der leuchtend roten Mohnblüten. Er geht auch auf die halluzinogene Wirkung dieser Pflanze ein: *„... Zur Warnung hört ich sagen, / Dass, der im Mohne schlief, / Hinunter ward getragen / In Träume schwer und tief; / Dem Wachen selbst geblieben / Sei irren Wahnes Spur, / Die Nahen und die Lieben / Hält' er für Schemen nur ...".*
Ob allein das Schlafen in einem Mohnfeld schon eine berauschende Wirkung auslöst, ist zu bezweifeln.

Ohne Morphin

Auf den giftigen Inhaltsstoff Rhoeadin bezieht sich der Artname des Klatsch-Mohns (*Papaver rhoeas*). Dem Klatsch-Mohn fehlt das vom Schlaf-Mohn (*Papaver somniferum*) bekannte Morphin. Aus dem Milchsaft des Schlafmohns wird Opium gewonnen und damit der Rohstoff für Heroin.

Giftigkeit

Mit Ausnahme der Samen enthalten alle Teile des Klatsch-Mohns giftige Alkaloide, unter anderem das mit Opium verwandte schwach giftige Rhoeadin. Konzentriert tritt der toxische Stoff im Milchsaft auf.
Werden größere Mengen verzehrt, kann es zu Bauchschmerzen, Blähungen, Magen- und Darmbeschwerden und zu Durchfall kommen. Selten treten stärkere Symptome auf, wie zum Beispiel Kollaps und Atemnot.

» Die als Schnittblume beliebte Pflanze sollte nicht in die Hände von Kleinkindern geraten!

» Vor der Blüte geerntete Blätter, die roten Kronblätter wie auch die jungen, grünen Früchte gelten in kleinen Mengen verzehrt als unbedenklich.

stark giftig

Nachtschatten, Bittersüßer

Der weit verbreitete Bittersüße Nachtschatten ist in Uferbereichen, Weidengebüschen und auf Schuttplätzen zu finden. Er beansprucht nährstoffreiche und feuchte Böden und gilt als Stickstoffzeiger.

Bittersüßer Nachtschatten, Bittersüß
Solanum dulcamara
Nachtschattengewächs

Kennzeichen

Halbstrauch und Kletterpflanze

Da die Pflanze im unteren Bereich verholzt, wird sie zu den Halbsträuchern gezählt. Die oberen, windenden Triebe können bis 7 m lang werden, sind kräftig grün und frieren im Winter meist zurück. Sie hangeln sich an Gehölzen und anderen Stützen empor, mitunter kriechen sie über den Boden. Die Blätter sind eiförmig bis länglich-spitz; zuweilen weisen sie zwei Seitenblättchen auf.
Eine Vermehrung der Pflanze findet auch durch Wurzelsprosse statt.

Violette Blüten

Von Juni bis September erscheinen rispenartige Blütenwickel mit attraktiven Blüten aus violetten, zuletzt zurückgeschlagenen Kronblättern und gelben Staubbeuteln.

Erst bitter, dann süß

Blüten, unreife und reife Früchte sind häufig zusammen auf einer Pflanze zu entdecken. Die erbsengroßen Beeren sind zunächst grün; von August bis Oktober werden sie leuchtend rot. Sie schmecken zunächst bitter, später süß (lat.: *dulcis* = süß, *amarus* = bitter). Jeweils 30 Samen lassen sich pro Beere zählen. Kleinsäuger, Vögel und Schnecken machen sich über die Früchte her. So manch ein Samen aus den reifen, aufplatzenden Früchten wird auf vorbeistreifende Tiere geschleudert. Mittels seiner schleimigen Umhüllung bleibt er dort zunächst kleben und fällt später ab.

Verwechslungsmöglichkeit

» Der Bittersüße Nachtschatten kann mit dem ebenfalls zu den Nachtschattengewächsen zählenden Gemeinen Bocksdorn (*Lycium barbarum*) verwechselt werden. Dieser trägt Dornen, wie der Name vermuten lässt.

Wissenswertes

Schatten der Nacht

Während einige Arten dieser Pflanzenfamilie auf unserem Speiseplan hoch im Kurs stehen, wie zum Beispiel die Kartoffel und die Tomate, zählen viele Nachtschattengewächse zu den Rauschpflanzen. Vermutlich haben sie daher den doppeldeutig düsteren Namen erhalten. Düstere Gedanken und dunkle Nachtmahre (Alpträume) werden bei Einnahme ausgelöst.
In der richtigen Dosis finden die Inhaltsstoffe auch in der Medizin Verwendung. Der wissenschaftliche Gattungsname *Solanum* (lat.: *solamen* = Trost / Beruhigung) weist auf die schmerzlindernde Wirkung der Pflanze in der richtigen Dosierung hin.

Verwandte Arten

Der Schwarze Nachtschatten (*Solanum nigrum* / Weiteres s. S. 199) blüht weiß und bildet schwarze Früchte mit grünem Fruchtfleisch aus. Die Aussagen über die Giftigkeit dieser Pflanze sind widersprüchlich.
Mit dem Großen Nachtschatten ist die ebenfalls zur Familie der Nachtschattengewächse zählende Tollkirsche (*Atropa bella-donna* / Weiteres s. S. 295) gemeint.

Giftigkeit

Der Bittersüße Nachtschatten ist in fast allen Teilen stark giftig. Das trifft vor allem auf die grünen Pflanzenteile zu. Während der Giftanteil in den unreifen Beeren am höchsten ist, sind die reifen Beeren nur noch gering giftig. Das Hauptgift ist das Alkaloid Solanin.
Schon nach dem Verzehr von 6 bis 8 nicht ausgereiften Beeren können Vergiftungserscheinungen wie Erbrechen, Magen- und Darmbeschwerden, starke Durchfälle, Pupillenerweiterung und Pulsbeschleunigung auftreten. Bei starken Vergiftungen kommt es zu Krämpfen und schließlich zu Tod durch Atemlähmung.
30 bis 40 (oder auch weniger) unreife Beeren gelten für Kinder als tödlich.

» Kinder sind besonders gefährdet, da der süße Geschmack der Beeren zum Verzehr lockt!

» In den reifen roten Beeren ist der Anteil der Giftstoffe im Gegensatz zu den unreifen grünen geringer; sie sollten trotzdem nicht verzehrt werden!

giftig bis schwach giftig

Nachtschatten, Schwarzer

Der Schwarze Nachtschatten wächst vor allem in kurzlebigen Unkrautfluren und ist auf Hackfrucht-Äckern, Schuttplätzen und in Gärten zu finden. Er bevorzugt frische, nährstoffreiche Böden. Dort, wo er vorkommt, ist meist viel Stickstoff vorhanden.

Schwarzer Nachtschatten
Solanum nigrum
Nachtschattengewächs

Kennzeichen

In unseren Breiten einjährig

Das bei uns einjährig wachsende Kraut ist von aufrechtem oder niederliegendem Wuchs und wird bis zu 80 cm hoch. Es weist eine mehr oder weniger filzige Behaarung auf. Die eiförmigen Blätter sind am Rande gebuchtet.

Weiße Blüten

Von Juni bis Oktober erscheinen in Wickeln mehrere weiße Blüten mit zuletzt zurückgeschlagenen Kronblättern und gelben Staubbeuteln. Sie werden von Bienen, Hummeln und Schwebfliegen besucht.

Grünliches Fruchtfleisch

Die zunächst grünen erbsengroßen Früchte nehmen im vollreifen Zustand, von August bis Oktober, eine schwarze Farbe an. Das grünlich bleibende, schleimige Fruchtfleisch schmeckt süß. Jede Beere kann bis zu 50 Samen enthalten.

Wissenswertes

Andere Kulturen

Der Schwarze Nachtschatten wurde noch bis ins 16. Jahrhundert in unseren Breiten als Gemüsepflanze angebaut. In zahlreichen Ländern wächst das Kraut mehrjährig und wird, wie zum Beispiel in Russland oder Nordamerika, auch heute noch als Gemüsepflanze verwendet und zum Teil als Heilpflanze eingesetzt.

„Hühner"- und „Sautod"

Es wird von Fällen berichtet, dass Hühner und Schweine nach dem Fressen der Beeren verendet sind. Daher wird die Pflanze mancherorts „Hühner-" oder „Sautod" genannt.

Giftigkeit

Die Aussagen über die Giftigkeit des Schwarzen Nachtschattens sind sehr widersprüchlich! Alle Teile der Pflanze, besonders die unreifen Beeren, beinhalten den giftigen Inhaltsstoff Solanin und weiterer Alkaloide. Die Konzentration dieser Giftstoffe soll je nach Reifezustand, Standort (Klima, Boden ...) und Herkunft der Pflanzen sehr unterschiedlich sein. Auch treten unterschiedliche Formen der Pflanze auf.
Beeren und Pflanzen mitteleuropäischer Herkunft scheinen im vollreifen Zustand wenig bis kaum giftig zu sein. Gealterte Pflanzen sollen geringere Giftkonzentrationen aufweisen.
Der Verzehr der giftigen Pflanzenteile kann zu Brechdurchfall, Kopfschmerzen, Pupillenerweiterung und Pulsbeschleunigung führen. Sehr hohe Konzentrationen können zu Herzschwäche, Atemnot und im schlimmsten Fall zum Tod durch Atemlähmung führen.
Das süßliche Fruchtfleisch der Beeren ist schleimig.

» Kinder sind besonders gefährdet, da die süßlichen Beeren zum Spielen und Verzehr verleiten!

» Aufgrund der unsicheren und der stark variierenden Konzentration der Giftstoffe im Schwarzen Nachtschatten wird vom Verzehr abgeraten!

Nachtviole, Gewöhnliche

Die Gewöhnliche Nachtviole stammt ursprünglich aus Südeuropa bis Mittelasien und wird seit dem 16. Jahrhundert in Mitteleuropa als Zierpflanze kultiviert. Die klassische Bauerngartenpflanze ist vielerorts in die freie Landschaft verwildert und mancherorts eingebürgert. Dort besiedelt der Neubürger (Neophyt) vor allem nährstoffreiche Stauden- und ausdauernde Unkrautfluren in sonniger bis halbschattiger Lage.

Gewöhnliche Nachtviole
Hesperis matronalis
Kreuzblütler

Kennzeichen

Zahlreiche Blätter

Die zwei- bis mehrjährige Pflanze wird bis zu 1 m hoch. Ihre Stängel sind mit einfachen und verzweigten Haaren überzogen. Nach oben hin werden die zahlreichen, eiförmigen bis lanzettlichen Blätter kleiner.

Wohlriechend

An den endständigen, traubenförmigen Blütenständen erscheinen von Mai bis Juli die meist violetten, manchmal rosa oder weißen Blüten. Erst zum Abend hin verströmen diese einen intensiven, veilchenähnlichen Duft, mit dem sie Nachtfalter anlocken; tagsüber sind auch andere Insekten wie Bienen zu entdecken. Zum Herbst hin entwickeln sich bis 10 cm lange, dünne Schoten.

Verwechslungsmöglichkeit

» Zur Blütezeit ist die Nachtviole leicht mit der ungiftigen Mondviole (*Lunaria rediviva*), auch „Silberblatt" genannt, zu verwechseln. Diese weist große herzförmige Blätter auf. Zum Herbst hin entwickelt sie die unverkennbaren rundlichen Schoten, die ihr den Namen „Silberblatt" verliehen haben.

Wissenswertes

Viole

Bei den Griechen wurden Pflanzen mit wohlriechendem Duft als „Violen" bezeichnet.
Nicht allein wegen des Duftes zählt die Nachtviole zu den alten klassischen Bauerngartenpflanzen.

Giftigkeit

Alle Teile der Nachtviole enthalten schwach giftige Cardenolid-Glycoside und Senföl-Glykoside.
Bei Verzehr können sie Übelkeit, Erbrechen, Sehstörungen und bei höheren Dosen Herzrhythmusstörungen auslösen.

» Kleinkinder sollten nicht in Kontakt mit der beliebten Schnittblume kommen und in Versuchung kommen, Pflanzenteile in den Mund zu stecken!

» Trotz ihrer Giftigkeit wird die Pflanze in manchen Quellen als in geringen Mengen essbar aufgeführt!

Natternkopf, Gewöhnlicher

Der weit verbreitete Natternkopf stammt ursprünglich aus dem Mittelmeerraum. Bereits vor der Entdeckung Amerikas hat sich die Pflanze bei uns auf warmen, trockenen, meist steinigen Böden angesiedelt und ist damit ein sogenannter „Altbürger". Als Pionierpflanze besiedelt der Natternkopf Trocken- und Halbtrockenrasen sowie Ruderalflächen, Industriebrachen und Bahndämme. Mancherorts ist er im Garten als Zierpflanze zu entdecken.

Gewöhnlicher Natternkopf
Echium vulgare
Raublattgewächs

Kennzeichen

Borstige Blätter

Der zweijährige Natternkopf wird durchschnittlich bis zu einem Meter hoch und ist mit den tief reichenden Wurzeln fest im Boden verankert. Die schmalen, lanzettlichen Blätter weist die für diese Pflanzenfamilie typische borstige Behaarung auf.

Lange Griffel

Von Mai bis in den Herbst hinein erscheinen die zu Anfang rosafarbenen Blüten, die in schneckenförmig eingerollten Wickeln beieinanderstehen. Während der Blütezeit entrollen sie sich nach und nach, wobei die Farbe der Blüten ins Bläuliche übergeht. Die auffälligen, violetten Staubbeutel ragen weit aus den einzelnen Blüten heraus und bieten somit anfliegenden Insekten einen idealen Landeplatz.

Klausen

Aus den attraktiven Blüten entwickeln sich Früchte, die in 4 Teilfrüchte zerfallen, den sogenannten Klausen.

Wissenswertes

Kopf einer Natter

Die Blüten des Natternkopfes erinnern mit dem gespaltenen Griffel an den Kopf einer züngelnden Schlange (griech.: echis = Otter, Viper). Diese Ähnlichkeit führte dazu, dass früher geglaubt wurde, der Natternkopf sei heilsam gegen Schlangenbisse.

Wundheilung

Wie der verwandte Gewöhnliche Beinwell enthält auch die Wurzel des Natternkopfes den Inhaltstoff Allantoin, der die Wundheilung fördert. Im Gegensatz zum Beinwell wird die heilende Wirkung nicht mehr genutzt.

Vorsicht! Essbar?

Die jungen Triebe der Pflanze wurden früher gegessen, die Blüten als essbare Dekoration verwendet.

Giftigkeit

Der Natternkopf enthält Pyrrolizidin-Alkaloide, die bei Aufnahme größerer Mengen und / oder über längere Zeit eingenommen leberschädigend und krebserregend wirken.
Vergiftungserscheinungen treten häufig erst nach Wochen oder Monaten auf. Erhitzen und Trocknen zerstört die Giftstoffe nicht.
Die starren Borsten der Pflanze können bei empfindlichen Menschen zu Irritationen der Haut und Schleimhäute führen.

» In zahlreichen Quellen, die sich mit Wildpflanzen in der Küche befassen, wird der Natternkopf als essbar aufgeführt, aber nicht auf die schädigende Wirkung der Pyrrolizidin-Alkaloide hingewiesen!

» In kleinen Mengen genossen, gilt der Verzehr der Pflanze als unbedenklich! Langzeitschäden sollten bedacht werden! Kinder, Schwangere, Stillende und geschwächte Menschen sollten vom Verzehr der Pflanze ganz absehen!

Osterluzei, Gewöhnliche

Die Gewöhnliche Osterluzei gelangte bereits im Mittelalter aus dem Mittelmeerraum als Heil- und Zierpflanze in unsere Kloster- und Bauerngärten. Von dort aus verwilderte die Pflanze in die freie Landschaft, vor allem in der Mitte Deutschlands. Als Kulturrelikt besiedelt sie warme, nährstoffreiche Standorte wie Böschungen, Ruderalflächen, Mauerfüße und Weinberge. Heute steht die Osterluzei in Deutschland auf der Vorwarnliste der Roten Liste der gefährdeten Pflanzenarten.

Gewöhnliche Osterluzei
Aristolochia clematitis
Osterluzeigewächs

Kennzeichen

Herzförmige Blätter

Die Osterluzei wird bis zu 70 cm hoch und verströmt einen widerlich-süßlichen Geruch. Die hin und her gebogenen Stängel mit den lang gestielten, gelblichgrünen, auffallend herzförmigen Blättern treiben erst spät im Frühjahr aus.
Im Herbst zieht die ganze Pflanze wieder ein und überwintert mit Rhizomen, die sich reich verzweigen und weithin kriechen.

Kesselfallen

In den Achseln der Blätter erscheinen von Mai bis Juni hellgelbe Kesselfallenblüten in zwei- bis sechsblütigen Wickeln. Kleine Fliegen rutschen in die bauchigen Kessel der Blüten und tragen zur Bestäubung bei.

Geringer Fruchtansatz

Zur Fruchtreife, von September bis Oktober, bildet die Osterluzei Fruchtkapseln aus, die sich in Längsrichtung öffnen.

Verwechslungsmöglichkeit

» Im Garten kann die Osterluzei im blütenlosen Zustand mit der verwandten, ebenfalls giftigen Pfeifenwinde (*Aristolochia*) verwechselt werden. Diese Kletterpflanze hat ähnlich herzförmige Blätter.

Wissenswertes

Heil- und todbringend

Schon seit dem Altertum wird die Osterluzei trotz ihrer Giftigkeit als Heilmittel genutzt. Sie galt unter anderem als Mittel zur Geburtserleichterung, worauf der wissenschaftliche Name der Pflanze hinweist (griech.: *aristos* = das Beste / *locheia* = Geburt). Osterluzei wurde früher als Abtreibungsmittel eingesetzt, wobei häufig auch die Frauen den Tod fanden. Seit 1982 ist der Vertrieb als Heilmittel verboten, da ihr karzinogene und nierenschädigende Wirkung nachgesagt werden konnte. Heute wird die Pflanze in der Homöopathie verwendet.

Im Osterfeuer

Brauch soll es früher gewesen sein, die Osterluzei mit anderen Kräutern im Osterfeuer zu verbrennen.

Giftigkeit

Alle Pflanzenteile der Osterluzei, vor allem Wurzeln und Samen, sind durch den Inhaltsstoff Aristolichiasäure giftig.
Bei Verzehr kommt es zunächst zum Erbrechen, zu Krämpfen und in hohen Dosen tritt Tod durch Atemlähmung ein. Einnahme kann Nierenschäden verursachen; die Pflanze steht im Verdacht, Krebs auszulösen.
Der unangenehme Geruch hält meist vom Verzehr ab.

» Kinder sind besonders gefährdet, da die interessanten Blüten zum Spielen und Verzehr verleiten!

schwach giftig

Pestwurz, Gewöhnliche

Die weit verbreitete Pestwurz ist auf nährstoffreichen Böden an Ufern von Fließgewässern, in feuchten und nassen Wiesen sowie in Bruchwäldern zu finden. Dort, wo sie wächst, sind meist größere Bestände vorhanden.

Gewöhnliche Pestwurz
Petasites hybridus
Korbblütler

Kennzeichen

Blattdickicht

Die Blätter der Pestwurz sitzen an langen Stielen und weisen einen herzförmigen Grund auf. Sie erscheinen erst nach der Blüte und können sich zu großflächigen Dickichten von über 1 m Höhe entwickeln. Mit einer Breite von mehr als 60 cm zählen die Blätter zu den größten unserer heimischen Flora.
Die großflächige Ausbreitung der Pestwurz geht auf die rege, vegetative Vermehrung der Pflanzen durch unterirdische Ausläufer zurück.

Vorlaufende Blüten

Ähnlich wie der Huflattich treibt die Pestwurz zeitig im Frühjahr, von März bis April, einen schuppigen Blütenstängel aus dem Boden, an dem sich walzlich-ährenförmige Blütenstände mit zahlreichen rosafarbenen Röhrenblüten entwickeln.

Verwechslungsmöglichkeiten

- Die Blätter der Pestwurz sehen den Blättern des Huflattichs (*Tussilago farfara* / Weiteres s. S. 134) ähnlich. Huflattichblätter werden nicht annähernd so groß und üppig wie das Blattwerk der Pestwurz und haben eine deutlich graufilzige Unterseite.
- Auch die Grundblätter der Kletten, besonders der Großen Klette (*Arctium lappa*). Klettenblätter, ähneln denen der Pestwurz. Sie sind weit weniger rundlich und weisen eine leicht silbrige Unterseite auf.

Große Klette

Wissenswertes

Sonnenhut

Der wissenschaftliche Name *petasites* stammt vom griechischen Wort *petasos* = Sonnenschirm ab. An heißen Sommertagen wurden die Blätter früher von den Feldarbeitern als Sonnenhut geschätzt.

Gegen die Pest

Seit alters her gilt die Pestwurz als Heilpflanze. Im Mittelalter glaubte man, dass der starke, unangenehme, von ätherischen Ölen ausgehende Geruch die Pest austreiben könne. Wegen ihres Schleimstoffgehaltes galt die Pflanze lange Zeit als Hustenmittel. Die krampflösende und schmerzstillende Wirkung wird neuerdings vor allem gegen Migräne eingesetzt.

Nachbarschaft

An ähnlichen Standorten kommt ein weiterer Korbblütler vor, der die giftigen Pyrrolizidin-Alkaloide enthält, der Gewöhnliche Wasserdost (*Eupatorium cannabium*). Früher wurde er als fiebersenkendes Mittel und zur Stärkung der Abwehrkräfte eingesetzt.

Giftigkeit

In allen Pflanzenteilen der Pestwurz sind giftige Pyrrolizidin-Alkaloide enthalten, die im Verdacht stehen, bei Einnahme in größerer Menge und / oder über einen längeren Zeitraum krebserregend und leberschädigend zu sein. Vergiftungserscheinungen treten häufig erst nach Wochen oder Monaten mit Appetitlosigkeit, Mattigkeit und Bauchschmerzen auf.
Erhitzen und Trocknen zerstört die Giftstoffe nicht.

- Zu Heilzwecken sollte die Pflanze aufgrund der Giftstoffe nicht selbst gesammelt werden! Heute werden Medikamente aus Sorten hergestellt, die frei von oder arm an Giftstoffen sind!

stark giftig

Pfaffenhütchen

Das Europäische Pfaffenhütchen ist in ganz Deutschland an Waldrändern, in lichten Wäldern, Hecken und krautreichen Auwäldern verbreitet. Es bevorzugt frische, nährstoffreiche Lehmböden. Vielerorts wird der Strauch aufgrund der dekorativen Früchte und der leuchtend gelborangen Herbstfärbung in Gärten und Parkanlagen angepflanzt.

Europäisches Pfaffenhütchen, Spindelstrauch
Euonymus europaea
Spindelstrauchgewächs

Kennzeichen

Mit Korkleisten

Das meist strauchförmige, 2 bis 3 m hohe Gehölz kann manchmal zu einem kleinen Baum von bis zu 6 m auswachsen. Es trägt im Winter keine Blätter, aber die Zweige bleiben in jungen Jahren im Winter grün; später werden sie braun. Aufgrund der zwei bis vier Korkleisten sind sie geflügelt bis vierkantig. An den Zweigen sitzen kreuzgegenständig eiförmig bis lanzettliche Blätter.
Eine Ausbreitung der Pflanze findet auch durch Kriechsprosse statt.

Gelblichgrün

Von Mai bis Juni erscheinen die gelblichgrünen, vierteiligen Blüten.

Pfaffenhüte

Im Gegensatz zu den unscheinbaren Blüten fallen die Früchte im Herbst umso mehr ins Auge. Die reifen, 4-fächerigen orange- bis karminroten Fruchtkapseln sehen der Kopfbedeckung von Kardinälen ähnlich. Daher der Name „Pfaffenhütchen". Zur Fruchtreife von August bis Oktober springen die Kapseln auf und lassen die weißlichen Samen mit den orangefarbenen Samenmänteln an weißlichen Fäden heraushängen.
Die Früchte stehen bei vielen Vögeln auf dem Speiseplan. Im Winter sitzen die verholzten Kapseln wie kleine Blüten noch lange an den Sträuchern.

Wissenswertes

Spindelholz und Malergrafit

Das harte Holz des Strauches war früher bei Drechslern sehr beliebt, vor allem zur Herstellung von Garnspindeln. Daher ist das Pfaffenhütchen auch unter dem Namen „Spindelstrauch" bekannt; sogar der Familienname nimmt Bezug darauf. Das Holz eignet sich zum Bau von Instrumenten und Orgelpfeifen; viele Zahnstocher sollen schon daraus geschnitzt worden sein.

Gegen Wassersucht und Krätzemilben

Hildegard von Bingen löste die Asche des Pfaffenhütchenholzes in Wein auf und verabreichte dieses Mittel gegen Wassersucht. Die Blätter wurden in der Heilkunde eingesetzt, ebenso das fette Öl der Samen als Salbe zur äußerlichen Behandlung von Wunden. Mit den pulverisierten Früchten ging man gegen Bettwanzen, Krätzemilben und Läusen vor.
Heute ist bekannt, dass das Einatmen des Pulvers gesundheitsschädlich ist.

Guter Ruf

Trotz der starken Giftwirkung gab der Mensch dem Pfaffenhütchen den wissenschaftlichen Namen *Euonymus* (lat.-griech.: *eu* = gut, *onoma* = Name), also „in gutem Ruf stehend". Vermutlich waren es Drechsler oder Maler, die der giftigen Pflanze den Namen gaben. Vielleicht ist bei der Namensgebung aber Ironie im Spiel gewesen.
Heute wird das Pfaffenhütchen in der Homöopathie vor allem gegen Leber- und Gallebeschwerden eingesetzt.

Giftigkeit

Alle Pflanzenteile des Pfaffenhütchens, vor allem die Früchte, sind stark giftig. Sie enthalten unter anderem das herzwirksame Glycosid Evonosid und das Alkaloid Evonin.
Eine Dosis von etwa 30 bis 40 Früchten soll für einen erwachsenen Menschen tödlich sein, für Kinder weit weniger Früchte. Die Vergiftungssymptome treten meist erst nach bis zu 15 Stunden auf. Es stellen sich Übelkeit, Erbrechen, Magen-Darm-Koliken, heftige, krampfartige, blutige Durchfälle, Kreislaufstörungen, Unruhezustände und Koma ein. Die Giftstoffe können nachhaltig Schädigungen von Leber und Niere herbeiführen.

» Kinder sind besonders gefährdet, da die verlockend aussehenden Früchte zum Spielen und zum Verzehr verleiten!

» Zweige mit den dekorativen Früchten sind im Herbst ein beliebter Zimmerschmuck und können für Kinder und Kleinkinder eine Gefahr darstellen!

Platterbse, Wiesen-

Die sehr häufige Wiesen-Platterbse wächst auf nährstoffreichen, frischen Standorten und ist vor allem in Wiesen und an Wegrändern zu finden.

Wiesen-Platterbse
Lathyrus pratensis
Schmetterlingsblütler

Kennzeichen

Geflügelter Stängel

Die ausdauernde Pflanze wird 30 bis 100 cm hoch. An kantigen bis leicht geflügelten Stängeln sitzen die gefiederten Blätter, die bei dieser Art jedoch nur aus einem deutlichen Blattpaar bestehen. Die drei Endfiedern haben sich zu Ranken umgewandelt, mit der die Pflanze in der Lage ist, an anderen Pflanzen oder Zäunen in die Höhe zu wachsen.
Die Pflanze vermehrt sich auch durch unterirdische Ausläufer.

Schiffchenblüten

Von Juni bis Juli bilden sich gelbe, für Schmetterlingsblütler typische Schiffchenblumen. Nur kräftige Insekten wie Hummeln sind in der Lage, diese zu öffnen und an den süßen Nektar zu gelangen.

Foto gr.: Andreas Zehm, Foto kl. oben: Roland Spohn

Platte Hülsen

Von August bis November entwickeln sich abgeflachte Hülsen mit kugeligen Samen.

Verwechslungsmöglichkeiten

- Platterbsen können leicht mit den verwandten und ansonsten sehr ähnlich aussehenden Wicken verwechselt werden. Ein eindeutiges Unterscheidungsmerkmal ist der nicht runde, sondern kantige oder geflügelte Stängel der Platterbsen.
- Im nicht blühenden Zustand ist die Wiesen-Platterbse leicht mit der blaublühenden Saat-Platterbse (*Lathyrus sativus*) zu verwechseln, die breit geflügelte Stängel und Blattstiele aufweist.

Wissenswertes

Lathyrismus

Bei häufigem Verzehr von Platterbsenarten tritt eine Krankheit auf, die dem Menschen schadet – „Lathyrismus", eine durch Gifteinwirkung entstandene, chronisch neurologische Erkrankung. Epidemien sind dort aufgetreten, wo sich die Bevölkerung bei extremer Trockenheit notgedrungen über längere Zeit vom Mehl der trockenheitsresistenten Platterbsen ernährt hat.

Giftige Verwandte

In vielen Schmetterlingsblütlern sind für den Menschen giftige Inhaltstoffe unterschiedlicher Art enthalten. Die Saat-Platterbse (*Lathyrus sativus*) ist eine alte, fast vergessene Kulturpflanze aus dem Mittelmeerraum. Sie wird heute als Futterpflanze angebaut. Die Wohlriechende Platterbse (*Lathyrus odoratus*) kennen wir als „Edelwicke" aus dem Garten. Wicken (*Vicia*) und auch die Kronwicke (*Coronilla varia*) sind ebenfalls giftig, vor allem in den Samen. Die Hülsen der Gartenbohne (*Phasaeolus vulgaris*) sind roh verzehrt sogar als stark giftig einzustufen.

Giftigkeit

Alle Platterbsenarten weisen vor allem in den Samen bestimmte, schwach giftige Aminosäuren auf.
Verzehr in größeren Mengen und über einen längeren Zeitraum kann zu Lathyrismus führen. Nervenschädigungen mit Gehstörungen, Muskelspasmen und Krämpfen treten auf.
Der Verzehr kleiner Mengen gilt als unbedenklich.

- In einigen Wildpflanzen-Kochbüchern wird angegeben, dass Teile der Wiesen-Platterbse und die Samen für den Menschen genießbar sind, ohne auf die Giftigkeit hinzuweisen!
- Kinder sind besonders gefährdet, da die Hülsen der Schmetterlingsblütler aufgrund der Ähnlichkeit mit essbaren Erbsenschoten zum Spielen und zum Verzehr verleiten!

schwach giftig

Rainfarn

Der weit verbreitete Rainfarn ist in frischen, nährstoffreichen Stauden- und Unkrautfluren zu finden, an Wegrändern, Ufern, auf Dämmen, Schotter- und Brachflächen.

Wurmfarn
Tanacetum vulgare
Korbblütler

Kennzeichen

Farnartige Blätter

Der Rainfarn ist eine ausdauernde, wintergrüne Staude, die bis zu 140 cm hoch wird. Bei Vollsonne richten die farnartigen Blätter ihre Blattspreiten so aus, dass sie senkrecht zur Sonne stehen, als Schutz vor Austrocknung. Die Pflanze weist einen kampferartigen Geruch auf.
Durch unterirdische Ausläufer findet eine lebhafte Vermehrung statt.

Röhrenblüten

Von Juli bis September entwickeln sich die Doldenrispen mit zahlreichen gelben Blütenköpfchen. Sie sind aus Röhrenblüten zusammengesetzt und werden von zahlreichen Insekten besucht.

Verwechslungsmöglichkeit

» Von Weitem kann der Rainfarn mit dem giftigen Jakobskreuzkraut (*Senecio jacobaea* / Weiteres s. S. 106) verwechselt werden; bei näherer Betrachtung werden schnell die Unterschiede bei Blättern und Blütenköpfchen deutlich.

Wissenswertes

Heilkunde

Rainfarn wird mancherorts als „Wurmfarn" bezeichnet, da die Pflanze früher wie der Gewöhnliche Wurmfarn zur Entwurmung von Mensch und Haustier eingesetzt wurde. Auch als Abortivum fand das Kraut Verwendung. Beide Anwendungen führten zu schweren Gesundheitsschäden und häufig zum Tod.

Die Dosis macht das Gift

Hildegard von Bingen empfahl die bittere, leicht nach Zitrone duftende Pflanze zur Bereitung von Rainfarnsuppe und -kuchen gegen Erkältungskrankheiten. Nicht alles, was diese geschätzte Benediktinerin empfahl, ist nachahmenswert! Das gilt auch für das früher praktizierte Einsetzen der nach Zimt schmeckenden Blüten zum Aromatisieren von Desserts und Bier!

Ehemalige Nutzung

Im Mittelalter wurden Motten und anderes Ungeziefer mit Rainfarnkraut aus den Stuben vertrieben. Auf dem Fußboden verstreut, verströmte es beim Begehen seinen aromatischen Duft. Rainfarnpulver galt als Bekämpfungsmittel gegen Parasiten in Hundehütten.
Auch fand das Kraut in Form von Kräuterkissen Verwendung beim Einsatz gegen Flöhe und Kopfläuse. In Rainfarnblätter eingewickelte Lebensmittel, wie Fleisch und Käse, waren in der Vorratshaltung vor Schädlingen geschützt.

Heutige Nutzung

Ein Aufguss mit Rainfarnblättern wird heute noch gegen Blattläuse und Milben empfohlen.

Bauerngartenpflanze

Der dekorative Rainfarn war bis ins 19. Jahrhundert eine beliebte Gartenzierpflanze, vor allem der Krausblättrige Rainfarn (*Tanacetum vulgare* var. *crispus*).

Giftigkeit

Rainfarn enthält in allen Teilen ätherisches Öl mit dem giftigen Hauptbestandteil Thujon.
Dieser psychoaktive Substanz kann sich nach Aufnahme großer Pflanzenmengen negativ auf Nerven, Magen und Nieren auswirken. In sehr großer Menge löst das Kraut Halluzinationen und sogar Wehen aus.
Der stark bittere Geschmack hält vom Verzehr größerer Mengen ab.

» In einigen Büchern über Wildpflanzen zum Gebrauch in der Küche oder Hausapotheke wird der giftige Rainfarn auch heute noch als essbar oder heilend aufgeführt! Die richtige Dosis zwischen Verträglichkeit und Giftigkeit ist bei dieser Pflanze schwer einzuschätzen!

schwach giftig

Rauke, Wilde

Ursprünglich stammt die Wilde Rauke aus dem Mittelmeergebiet. Sie hat sich seit Mitte des 18. Jahrhunderts in Deutschland gebietsweise mehr oder weniger stark ausgebreitet. Die Ruderalpflanze besiedelt nährstoff- und kalkreiche Böden und ist vor allem in der Nähe von Siedlungsbereichen, auf Wegen und Schuttplätzen, an Mauern und Bahnanlagen zu finden.

Wilde Rauke, Schmalblättriger Doppelsame, Rukola
Diplotaxis tenuifolia
Kreuzblütler

Kennzeichen

Leierförmig fiederteilig

Im ersten Jahr ihrer Entwicklung bildet die ausdauernde Wilde Rauke aus einer Pfahlwurzel heraus eine Blattrosette. Die blaugrünlichen Blätter sind leierförmig fiederteilig mit schmalen Abschnitten.

Fotos (3): Roland Spohn

Foto: Roland Spohn

Gelbe Blüten

Im 2. Jahr treiben Blütenstände von einer Höhe zwischen 30 bis 60 cm aus, an denen von Mai bis Oktober 10 bis 20 mm breite, gelbe Blüten zu sehen sind.

Parallel zum Stängel

Die Schoten sind mit einer Länge von etwa 4 cm in etwa so lang wie die Fruchtstiele und stehen meist steif aufrecht, parallel zum Stängel. Die Samen stehen in doppelter Reihe; darauf bezieht sich der Name „Doppelsame".

Verwechslungsmöglichkeiten

- Die Wilde Rauke kann in der freien Natur mit dem Jakobs-Greiskraut (*Senecio jacobaea* / s. S. 106) und dem Gewöhnlichen Greiskraut (*Senecio vulgaris*) verwechselt werden. Die Blüten sind einfach zu unterscheiden. Rukola weist als Kreuzblütler 4 Blütenblätter auf; die Blüten der Greiskräuter stehen in Blütenkörbchen zusammen. Raukenblätter sind glatt und unbehaart, die der Greiskräuter leicht behaart und die Blattränder gezähnt. Am typischen Geruch nach Rucola lassen sie sich ebenfalls unterscheiden.
- Im Garten kann die Wilde Rauke mit der essbaren Kultur- oder Salatrauke (*Eruca sativa*) verwechselt werden. Die Salatrauke hat etwas breitere Blätter als die Wilde Rauke und schmeckt milder. In Zuchtformen ist der Gehalt an Erucasäure geringer.

Wissenswertes

Rucola aus dem Garten

Wie die Salatrauke wird auch die Wilde Rauke als Rucola bezeichnet, was zu Verwechslungen führen kann. Die nur einjährige Salatrauke ist eine seit der Antike bekannte Kulturpflanze. Sie muss jährlich neu ausgesät werden. In der freien Natur ist sie nur unbeständig verwildert anzutreffen.

Giftigkeit

Der Wilde Rauke enthält ca. 5 % Erucasäure. In größeren Mengen ist diese für den Menschen ungesättigte Omega-9-Fettsäure ungesund. Sie kann unter anderem den Herzmuskel schädigen, vor allem bei hoher Dosierung und Langzeitaufnahme.

- Vor allem für Kinder bis zu 10 Jahren kann die Aufnahme von Erucasäure ein Gesundheitsrisiko darstellen!
- Beim Sammeln von Wilder Rauke in der Natur ist gute Artenkenntnis Voraussetzung, um Verwechslungen mit den giftigen Greiskräutern zu vermeiden! Bei Unsicherheit sollte auf die Ernte verzichtet werden!

stark giftig

Rhododendron

Weltweit gibt es über 1000 Rhododendron-Wildarten, die meist in Südostasien beheimatet sind. In Deutschland kommen lediglich 3 einheimische und einige eingebürgerte Arten wild vor. Sie wachsen im Schutz der Wälder oder auf offenen Hängen. Die Standorte sind bevorzugt halbschattig, weisen eine gleichmäßige Luft- und Bodenfeuchte auf und der Boden ist locker, humushaltig und sauer.

Neben den wildwachsenden Rhododendrenarten gibt es in Deutschland eine Unzahl von Rhododendren-Zierarten und -sorten. Als dekorative Gehölze werden sie in unseren Gärten, Parkanlagen und auf Friedhöfen angepflanzt.

Rhododendron, Alpenrose, Rosenbaum
Rhododendron spec.
Heidekrautgewächse

Sumpf-Porst

Rostblättrige Alpenrose

Bewimperte Alpenrose

Bewimperte Alpenrose

Kennzeichen

Ledrige Blätter

Die ledrigen Blätter der Rhododendrenarten sind gegenständig und stehen gehäuft an den Zweigenden. Immergrüne Arten werfen ihr Laub etwa alle drei bis vier Jahre ab. Im Winter rollen sie ihre Blätter als Schutz vor Verdunstung ein.

Blütenpracht

Die Hauptblütezeit viele unserer Rhododendren ist von April bis Juni. Aufgrund ihrer unvergleichlichen Blütenpracht ziehen sie zu dieser Zeit alle Blicke auf sich. Zahlreiche Rhododendren täuschen mit gelblichen bis rötlichen Zeichnungen auf ihren Blütenblättern ganze Büschel von Staubblättern vor. Die wahren Staubblätter ragen meist unauffällig aus der Blüte heraus, und zwar an den Stellen, wo sie von den anfliegenden Insekten gestreift werden.

Fruchtkapseln

Von August bis Oktober entwickeln sich Kapseln mit zahlreichen Samen.

Verwechslungsmöglichkeit

» Die heimischen und zahlreichen fremdländischen Rhododendronarten können untereinander leicht verwechselt werden.

Wissenswertes

Drei heimische Arten

In den Alpen wachsen die Rostblättrige Alpenrose (*Rhododendron ferrugineum*) und die Raublättrige oder Bewimperte Alpenrose (*Rhododendron hirsutum*). Letztere wird auch "Almenrausch" genannt. Der nahe Verwandte Sumpf-Porst (*Rhododendron tomentosum* / ehemals *Ledum palustre*) kommt im Nordosten unseres Landes vor und ist laut Bundesnaturschutzgesetz besonders geschützt!

Azaleen

Die in der Pflanzenfamilie in Überzahl vorkommenden immergrünen Arten werden als „Rhododendron" bezeichnet. Dagegen werden sommergrüne Arten, die im Winter ihr Laub abwerfen, weitläufig „Azaleen" genannt. Sie sind meist kleinwüchsiger.

Azaleen

Azaleen

Stark giftig

Viele der fremdländischen Arten der Gattung *Rhododendron* enthalten in allen Teilen ein stark giftiges Terpen-Alkaloid (Andromedotoxin). Die Giftigkeit der zahlreichen Züchtungen kann sehr unterschiedlich sein.

Da Gift auch im Nektar enthalten ist, gab es immer wieder Vergiftungsfälle durch Honig, der von Rhododendronblüten gesammelt wurde. Diese bitter schmeckenden Produkte werden vor allem aus Japan und Kleinasien eingeführt.

Giftigkeit

Die heimischen Rhododendronarten weisen neben anderen Giftstoffen leberschädigende Glycoside auf, welche im Verdacht stehen, erbgutverändernd und krebserregend zu sein.
Der Verzehr von einem Blatt oder einer Blüte vom Rhododendron kann bereits zu Krankheitssymptomen führen. Es kommt zu vermehrtem Speichelfluss, Übelkeit, Brechreiz, Bauchschmerzen und Durchfall. Bei höheren Dosen treten Krampfanfälle, Herzrhythmus- und Atemstörungen auf.

» Kinder sind besonders gefährdet! Die bunten Blüten verleiten zum Spielen, zum Probieren oder Aussaugen!

giftig

Rittersporn, Feld-

Der Feld-Rittersporn stammt ursprünglich aus dem Mittelmeergebiet und ist schon vor langer Zeit mit dem Ackerbau zu uns eingewandert. Er besiedelt Getreideäcker, Brachland und Wegränder auf warmen, meist kalkhaltigen Böden. Der Feld-Rittersporn ist laut Roter Liste der gefährdeten Pflanzenarten Deutschlands im Bestand „gefährdet".

Feld-Rittersporn, Acker-Rittersporn
Consolida regalis
Hahnenfußgewächs

Kennzeichen

Von zierlicher Gestalt

Der einjährige, zierliche Feld-Rittersporn wird 15 bis 50 cm groß, ist locker behaart und im oberen Bereich verzweigt. Die stark verästelten Stängel tragen mehrfach geteilte Blätter mit länglichen, nur etwa 1 mm schmalen Zipfeln.

Gespornte Blüte

Von Juni bis August erscheinen die gespornten, blauvioletten, selten weißen Blüten in einem lockeren Blütenstand. Der Sporn kann bis 55 mm lang sein. Nur langrüsselige Insekten können an den Nektar gelangen.

Langlebig

Von August bis September reifen viele Samen in den Streufrüchten. Sie sind bis zu 10 Jahre keimfähig.

Verwechslungsmöglichkeit

» Verwechselt werden kann der Feld-Rittersporn mit dem ebenfalls einjährigen Garten-Rittersporn (*Consolida ajacis*), der mit einer Höhe von 90 cm viel größer wird. Verwilderte Bestände sind bei dieser Art meist unbeständig. Auch die Blüten sind viel größer als die des Feld-Rittersporns. Der Garten-Rittersporn ist ebenfalls giftig.

Wissenswertes

Giftige Verwandte

Der nahe Verwandte Hohe Rittersporn (*Delphinium elatum*) ist eine beliebte Gartenpflanze. Sie ist mehrjährig, wird bis zu 150 cm hoch und gilt als stark giftig.

Schönfärben

Zucker wurde früher mit den blauen Blüten des Feld-Rittersporns schöngefärbt. Da die Blüten nach dem Trocknen ihre Farbe behalten, wurden sie Teemischungen beigegeben.

Heilkunde

In der Volkskunde war der Feld-Rittersporn früher eine beliebte Heilpflanze; wegen der Giftstoffe heutzutage ist es nicht mehr in Verwendung.

Giftigkeit

Bis auf die jungen Blüten weisen alle Pflanzenteile des Feld-Rittersporns giftige Alkaloide auf. Die höchste Konzentration findet sich in den Samen. Den Giftstoffen wird eine ähnliche, jedoch weniger starke Wirkung zugesprochen wie dem Eisenhut (*Aconitum napellus* / Weiteres s. S. 80).
Bei Vergiftungen kann es zu Übelkeit, Krämpfen, Erregungszuständen, Blutdruckabfall, Herzrhythmusstörungen und Atemlähmungen kommen.

» Kinder sind besonders gefährdet, da die dekorativen Pflanzen zum Spielen und Verzehr verleiten!

stark giftig

Robinie

Die ursprünglich aus Nordamerika stammende Robinie kam Anfang des 17. Jahrhunderts nach Mitteleuropa. Aus den Kulturbeständen verwildert, gilt das Gehölz seit Anfang des 19. Jahrhunderts als Neophyt. Nur im äußersten Norden Deutschlands und in den höheren Gebirgslagen ist es eher selten zu finden.
Die Robinie wächst in lichten, trockenen Wäldern und Gebüschen. Der Rohbodenpionier ist wärme- und lichtbedürftig und besiedelt vor allem frische bis mäßig trockene, mehr oder weniger tiefgründige Böden.
Heute wird die Robinie vielerorts als Straßen- und Alleebaum angepflanzt, zur Befestigung von Halden, Böschungen und Eisenbahndämmen. Auch in Gärten ist sie zu finden. Neben weiß blühenden gibt es rosa blühende Sorten.

Scheinakazie, Falsche Akazie
Robinia pseudoacacia
Schmetterlingsblütler

Kennzeichen

„Süßholzbaum"

Das sommergrüne Gehölz ist schnellwüchsig und wird bis zu 25 m hoch. Es weist gefiederte Blätter mit 6 bis 8 Blattpaaren und einem endständig stehenden Blatt auf. Die einzelnen Fiederblättchen sind länglich-elliptisch bis eiförmig, ihre Stiele zottig behaart. An der Basis der Blattstiele entwickeln sich bei der Robinie bis zu 2 cm lange glänzende Dornen, außer an blühenden Zweigen. Die graubraune Rinde der Robinie ist tief gefurcht. Sie schmeckt süßlich, weshalb das Gehölz mancherorts auch „Süßholzbaum" genannt wird.

Die Pfahlwurzel reicht bis zu 15 m tief in den Boden. Eine starke Vermehrung der Pflanze findet über die zahlreichen Wurzelsprosse statt, die auch weit entfernt vom Stamm für den Austrieb neuer Pflanzen verantwortlich sind.

Schiffchenblüten

Von Mai bis Juni steht die Robinie mit ihren vielblütigen, hängenden, bis 20 cm langen Trauben in voller Blüte. Die weißen Einzelblüten, die bei den Schmetterlingsblütlern aus Fahne, Schiffchen und Flügeln bestehen, sind bei der Robinie stark duftend und nektarreich. Vor allem Bienen werden angelockt.

Austrocknungsstreuer

Bis September / Oktober reifen 5 bis 10 cm lange, flache, rötlichbraune Hülsen heran. Sie reißen durch Austrocknung explosionsartig auf und streuen jeweils 3 bis 12 hartschalige Samen aus. Sowohl Hülsenhälften mit noch anhaftenden Samen als auch noch geschlossene Hülsen werden vom Wind erfasst und fortgeweht. Manchmal verbleiben die Hülsen bis ins nächste Frühjahr am Baum.

Verwechslungsmöglichkeit

» Im Garten kann die Robinie vor allem im jungen Zustand mit dem ebenfalls stark giftigen Goldregen (*Laburnum anagyroides*) verwechselt werden. Der Goldregen hat keine Dornen und trägt gelbe Blüten.

Wissenswertes

Invasive Pflanze

Nach Mitteleuropa kam die Art durch den französischen Hofgärtner J. Robin, der den Baum Anfang des 17. Jahrhunderts nach Paris brachte. Ihm verdankt das Gehölz den Namen *Robinia*. Die vielerorts massive Ausbreitung der eingebürgerten Art kann zu ökologischen Problemen führen. Daher zählt die Pflanze heute zu den invasiven Arten.

Falsche und Echte Akazie

Da die Robinie der Echten Akazie (*Acacia pulchella*) ähnelt, wird sie auch „Falsche Akazie" oder „Scheinakazie" genannt, bzw. als „Pseudo-Akazie" (*pseudacacia*) bezeichnet. Die „Echte Akazie" blüht gelb.

Pseudo-Akazienhonig

Als Bienenfutterpflanze liefert die Robinie mit ihrer hohen Nektarproduktion den Akazienhonig, der streng genommen Falscher, Schein- oder Pseudo-Akazienhonig heißen müsste. Er ist von goldgelber Farbe, schmeckt sehr mild und bleibt lange flüssig. Zum Süßen von Tee und Backwaren ist der Honig gut geeignet.
Aus den Blüten lässt sich ein schmackhafter Robinienblütensirup herstellen.

Krebstherapie

In der alternativen Krebstherapie spielen Lectine eine Rolle, da sie zum Abbau von Krebs-Zellen beitragen.

Giftigkeit

Die Robinie enthält vor allem in der süßlich schmeckenden und riechenden Rinde und in den Samen stark giftige Lectine (Robin, Phasin und andere). Das sind wasserlösliche Eiweißstoffe, die durch Kochen zerstört werden. In den anderen Pflanzenteilen sind ebenfalls giftige Inhaltsstoffe vorhanden.
Nach dem Verzehr von 4 bis 5 rohen Samen treten Krankheitssymptome wie Bauchschmerzen, Übelkeit, Brechreiz und Durchfall auf. Höhere Dosen können zu Schwindel und beschleunigten Herzfrequenzen, Krämpfen und Kollaps führen.
In geringen Mengen enthalten möglicherweise auch die Blüten Giftstoffe.
Durch Hitze verlieren die Giftstoffe ihre Wirkung.

» Kinder sind besonders gefährdet, da Rinde und Samen süßlich schmecken!

» Dass die Blüten vermutlich in geringen Mengen Giftstoffe enthalten, sollte beim Verzehr von Pseudo-Akazienhonig bedacht werden, wie auch beim Verarbeiten von Blüten zu Sirup und ähnlichen Produkten!

stark giftig
bis giftig

Rosmarinheide

Die Rosmarinheide bevorzugt nasse, nährstoffarme und saure Torfböden und besiedelt feuchte Moorwälder und Hochmoorbulte. Sie ist vor allem im Norden und im Süden Deutschlands anzutreffen. Die Rosmarinheide wird auf der Roten Liste der gefährdeten Pflanzenarten Deutschlands als „gefährdet" eingestuft!
Als Zierpflanze findet sie in Heidegärten einen Platz.

Sumpfrosmarin, Polei-Gränke
Andromeda polifolia
Heidekrautgewächs

Kennzeichen

Zwergstrauch

Der immergrüne Zwergstrauch weist einen weithin kriechenden Wuchs mit aufsteigenden graubraunen Zweigen auf und erreicht eine Höhe von 15 bis 30 cm. Die schmalen, wechselständigen Blätter sind ledrig und am Rand leicht nach unten eingerollt. Ihre Unterseiten sind aufgrund eines Wachsüberzugs weißlich. Die Blätter ähneln denen des Rosmarins, daher der deutsche Name!
Die Pflanze ist in der Lage, sich durch unterirdische Ausläufer zu vermehren.

Alles rosa!

Von Mai bis Juli erscheinen zart rosafarbene, glockenförmige Blüten, die in endständigen Doldentrauben zu mehreren locker beisammenstehen. Die langen Blütenstiele sind ebenfalls rosa gefärbt, allerdings etwas kräftiger als die Blüten. Noch bis in den Winter hinein hängen die ebenfalls rosafarbenen Kapseln am Strauch. Die zahlreichen Samen werden vor allem vom Wind über das Moor verbreitet.

Verwechslungsmöglichkeit

» Im blütenlosen Zustand kann die Rosmarinheide mit dem Rosmarin (*Salvia rosmarinus*) aus dem Garten verwechselt werden. Der Rosmarinheide fehlt der typische Geruch des beliebten Küchenkrautes.

Wissenswertes

Gartenzierde

Aufgrund der attraktiven Blüten ist die Rosmarinheide auch eine beliebte Gartenzierpflanze.

Verwandte

Auch in der verwandten, als schwach giftig eingestuften Schwarzen Krähenbeere (*Empetrum nigrum*) befindet sich Andromedotoxin. Ihre schwarzen Früchte gelten als kaum giftig.

Giftigkeit

Die Angaben über den Grad der Giftigkeit der Rosmarinheide sind widersprüchlich. Angeblich sollen alle Pflanzenteile die Rosmarinheide aufgrund des Inhaltsstoffes Andromedotoxin (Terpen) stark giftig sein. Ebenso wird der Honig aus den Blüten als giftig eingestuft.
Bei Vergiftung kann es zu Übelkeit, Erbrechen, Durchfall, Schwindel, Krämpfen, Blutdruckabfall, Verlangsamung des Herzschlags bis hin zu Herzversagen und Atemstillstand kommen.

» Aufgrund des ungeklärten Grades der Giftigkeit ist bei dieser in der Natur nur noch selten vorkommenden Pflanzenart Vorsicht geboten! Beim Anbau der Rosmarinheide im Garten ist die Giftigkeit zu berücksichtigen!

schwach giftig

Rosskastanie, Gewöhnliche

Die Gewöhnliche Rosskastanie ist ursprünglich in südosteuropäischen und kleinasiatischen Schluchtwäldern beheimatet.
Mitte des 16. Jahrhunderts wurde sie als Zierbaum in Europa eingeführt und wird bis heute in Gärten, Parks oder als Alleebaum angepflanzt. Verwilderte Exemplare sind meist unbeständig.

Gewöhnliche Rosskastanie
Aesculus hippocastanum
Seifenbaumgewächs

Kennzeichen

Gefingerte Blätter

Der bis zu 30 m hoch werdende Baum wird nur etwa 200 Jahre alt und weist nicht selten eine Rechtsdrehwüchsigkeit des Stammes auf. Im zeitigen Frühjahr fallen die dicken Blattknospen auf, aus denen sich die großen fingerförmigen Blätter entwickeln. Kein anderer heimischer Baum hat gefingerte Blätter.

Kerzenförmiger Blütenstand

Im Mai und Juni entwickelt der Baum eine Vielzahl von großen, kerzenförmigen Blütenständen, die aus jeweils 100 bis 200 Einzelblüten bestehen. Nicht alle befruchteten Blüten reifen zu Früchten aus. Vor allem Hummeln und zahlreiche Bienenarten fliegen die Blüten zum Bestäuben an.

Kastanien

Zur Fruchtreife, im September / Oktober, fallen aus fleischigen, stacheligen Kapseln die reifen Samen heraus. Sie weisen einen großen, weißen Nabelfleck auf. Wie die Samen der Esskastanie werden die Samen der Rosskastanie gemeinhin als „Kastanien“ bezeichnet.

Verwechslungsmöglichkeiten

» Aufgrund der sich ähnelnden Samen kann die Rosskastanie mit der Esskastanie (*Castanea sativa*) verwechselt werden. Verwandt sind die beiden Gehölze nicht. Die Rosskastanie gehört zur Familie der Rosskastaniengewächse, die Esskastanie zu den Buchengewächsen. Die Esskastanie trägt einfache, ungeteilte Blätter. Im Gegensatz zur Rosskastanie hat die Frucht der Esskastanie keinen großen, weißen Nabelfleck. Die Fruchthüllen der Esskastanien sind mit zahlreichen spitzen Dornen besetzt.

» Im blütenlosen Zustand kann die Rosskastanie mit der Rotblühenden Rosskastanie (*Aesculus x carnea*) verwechselt werden. Sie ist ähnlich giftig. Die Blätter der Rotblühenden Rosskastanie sind glatt, die der weißblühenden Gewöhnlichen Rosskastanie haben eine raue Oberfläche.

Esskastanie

Wissenswertes

Stärkereiche Samen

Die bitteren, stärkereichen Samen der Rosskastanie dienten früher als Viehnahrung und zur Wildfütterung. Trotz der Giftigkeit wurden Rosskastanien in Notzeiten zu Mehl- und Kaffee-Ersatz verarbeitet. Aufwändiges, mehrmaliges Wässern entzog den Rosskastanien die Bitterkeit und die Giftstoffe.
Aufgrund des hohen Gehaltes seifenartige Inhaltsstoffe (Saponine) wurden und werden sie neuerdings wieder zur Herstellung von Waschbrühen eingesetzt.

Heilmittel

Noch heute werden Rosskastanienextrakte vor allem gegen Venen- und Gefäßerkrankungen angewendet.

Kinderspielzeug

Die handschmeichlerischen Samen waren früher und sind auch heute noch ein beliebtes Spiel- und Bastelmaterial für Kinder. Aus ihnen lassen sich mit Streichhölzern Tiere, Männchen und Figuren basteln.

Blattkrankheit

Seit Anfang der 90er Jahre breitet sich bei den Rosskastanien eine Blattkrankheit aus, die von den Larven der Miniermotte verursacht wird. Der Befall führt dazu, dass sich die Blätter frühzeitig verfärben und abfallen.

Giftigkeit

Alle Pflanzenteile der Rosskastanie, besonders die Samen, enthalten unter anderem schwach giftige Saponine.
Der Verzehr kann zu Schleimhautreizungen, Bauchschmerzen, Übelkeit, Erbrechen und Sehstörungen führen.
Der ungenießbar bittere Geschmack der Samen hält vom Verzehr größerer Mengen ab.

» Kinder sollten auf den Unterschied von den schwach giftigen Rosskastanien im Gegensatz zu den genießbaren Esskastanien hingewiesen werden, wenn sie mit Kastanien spielen oder basteln!

» Wegen der Unverträglichkeit und Giftigkeit sollten innerliche Anwendungen mit dieser Art nur mit standardisierten Fertigarzneimitteln erfolgen!

stark giftig

Sadebaum

In Deutschland kommt der Sadebaum wildwachsend nur in Hochstaudenfluren und Gebüschen der südbayerischen Alpen vor. Das Nadelgehölz besiedelt durchlässige, sandig-humose Böden. Auf der Roten Liste der gefährdeten Pflanzenarten Deutschlands ist der Sadebaum als „gefährdet" eingestuft. Als alte Bauerngarten- und Friedhofspflanze wird der Sadebaum auch heute noch als Ziergehölz gepflanzt.

Stink-Wacholder, Gift-Wacholder
Juniperus sabina
Zypressengewächs

Kennzeichen

Stink-Wacholder

Der strauchförmig wachsende Sadebaum ist eher breit als hoch. Das dichtverzweigte, immergrüne Gehölz weist niederliegende oder aufsteigende Trie-

Foto: Roland Spohn

be auf und wird in der Regel 2, mancherorts bis zu 3 m hoch. Die nur 2 mm langen Nadelblätter sind schuppenförmig und decken sich dachziegelartig; nur an jungen Trieben sind auch nadelförmige Blätter zu entdecken. Diese Schuppen oder Nadeln sind kreuzweise gegenständig am Zweig angeordnet, laufen am Spross herab und sind mit Harzdrüsen besetzt. Beim Zerreiben riechen sie unangenehm, scharf schweißartig; daher der volkstümliche Name „Stink-Wacholder". Typisch für das Gehölz ist die rotbraune, sich streifig ablösende Borke.

Unauffällige Blüten

Von April bis Mai erscheinen etwa 1 mm große, unauffällige, gelbgrüne Blüten, meist an den Zweigspitzen.

Beerenzapfen

Aus den befruchteten Blüten entwickeln sich erbsengroße, blauschwarze Früchte, die hellblau bereift sind. Sie sehen zwar aus wie Beeren, sind im botanischen Sinn jedoch als Beerenzapfen zu bezeichnen. An gekrümmten Stielen hängend, reifen sie bis zum darauffolgenden Jahr im März / April aus.

Verwechslungsmöglichkeit

» Die Früchte des Sadebaumes können mit den Früchten des schwach giftigen Gewöhnlichen Wacholders (*Juniperus communis* / Weiteres s. S. 309) verwechselt werden. Der Gewöhnliche Wacholder wächst meist säulenförmig und verbreitet nicht den starken Geruch des Sadebaumes!

Wissenswertes

Mägdebaum

Schon die Römer sollen den Sadebaum als Abtreibungsmittel eingesetzt haben. Namen wie „Jungfernrosmarin", „Mägdebaum" und auch „Kindertod" nehmen Bezug darauf.
Bei dem italienischen Botaniker und Arzt Mattioli (1501–1577) ist zu lesen: *„Die alten Hexen und Wettermacherinnen üben damit vil zauberey und abenthewer, verfüren darmit die jungen huren / geben inen Sevenbaumschüßling gepulvert ... dadurch vil kinder verderbt werden."*
Auch in der „Capitulare de vilis", der Landgüterverordnung Karls des Großen und bei Hildegard von Bingen fand die abtreibende Wirkung Erwähnung. Noch bis ins 18. Jahrhundert wurde die Pflanze als Abtreibungsmittel genutzt, wobei nicht selten auch tödliche Vergiftungen der Frauen vorkamen. Ein Sadebaum im Garten deutete damals darauf hin, dass hier eine „Engelmacherin" wohnte.

Homöopathisches Arzneimittel Sabina

Vermutlich erhielt die Pflanze den wissenschaftlichen Artnamen *sabina* deshalb, weil sie im Land der Sabiner häufig in der Heilkunde verwendet wurde. Der Sadebaum galt damals nicht nur als Abtreibungsmittel, sondern auch als Heilmittel gegen Warzen, Würmer, Gicht und Rheuma. Heute werden homöopathische Gaben des Sadebaumes gegen Frauenleiden und Hauterkrankungen verordnet.

Giftigkeit

Alle Pflanzenteile des Sadebaumes, vor allem die Zweigspitzen, enthalten im ätherischen Öl unter anderem die Wirkstoffe Sabinen und Sabinol (Terpen-Alkaloide). Vor allem die aus diesen sich entwickelnden Wirkstoffe gelten als sehr stark giftig. Wenige Tropfen des Öles sind für den Menschen tödlich.
Bei Verzehr von Pflanzenteilen treten zunächst starke Schleimhautreizungen, heftiges Erbrechen (grünlich, manchmal blutig), blutiger Urin und Durchfall auf. Es können Lähmungserscheinungen, Bewusstlosigkeit, Krämpfe und Atemstillstand folgen, die letztendlich zum Tod führen.
Berührung der frischen Zweige löst bei empfindlichen Menschen Hautreizungen, blasige Geschwüre und ausgeprägte Gewebeschäden aus. Eine Giftaufnahme ist sogar durch intakte Haut möglich.

» Kinder sind besonders gefährdet, da die giftigen Früchte wie Beeren aussehen und zum Verzehr verleiten!

» Beim Umgang mit der Pflanze im Garten (Pflanzen, Schneiden, Umsetzen ...) sollte direkter Hautkontakt vermieden werden.

Sauerampfer, Wiesen-

Der in ganz Deutschland weit verbreitete Große Sauerampfer ist auf Wiesen und Weiden wie auch an Wegrändern zu finden. Der Stickstoffzeiger bevorzugt frische bis feuchte, nährstoffreiche Standorte.

Wiesen-Sauerampfer, Großer Sauerampfer
Rumex acetosa
Knöterichgewächs

Kennzeichen

Pfeilförmiger Grund

Der mehrjährige Sauerampfer wird 30 bis 100 cm hoch und ist meist wintergrün. Die säuerlich schmeckenden Blätter sind an den pfeilförmigen, abwärts gerichteten Blattzipfeln am Blattgrund gut zu erkennen. Sie erinnern an einen Schwalbenschwanz. Die Stängelblätter scheinen den Stängel mit diesen Blattzipfeln regelrecht zu umarmen. Von den Blattscheiden, die wie kleine Tüten aussehen, werden die Stängel ganz umhüllt.

Zweihäusige Pflanze

Der Sauerampfer ist zweihäusig; männliche und weibliche Blüten sitzen auf verschiedenen Pflanzen. Schon von Weitem ist die Pflanze von Mai bis Juni an ihren rötlichen, hohen Blütenständen zu erkennen. Die sehr hohe Produktion von Pollen lädt Bienen zum Sammeln ein.

Schwielen

Die sich auf den weiblichen Pflanzen entwickelnden Früchte weisen typische „Schwielen“ auf. Das sind luftgefüllte Gewebe, die die Verbreitung der Samen durch Wind und Wasser begünstigen.

Verwechslungsmöglichkeiten

- Die Blätter des Sauerampfers können mit denen des Kleinen Sauerampfers (*Rumex acetosella*) verwechselt werden. Seine Blätter sind jedoch wesentlich kleiner und er wächst auf Sandböden.
- Weit gefährlicher ist die Verwechslungsmöglichkeit mit den jungen Blättern des stark giftigen Aronstabs (*Arum maculatum* / Weiteres s. S. 29). Die Blattzipfel sind ähnlich pfeilförmig gestaltet. Der Aronstab wächst im Wald.
- Häufig wird der Sauerampfer mit anderen verwandten Ampferarten, wie zum Beispiel dem Stumpfblättrigen Ampfer (*Rumex obtusifolius*) oder dem Krausen Ampfer (*Rumex crispus*), verwechselt. Diese sind viel größer und stattlicher und weisen am Blattgrundnicht die typischen schwalbenschwanzähnlichen Spitzen auf. Auch diese Pflanzen beinhalten Oxalate. Ihre Verwertbarkeit und Verträglichkeit als Nahrungsmittel wird kritisch betrachtet, zudem sind sie geschmacklich wenig attraktiv.

Kleiner Sauerampfer

Stumpfblättriger Ampfer

Wissenswertes

Einerseits schmackhaft und gesund ...

Die säuerlich schmeckenden Blätter des Sauerampfers können vor allem im Frühjahr in geringen Mengen geerntet und gegessen werden. Sie sind reich an Mineralstoffen und Vitaminen, vor allem an Vitamin C.

... andererseits mit Vorsicht zu genießen

Typisch für diese Pflanze ist der saure Geschmack der Blätter (lat.: *acetosus* = sauer). Verantwortlich dafür ist der hohe Gehalt an der schwach giftigen Oxalsäure und deren Salze.

Giftigkeit

Alle Teile des Sauerampfers sind durch den Inhaltsstoff Oxalsäure und deren Salze schwach giftig.
Verzehr von hohen Dosen kann zu einem Mangel an Kalzium und anderen Mineralstoffen führen, wie auch ätzende Wirkung aufweisen und Blutungen auslösen. Bei Kindern sollen schon tödliche Vergiftungen vorgekommen sein.
Durch Erhitzen wird ein Teil der Oxalsäure zerstört. In den gängigen Rezepten ist die Menge des verarbeiteten Sauerampfers pro Portion weit geringer als eine schädliche Dosis!

» Kinder sind besonders gefährdet, da sie meist über die Essbarkeit des Sauerampfers Bescheid wissen, aber nicht um die Gefährdung durch zu hohen Dosierungen!

» Menschen, die eine Veranlagung zur Bildung von Nieren- und Blasensteinen aufweisen, an Gicht, Rheuma und Arthritis oder Kalziummangel leiden, sollten den Verzehr von Sauerampfer meiden!

» Beim Sammeln von Sauerampfer zum Verzehr sollten Standorte gemieden werden, bei denen Grünland unmittelbar an Waldränder stoßen, um der Verwechslungsgefahr mit dem stark giftigen Aronstab aus dem Weg zu gehen!

schwach giftig

Sauerklee, Wald-

Der weit verbreitete Wald-Sauerklee ist die schattenverträglichste heimische Blütenpflanze. Sie wächst auf sauren, eher nährstoffarmen, frischen Böden in krautreichen Laub- und Nadelwäldern.

Wald-Sauerklee
Oxalis acetosella
Sauerkleegewächs

Kennzeichen

Wintergrüner Frühblüher

Der Wald-Sauerklee wird bis zu 12 cm groß und zählt zu denjenigen Frühblühern, die in unterirdischen Sprossen, auch Rhizome genannt, Reservestoffe speichern. Nach der Blüte ziehen sie nicht ein, wie viele andere Frühblüher, sondern behalten ihre Blätter weitgehend bis zum nächsten Frühjahr. Sie sprießen direkt aus dem Boden und ähneln denen unserer heimischen Kleearten. Die drei kleinen herzförmigen Teilblättchen sitzen mit der Spitze am Stängel. Unterirdische Ausläufer tragen zur Ausbreitung der Pflanze bei.

Rotviolett geädert

Die Blütezeit des Wald-Sauerklees ist von April bis Mai. Die 5 weißen, rotviolett

geäderten Blütenblätter des Wald-Sauerklees sind mehr oder weniger flach ausgebreitet. Staubblätter und Narben sind für die bestäubenden Insekten wie zum Beispiel Käfer frei zugänglich.

Flächendeckende Verbreitung

Die Samen des Sauerklees werden weit ausgestreut und von Ameisen verbreitet.

Verwechslungsmöglichkeit

- Verwechslungen sind im blütenlosen Zustand mit dem ungiftigen Wiesen-Klee (*Trifolium pratense*) möglich. Bei ihm kommen die Blätter nicht einzeln aus dem Boden.

Wissenswertes

Schattenpflanze

Kaum eine andere Waldpflanze erträgt tieferen Schatten. Wird es der Pflanze zu dunkel, oder zu hell, kommt es gar zu Erschütterungen in ihrer Nähe oder zu einer Berührung, klappt sie ihre ansonsten waagerecht stehenden Blätter nach unten; auch die Blüten schließen sich.

Oxalsäure

1769 wurde erstmalig Oxalsäure im Wald-Sauerklee entdeckt. Dieser Inhaltsstoff ist verantwortlich für den sauren Geschmack der Pflanze. Der wissenschaftliche Name *Oxalis acetosella* geht auf Oxalsäure und ihre Salze zurück (griech.: *oxys* = sauer / *halis* = Salz / *acetosellus* = säuerlich). Oxalsäure ist eine sehr verbreitete Pflanzensäure und findet sich zum Beispiel auch im Sauerampfer (*Rumex acetosa* / Weiteres s. S. 237) und im Rhabarber.

Vitamin C

Der Wald-Sauerklee ist reich an Vitamin C und wurde früher für den Wintervorrat in Honig oder Zucker eingelegt. Wanderer machen sich den angenehm säuerlichen Geschmack der kleeartigen Blättchen als Erfrischung zu Nutze.

Giftigkeit

Alle Teile des Wald-Sauerklees sind durch den Inhaltsstoff Oxalsäure und deren Salze schwach giftig. Die Wirkung ist ähnlich wie beim Sauerampfer (*Rumex acetosa* / Weiteres s. S. 237).

Verzehr von hohen Dosen kann zu einem Mangel an Kalzium und anderen Mineralstoffen führen, wie auch ätzende Wirkung aufweisen und zu Blutungen führen. Durch Erhitzen wird ein Teil der Oxalsäure zerstört.

- Wald-Sauerklee gilt als essbares Wildkraut. Wegen der schwach giftigen Oxalsäure sollte die Pflanze nicht regelmäßig in größeren Mengen gegessen werden!
- Menschen, die eine Veranlagung zur Bildung von Nieren- und Blasensteinen aufweisen, an Gicht, Rheuma und Arthritis oder Kalziummangel leiden, sollten den Verzehr von Wald-Sauerklee meiden!

Schachblume, Gewöhnliche

Die ursprünglich aus Osteuropa stammende Gewöhnliche Schachblume kam im 16. Jahrhundert als Zierpflanze nach Deutschland und ist aus den Bauerngärten in die Landschaft verwildert. Dort besiedelt sie wechselfeuchte Standorte und ist vor allem in Wiesen zu finden. Heute gilt die Schachblume als fest eingebürgert und wird laut Roter Liste der gefährdeten Pflanzenarten Deutschlands als „gefährdet“ eingestuft. Laut Bundesnaturschutzgesetzt ist die Art geschützt. Als Zierpflanzen für den Garten sind zahlreiche Kultursorten auf dem Markt.

Gewöhnliche Schachblume, Schachbrettblume
Fritillaria meleagris
Liliengewächs

Kennzeichen

Grasartige Blätter

Aus einer Zwiebel heraus treibt im zeitigen Frühjahr die zierliche Pflanze mit grasartigen Blättern 15 bis 30 cm empor.

Glockenförmige Blüten

Von April bis Mai erscheinen die dekorativen, glockenförmigen Blüten mit der schachbrettartigen Musterung in rosa und purpurn; auch cremeweiße Blüten sind zu entdecken. Hummeln und Bienen zählen zu den Bestäubern.

Kapseln

Aufrechte, bis 15 cm lange Kapseln springen zur Fruchtreife im Juli auf und entlassen aus drei Fächern zahlreiche Samen.

Wissenswertes

Schachbrett

Auf die Musterung der Kronblätter beziehen sich nicht allein die deutschen Namen, auch der wissenschaftliche geht darauf ein (lat.: *fritillus* = Würfelbecher, Brettspiel / lat.-griech.: *meleagris* = Perlhuhn).

Giftigkeit

Alle Pflanzenteile der Schachblume, vor allem die Zwiebeln, beinhalten giftige Alkaloide, wie zum Beispiel Fritillin.
Verzehr, vor allem der Zwiebeln, kann Kreislaufbeschwerden, Erbrechen und Krämpfe auslösen; höhere Dosen können zum Herzstillstand führen.
Berührung der Pflanzenteile löst bei empfindlichen Menschen Hautreizungen aus.

- Kinder sind besonders gefährdet, da die dekorativen Pflanzen zum Pflücken und Spielen verleiten.
- Beim Umgang mit der Pflanze im Garten sollte direkter Hautkontakt vermieden werden!
- Da die Schachblume eine beliebte Zierpflanze ist, sollten die Zwiebeln an Gartenstandorten nicht mit essbaren Gemüsezwiebeln verwechselt werden!

schwach giftig

Schachtelhalm, Sumpf-

Der Sumpf-Schachtelhalm ist weit verbreitet und bevorzugt wechselfeuchte bis nasse Standorte wie Uferbereiche, Nasswiesen und Sümpfe.

Sumpf-Schachtelhalm, Duwock
Equisetum palustre
Schachtelhalmgewächs

Kennzeichen

Wirtelig verschachtelt

Im zeitigen Frühjahr entspringen bis 50 cm hohe grüne Triebe mit den für viele Schachtelhalmgewächse typischen gegliederten Stängeln. Daran sitzen Seitentriebe, die quirlförmig angeordnet sind. Die Blätter sind unscheinbar und schuppenförmig und zu einer gezähnten Scheide wirtelig um die Triebe verwachsen.
Das Wurzelwerk der ausdauernden Pflanze geht bis zu 2 m tief ins Erdreich.

Sporenähre

Beim Sumpf-Schachtelhalm sind die fruchtbaren und unfruchtbaren Sprosse von gleicher Gestalt und erscheinen gleichzeitig. Die für Schachtelhalmgewächse typische Sporenähre sitzt auf den grünen Sommertrieben obenauf. Die Sporenreife liegt in der Zeit von Juni bis Oktober.

Verwechslungsmöglichkeit

» Der Sumpf-Schachtelhalm kann leicht mit dem Acker-Schachtelhalm (*Equisetum arvense*) verwechselt werden. Beim diesem sprießen im zeitigen Frühjahr fertile, blassbeige, sporentragende Gebilde aus der Erde. Erst wenn diese absterben, erscheinen die grünen sterilen Triebe. Beim Sumpf-Schachtelhalm ist die stängelumfassende Blattscheide länger als die Blattscheide des untersten Segmentes der Seitentriebe. Beim Acker-Schachtelhalm ist es umgekehrt.

Wissenswertes

Schachteln

Der Name Schachtelhalm rührt daher, dass sich die Sprossachse aus der von den Blättern gebildeten Scheide herausziehen und wieder zurückstecken lässt.

Taumelkrankheit

Für Pflanzenfresser ist der Sumpf-Schachtelhalm sehr giftig. Vergiftungserscheinungen beim Pferd werden als „Taumelkrankheit" bezeichnet. Im Heu kann das giftige Palustrin über Jahre wirksam bleiben.

Giftigkeit

Alle Teile des Sumpf-Schachtelhalmes beinhalten giftige Alkaloide, vor allem Palustrin und das Enzym Thiaminase. Die Pflanze ist giftig für Pflanzenfresser; ob das auch für den Menschen gilt, wird in der Literatur sehr unterschiedlich bewertet!

» Vorsicht vor Verwechslungen ist daher beim Sammeln vom eng verwandten, ungiftigen Acker-Schachtelhalm geboten, der zur Herstellung von harntreibendem Tee verwendet werden kann! Bei Unsicherheit sollte auf die Ernte verzichtet werden!

schwach giftig

Scharbockskraut

Das weit verbreitete Scharbockskraut wächst auf feuchten bis frischen, nährstoffreichen Lehmböden und ist in krautreichen Laubwäldern, in Hecken und Säumen wie auch an Bachufern zu finden.

Feigwurz
Ranunculus ficaria
Hahnenfußgewächs

Kennzeichen

Frühblüher

Das Scharbockskraut ist eines der ersten blühenden Frühlingskräuter. Es nutzt die noch unbeschatteten Standorte in Wäldern und Hecken bis zur Belaubung im Mai und zieht dann die Blätter wieder ein. Mit seinen rundlichen bis herzförmigen Blättern bildet das niedrigwüchsige Kraut großflächige, bodendeckende Bestände.

Gelbe Sterne

Von März bis in den Mai erscheinen gelbe, sternförmige Blüten.

Ungeschlechtliche Vermehrung

Geschlechtliche Vermehrung über Befruchtung und Samenbildung kommt beim Scharbockskraut nur selten zum Zuge. Die Pflanze vermehrt sich fast ausschließlich vegetativ durch zwei ungeschlechtliche Fortpflanzungsmethoden. Aus „Bulbillen", etwa getreidekorngroßen, weißen Knöllchen, die in den Achseln der unteren Blätter entstehen und aus Wurzelknöllchen, die sich unterhalb der Erdoberfläche bilden, können sich funktionsfähige Pflanzen entwickeln. Wenn sich das Scharbockskraut Ende Mai in den Erdboden zurückzieht, bleiben nur die Bulbillen zurück.

Verwechslungsmöglichkeiten

» Mitunter werden die Blätter des Scharbockskrautes mit den Blättern von den essbaren Pflanzen Veilchen und Gundermann verwechselt.

» Verwechslungen mit den Blättern der schwach giftigen Sumpfdotterblume (*Caltha palustris* / Weiteres s. S. 291) und der stark giftigen Haselwurz (*Asarum europaeum* / Weiteres s. S. 114) sollen schon vorgekommen sein. Die Blätter der beiden letztgenannten Arten sind viel größer und vor allem deutlich dicker.

Wissenswertes

Gegen Skorbut und Warzen

Schon im frühen Mittelalter hat das Scharbockskraut vor allem aufgrund des hohen Vitamin-C-Gehaltes eine Rolle in der Volksmedizin gespielt. Das frische Grün der Pflanze wurde als erstes Frühlingsgrün und getrocknet als Reiseproviant, zum Beispiel auf Schiffsreisen, gegen Skorbut (= Scharbock) eingesetzt.

Teilweise genießbar

Die leicht scharf und etwas säuerlich schmeckenden Blätter des Scharbockskrautes können zeitig im Frühjahr (vor der Blüte!) geerntet werden. Sie eignen sich als Beigabe zu Salaten oder zum Würzen von Suppen, Omelett oder Möhrensalat.

In Notzeiten wurde aus den getrockneten Wurzelknöllchen und Bulbillen Mehl gemahlen und zum Brotbacken verwendet. Das „Himmlische Manna“ soll bitter geschmeckt haben.

Leberblümchen

Das ebenfalls zu den Hahnenfußgewächsen zählende, ebenfalls frühblühende Leberblümchen (*Hepatica nobilis*) weist auch das schwach giftige Protoanemonin auf. Es ist laut Bundesnaturschutzgesetz besonders geschützt!

Giftigkeit

Wie die verwandten Hahnenfußgewächse beinhaltet des Scharbockskraut das schwach giftige Protoanemonin. Bei ihm ist der Giftstoff während der Blütezeit am höchsten.

Der Verzehr von jungen, vor der Blüte gesammelten Blättern wird als unbedenklich eingestuft! Während und nach der Blüte verzehrte Pflanzenteile können in größeren Mengen zu Vergiftungen führen, beginnend mit Reizungen der Schleimhäute, ähnlich wie beim Scharfen Hahnenfuß (*Ranunculus acris* / Weiteres s. S. 109). Der zu Blütezeit und danach auftretende scharfe, beißende Geschmack der Pflanzen hält vom Verzehr größerer Mengen meist ab.

» Während und nach der Blüte beinhalten die Blätter des Scharbockskrautes schwach giftige Inhaltsstoffe!

» Obwohl der Verzehr von Blättern vor der Blütezeit als unbedenklich eingestuft wird, sollten größere Mengen davon nicht aufgenommen werden! Das gilt vor allem für Kinder!

schwach giftig

Schattenblume, Zweiblättrige

Die weit verbreitete Schattenblume wächst in Laub- und Nadelwäldern auf sauren, nährstoffarmen Böden.

Zweiblättrige Schattenblume, Schattenblümchen
Maianthemum bifolium
Maiglöckchengewächs

Kennzeichen

1 bis 2 Blätter

Die ausdauernde Schattenblume wird bis 15 cm hoch und bildet 1 bis 2 herzförmige, parallelnervige Blätter aus; nichtblühende Exemplare meist nur ein Blatt.
Unterirdische Ausläufer tragen zur Ausbreitung bei, weshalb die Pflanze häufig in großen Beständen vorkommt.

Weiße Blütenstände

Von Mai bis Juni erscheinen die traubenförmigen Blütenstände mit kleinen weißen, duftenden Blüten, die vor allem von kleinen Fliegen bestäubt werden.

Erbsengroße Früchte

Die ab September reifenden erbsengroßen Beeren sind zunächst rosafarben; zur vollständigen Reife verfärben sie sich rot. Bis weit in den Winter hinein sind sie noch zu sehen, falls nicht Vögel sie verzehrt haben.

Verwechslungsmöglichkeit

» Die schwach giftigen, roten Beeren können mit denen des stark giftigen Maiglöckchens (*Convallaria majalis* / Weiteres s. S. 179) verwechselt werden. Letztere sind viel größer.

Wissenswertes

Waldmeisterduft

Trocknen die Blätter der Schattenblume, lässt sich ein leichter Waldmeisterduft vernehmen, der auf den Inhaltsstoff Cumarin zurückzuführen ist.

Giftigkeit

Alle Pflanzenteile der Schattenblume, besonders die Beeren, weisen schwach giftige Inhaltsstoffe, unter anderem Saponine und Cumarin, auf. Vermutungen, dass die Pflanze auch herzwirksame Glycoside enthält, konnten bisher nicht bestätigt werden.

Verzehr von hohen Dosen kann zu Übelkeit, Erbrechen, Reizungen der Schleimhäute und je nach Dosis zu Beeinträchtigungen des zentralen Nervensystems führen.

» Kinder sind besonders gefährdet, da die süßlich schmeckenden, roten Beeren zum Spielen und Verzehr verleiten!

stark giftig

Schierling, Gefleckter

Der Gefleckte Schierling besiedelt Stauden- und Schuttkrautfluren in warmen Lagen. Er ist auf Brachflächen, an Wegrändern, Flussufern und in Gärten zu finden. Die Pflanze bevorzugt feuchte, stickstoffreiche, lehmige Böden und wächst an halbschattigen bis sonnigen Standorten.

Gefleckter Schierling, Echter Schierling, Mäuseschierling
Conium maculatum
Doldenblütler

Kennzeichen

Mäuseharnartiger Geruch

Der ein- bis zweijährige Gefleckte Schierling ist reich verzweigt und wird 50 cm bis 2 m hoch. Die stielrunden, dicken, fein gerillten Stängel sind hohl, kahl, bläulich bereift und im unteren Teil auffällig rot gefleckt (lat.: *maculatus* = gefleckt). Die 2- bis 3-fach gefiederten Blätter sind auf der Oberseite dunkelgrün, auf der Unterseite graugrün gefärbt. Sie sind ebenfalls kahl und erscheinen im Umriss dreieckig.

Beim Zerreiben sondert die Pflanze einen widerlich mäuseharnartigen Geruch ab, weshalb sie auch „Mäuseschierling" genannt wird.

Foto: Roland Spohn

Mit Hülle und Hüllchen

Von Juli bis August erscheinen die 10- bis 15-strahligen Dolden, auf denen die kleinen weißen Blüten mit jeweils 5 Blütenblättern sitzen. Sie weisen einen betäubenden Duft auf. An den Strahlenansätzen 1. Ordnung sitzen Hüllen aus 4 bis 5 kleinen Blättchen; an den Strahlenansätzen 2. Ordnung Hüllchen aus 3 bis 5 Blättchen, die einseitswendig ausgerichtet sind.

Eirund mit Rippen

Die von August bis Oktober reifenden, eirunden, bis 3 mm langen Früchte des Gefleckten Schierlings weisen wellig gekerbte Rippen auf. Die Früchte zerfallen in 2 Teilfrüchte.

Verwechslungsmöglichkeiten

» Verwechslungen beim Sammeln von Blättern sind mit Küchenkräutern wie Petersilie, Kerbel und dem heimischen, als Wildgemüse nutzbaren Wiesen-Kerbel möglich.

» Verwechslungen beim Sammeln von Früchten sind unter anderem mit Anis und Wiesen-Kümmel gegeben! Die Wurzeln ähneln im Aussehen denen von Petersilienwurzel und Meerrettich. Eine Geruchsprobe kann Vergiftungen vermeiden!

» Viele heimische Doldenblütler können leicht miteinander verwechselt werden! Gute Bestimmungsliteratur in notwendig!

Wissenswertes

Schierlingsbecher

„Er aber ging umher, und als er merkte, dass ihm die Schenkel schwer wurden, legte er sich gerade hin auf den Rücken; denn so hatte es ihn jener Mensch geheißen. Darauf berührte ihn dieser, der ihm das Gift gegeben hatte, von Zeit zu Zeit und untersuchte seine Füße und Schenkel. Dann drückte er ihm den Fuß stark und fragte, ob er es fühle; er sagte: „Nein." Und darauf die Knie, und so ging er immer höher hinauf und zeigte uns (seinen Freunden), wie er allmählich erkaltete und erstarrte. Darauf berührte er ihn noch einmal und sagte, wenn es ihm bis ans Herz komme, dann werde er tot sein." So beschrieb Platon den Tod des großen griechischen Denkers Sokrates (469–399 v. Chr.), nachdem dieser den Schierlingsbecher getrunken hatte. Es handelte sich um einen tödlich wirkenden Trank aus Auszügen der unreifen Samen des Schierlings,

der im Altertum zur Hinrichtung politischer Verbrecher eingesetzt wurde. Sokrates wurde vorgeworfen, die Götter nicht anzuerkennen und die Jugend zu verderben.

Verhexend, tötend und heilend

Hexensalben, auf die Haut aufgetragen, erzeugten das Gefühl, fliegen zu können. Hinrichtungen, Morde und Selbstmorde sind mit dem Schierling verübt worden.

Die Pflanze war damals auch Bestandteil von Heilmitteln.
Heute findet sie in der Homöopathie Verwendung. Sie ist allerdings aufgrund der sehr starken Giftigkeit bis zur 3. Dezimalverdünnung verschreibungspflichtig. Die Mittel werden unter anderem gegen Hirnverkalkung, Lähmungen und Verstimmungen eingesetzt.

Giftigkeit

Alle Pflanzenteile des Schierlings, vor allem die unreifen Früchte, enthalten giftige Alkaloide. Das Hauptgift Coniin ist sehr stark giftig und wirkt vor allem auf die Nervenzellen. Selbst die Aufnahme geringer Mengen kann Vergiftungserscheinungen hervorrufen.
Symptome sind Brennen im Mund, erhöhter Speichelfluss, Schluckbeschwerden und Lähmung der Zunge. Weiterhin treten Übelkeit, Erbrechen, Durchfall, Schweißausbrüche und Herzrasen auf. Bei tödlichen Dosen findet, wie von Sokrates erlebt, eine von den Füßen nach oben aufsteigende Lähmung statt, die schließlich zu Atemlähmung führt. Dieser Prozess kann schon nach 30 Minuten tödlich enden; der Vergiftete erlebt ihn bei vollem Bewusstsein.
Aufgrund des unangenehmen, scharf brennenden Geschmacks und des Geruchs nach Mäuseharn sind Vergiftungserscheinungen beim Menschen jedoch eher selten.
Allein durch Berührung der Pflanze ist eine Aufnahme und Vergiftung möglich, selbst über unverletzte Haut. Unangenehme Hautausschläge können die Folge sein.

» Kinder sind versucht, die hohlen Stängel des Gefleckten Schierlings als Blasrohre oder Flöten zu verwenden!

» Das Sammeln von essbaren Vertretern der Pflanzenfamilie der Doldenblütler für die Verwertung in der Küche sollte nur bei Vorhandensein gründlicher Artenkenntnis vorgenommen werden! Neben den essbaren gibt es viele, häufig ähnlich aussehende, giftige bis sehr giftige Arten dieser weit verbreiteten Pflanzenfamilie, wie zum Beispiel des stark giftigen Gefleckten Schierlings! Eine genaue Bestimmung der Doldenblütler erfordert eine weiterführende Bestimmungsliteratur!

giftig

Schlangenwurz, Sumpf-

Die Sumpf-Schlangenwurz besiedelt Gewässerränder, Bruch- und Auwälder sowie Moore, vor allem im Norden Deutschlands. Sie bevorzugt stickstoffarme Bodenbedingungen. Die Pflanze steht auf der Vorwarnliste der Roten Liste der gefährdeten Pflanzenarten Deutschlands und ist laut Bundesnaturschutzgesetz besonders geschützt!
Auch in Gartenteichen hat sie Einzug gehalten.

Sumpf-Schlangenwurz, Calla, Drachenwurz
Calla palustris
Aronstabgewächs

Kennzeichen

Schlangenförmiges Rhizom

Mit einem bis zu einem halben Meter langen, grünlichen Rhizom schlängelt sich die Sumpf-Schlangenwurz über den schlammigen Boden. Sie wird bis zu 40 cm hoch und bildet lang gestielte, herzförmige Blätter mit aufgesetzter Spitze aus.

Hochblatt mit Kolben

Zur Blütezeit von Mai bis Juli erscheinen die Blütenstände, die denen des verwandten Aronstabs ähneln. Der aus vielen unscheinbaren Einzelblüten bestehende Blütenkolben wird von einem bis 7 cm langen Hochblatt umgeben. Letzteres ist innen weiß und außen grünlich. Die Blüten werden vor allem von Aasfliegen und Käfern bestäubt.

Knallrote Beeren

Zur Fruchtreife, von August bis September, neigen sich die knallroten, klebrigen Beeren dem Boden zu und entlassen die mit Luftkammern ausgestatteten schwimmfähigen Samen.

Verwechslungsmöglichkeit

» Die Fruchtstände mit den roten Beeren können mit denen des stark giftigen Aronstabs (*Arum maculatum* / Weiteres s. S. 29) verwechselt werden. Beim Aronstab ist das Hochblatt unten geschlossen, bei der Calla ist es offen. Die verschiedenen Standortansprüche lassen eine Verwechslung eher nicht zu.

Wissenswertes

„Schlangen"- oder „Drachenwurz"

An solchen gemeinhin als schaurig und gruselig bezeichneten Moor- und Sumpfplätzen muss das kriechende Rhizom manch einem wie eine sich über den Boden schlängelnde Schlange oder wie ein drachenähnliches Wesen vorgekommen sein, was der Sumpf-Calla weitere Namen wie „Schlangen"- oder „Drachenwurz" eingebracht hat.

Schweinsohr

Die Rhizome wurden früher als Schweinefutter genutzt, was zu weiteren Bezeichnungen „Schweineohr" oder „Schweinekraut" geführt hat.

Giftigkeit

Die Giftigkeit der Schlangenwurz wird wie beim Aronstab verschiedenen Scharfstoffen, hautreizenden Salzen der Oxalsäure und weiteren giftigen Inhaltsstoffen zugeschrieben.
Bei Aufnahme größerer Mengen von Pflanzenteilen soll es zu Durchfall und Lähmungen des zentralen Nervensystems kommen.
Aufgrund des brennend scharf schmeckenden Geschmacks ist die Aufnahme von größeren Mengen an Pflanzenmaterial durch den Menschen eher unwahrscheinlich. Durch Trocknung oder Erhitzen des Pflanzenmaterials nimmt die Giftigkeit ab. Kontakt mit dem giftigen Pflanzensaft, vor allem dem Saft der Wurzeln, kann zu Haut- und Schleimhautentzündungen führen.

» Kinder sind besonders gefährdet, da die roten Beeren zum Spielen und Verzehr verleiten! In Haushalten mit Kindern ist die Calla im Gartenteich nicht zu empfehlen!

» Beim Umgang mit der Pflanze sollte direkter Hautkontakt vermieden werden, zum Beispiel am Gartenteich!

Schneeball, Gewöhnlicher

Der in ganz Deutschland verbreitete Gewöhnliche Schneeball wird auch Wasser-Schneeball genannt, was auf seinen bevorzugten Standort hinweist: Er besiedelt frische bis feuchte, nährstoffreiche Böden und ist in Auwäldern und -gebüschen, in Hecken, an Wald- und Bachrändern zu finden.
Häufig wird das Gehölz als Heckengehölz im Garten angepflanzt.

Gewöhnlicher Schneeball, Wasser-Schneeball
Viburnum opulus
Geißblattgewächs

Kennzeichen

Buchtig gezähnt

Der Gewöhnliche Schneeball ist ein in die Breite wachsender Strauch von maximal 4 m Höhe. Die gegenständigen Blätter sind 3- bis 5-lappig und ähneln entfernt denen des Feldahorns. Im Herbst fällt er durch sein orange-rotes Laub auf.

Sterile Randblüten

Von Mai bis Juni erscheinen große, weißblütige Trugdolden, die den Doldenrispen des Holunders ähneln. Beim Schneeball sind die randlichen Blüten stark vergrößert. Sie sind unfruchtbar und haben lediglich die Aufgabe, Insekten anzulocken. Unzählige davon werden durch den wohlriechenden Duft angezogen. Falter sind nicht darunter.

Wintersteher

Die erbsengroßen, knallroten, glasigen Steinfrüchte verbleiben nach einem milden Winter manchmal sogar bis zum Frühsommer des darauffolgenden Jahres am Strauch, wenn bereits neue Blüten vorhanden sind. Nicht bei allen Vogelarten stehen die Früchte auf dem Speiseplan; Drosseln sollen diese Nahrung verschmähen.

Verwechslungsmöglichkeit

» Von Weitem lässt sich der Gewöhnliche Schneeball aufgrund der Ähnlichkeit der Blütenstände mit dem eng verwandten Wolligen Schneeball (*Viburnum lantana* / Weiteres s. S. 259) verwechseln. An den Blättern und den vergrößerten Randblüten lassen sich die beiden Gehölze gut unterscheiden.

Wissenswertes

Nutzung

In osteuropäischen Ländern werden die wenig schmackhaften, säuerlich-bitteren Früchte des Wasser-Schneeballs traditionell gegessen und zu Saft, Kompott, Marmelade oder Gelee verarbeitet.
Die rohen Früchte wurden früher als Abführmittel genutzt.

Heckenstrauch

Das Gehölz ist recht anspruchslos und aufgrund seiner Schnittverträglichkeit als Heckenstrauch geeignet. Die biegsamen Zweige sind ideal zum Flechten geeignet.

Giftigkeit

In der Rinde, den Blättern und in den unreifen Früchten des Gewöhnlichen Schneeballs befinden sich verschiedene Giftstoffe, unter anderem der Bitterstoff Viburnin. Verzehr kann zu Magen- und Darmreizungen führen und Erbrechen und Durchfall auslösen.
Über die Giftigkeit der Steinfrüchte finden sich in der Literatur unterschiedliche Angaben. Nach neuesten Erkenntnissen sollen vollreife Früchte roh (in kleinen Mengen) verträglich sein. In osteuropäischen Ländern werden sie traditionell so gegessen. Gekocht sind die Früchte essbar!
Die frischen Früchte schmecken säuerlich-bitter, was einem Verzehr großer Mengen eher abträglich ist.

» Kinder sind besonders gefährdet, da die beerenartigen Steinfrüchte zum Spielen und Verzehr verleiten!

schwach giftig

Schneeball, Wolliger

Der Wollige Schneeball ist vor allem in der südliche Hälfte Deutschlands verbreitet. Er besiedelt sonnige Gebüsche, Wälder und Hecken und kommt meist auf kalkhaltigen Böden vor.
Auch in Heckenanpflanzungen und Gärten ist das Gehölz zu finden.

Wolliger Schneeball
Viburnum lantana
Geißblattgewächs

Kennzeichen

Sternhaare und grauer Filz

In der Jugend weisen die Zweige des bis 4 m hohen Strauches Sternhaare an den Zweigen auf. Selten entwickelt sich der Wollige Schneeball zu einem kleinen Baum. Die eiförmigen, gegenständigen Blätter sind netzrunzelig und unterseits graufilzig behaart.

Fischiger Geruch

Im Mai / Juni erscheinen weißliche Blüten, die in Trugdolden beisammenstehen. Die Blüten sind alle gleich groß; ihre Stiele sind filzig behaart. Der unangenehm fischartige Geruch wird durch den Inhaltsstoff Methylamin ausgelöst.

Erst rot, dann schwarz

Die von Juni bis September erscheinenden Früchte sind eiförmig. Sie weisen zunächst eine rote Farbe auf; mit zunehmender Reife verfärben sie sich zu glänzend schwarzen Steinfrüchten. Da die Früchte zu unterschiedlichen Zeiten reif werden, finden sich rote und schwarze Früchte gleichzeitig an einem Blütenstand.

Verwechslungsmöglichkeit

» Von Weitem lässt sich der Wollige Schneeball aufgrund der Ähnlichkeit der Blütenstände mit dem eng verwandten Gewöhnlichen Schneeball (*Viburnum opulus* / Weiteres s. S. 257) verwechseln. An den Blättern und den fehlenden vergrößerten Randblüten beim Wolligen Schneeball lassen sich die beiden Gehölze gut unterscheiden.

Wissenswertes

Korbflechterei

Die elastischen und biegsamen Zweige wurden früher zum Korbflechten und als Bindematerial verwendet.

Giftigkeit

In der Rinde, den Blättern und in den unreifen Früchten des Gewöhnlichen Schneeballs befinden sich verschiedene Giftstoffe, unter anderem der Bitterstoff Viburnin. Verzehr kann zu Magen- und Darmreizungen führen und Erbrechen und Durchfall auslösen.
Über die Giftigkeit der Steinfrüchte finden sich in der Literatur widersprüchliche Angaben. Rohe, vollreife Früchte sind (in kleinen Mengen) vermutlich kaum giftig. Die reifen Früchte werden im Volksmund auch „Schwindelbeeren“ genannt.
Die Steinfrüchte sind von herb-süßlichem Geschmack und kaum genießbar.

» Die beerenartigen Steinfrüchte können Kinder zum Spielen und Verzehr verleiten!

Schneebeere, Gewöhnliche

schwach giftig

Zu Anfang des letzten Jahrhunderts hat die Schneebeere als Zierstrauch den Weg aus ihrer ursprünglichen Heimat, den Auwäldern Nordamerikas, nach Europa gefunden. Heutzutage ist der beliebte Zierstrauch vielerorts in der freien Landschaft verwildert vorzufinden, vor allem in Bruch- und Auwäldern.

Gewöhnliche Schneebeere, Weiße Schneebeere, Knallerbse
Symphoricarpos albus
Geißblattgewächs

Kennzeichen

Optimale Lichtausnutzung

Der Strauch kann 1 bis über 2 m groß werden und zeichnet sich durch stark überhängende Zweige aus. Die rundlichen bis elliptischen Blätter sind kreuzgegenständig; das heißt, dass sich zwei Blätter am Stiel gegenübersitzen, die folgenden zwei stehen im rechten Winkel dazu. Trotzdem zeigen die Blattspreiten fast alle in die gleiche Richtung, der Sonne zugewandt.
Eine Ausbreitung findet durch reichliche Bildung unterirdischer Ausläufer statt.

Gedrängte Blütenstände

Von Juni bis September zeigen sich die dicht gedrängten Blütenstände. Die glockigen, rötlich-weißen Blüten werden von Wespen, Bienen und Schwebfliegen bestäubt. Oftmals sind Blüten und Früchte zeitgleich an den Zweigen zu entdecken.

Weiße „Beeren“

Zum Herbst hin, von August bis November, entwickeln sich kugelige weiße, saftige Steinfrüchte, die fälschlicherweise als Beeren bezeichnet werden. Bis weit in den Winter hinein verbleiben sie an den Zweigen. Als Futter scheinen sie bei Vögeln nicht besonders beliebt zu sein.

Wissenswertes

Knallerbse

Die Schneebeere ist auch unter dem Namen „Knallerbse“ oder „Knallerbsenstrauch“ bekannt. Das geht darauf zurück, dass die einzelnen Früchte wie weiße Erbsen aussehen. Werden sie mit Schwung auf festen Boden, einen Stein oder an eine Wand geworfen, geben sie ein knallendes Geräusch von sich. Auch durch das Zerdrücken zwischen den Fingern kann der Knall ausgelöst werden.

Problempflanze

Aufgrund ihres dichten Wuchses werden Knallerbsensträucher mit Vorliebe heckenförmig an Grundstücksgrenzen gepflanzt. Verwilderte Bestände sind in der freien Landschaft mancherorts zu einem Problem geworden. Meist sind diese Bestände unbeständig.

Giftigkeit

Die Früchte der Schneebeere beinhalten giftige Saponine und hautreizende Stoffe. Werden mehrere Früchte verzehrt, kann es zu Schleimhautreizungen, Übelkeit und Erbrechen kommen.
Das Zerdrücken mit den Fingern kann bei empfindlichen Menschen Hautreizungen auslösen.

» Kinder sind besonders gefährdet, da die mit einem Knall zerplatzenden Früchte zum Pflücken, Spielen und zum Verzehr verleiten!

Schneeglöckchen, Kleines

Das Schneeglöckchen wächst in Laubmischwäldern und Gebüschen. Natürliche Vorkommen gibt es vermutlich nur in Süddeutschland, alle anderen sind eher auf Verwilderungen aus Gärten zurückzuführen. Die natürlichen Vorkommen stehen laut der Roten Liste der gefährdeten Pflanzenarten Deutschlands auf der Vorwarnliste. Die Pflanze ist nach dem Bundesnaturschutzgesetz besonders geschützt!
Als Frühblüher ziert das Schneeglöckchen zahlreiche Gärten.

Kleines Schneeglöckchen
Galanthus nivalis
Narzissengewächs

Kennzeichen

Zwiebelblume

Im zeitigen Frühjahr erscheinen 2 sehr schmale, grasartige Blätter, die sich aus einer Zwiebel den Weg an die Erdoberfläche bahnen, auch durch eine Schneedecke hindurch (lat.: *nivalis* = Schnee). Die blaugrünen, wachsbereiften Blätter sind am Grund von einem weißen Häutchen umhüllt.
Von Mai bis Juni zieht die Pflanze ihre Blätter wieder ein und überdauert bis zum Frühjahr des folgenden Jahres als Zwiebel im Boden.

Weiß wie Schnee

Im Februar / März erscheinen die weißen, glockenförmigen Blüten einzeln an über 30 cm langen Stängeln. Die Blüten entspringen aus einer verwachsenen, weißhäutigen Hochblattscheide. Die inneren Kronblätter sehen mit ihren grünen Spitzen wie ein zusammengewachsenes Krönchen aus; darüber liegen 3 weitere, wesentlich längere, reinweiße Kronblätter. Die duftenden Blüten werden in erster Linie von Bienen und Faltern bestäubt.

Früchte

Die Früchte des Schneeglöckchens neigen sich bei Fruchtreife mit den Stängeln dem Boden entgegen und öffnen sich dort von der Spitze her, um die Samen auszustreuen.

Verwechslungsmöglichkeit

» Das Schneeglöckchen kann mit dem ähnlich aussehenden Märzenbecher (*Leucojum vernum* / Weiteres s. S. 177) verwechselt werden. Märzenbecher weisen größere Blüten auf, deren Blütenblätter gleich lang sind.wechseln. An den Blättern und den fehlenden vergrößerten Randblüten beim Wolligen Schneeball lassen sich die beiden Gehölze gut unterscheiden.

Wissenswertes

Neubeginn und Hoffnung

Die Farben des kleinen Schneeglöckchens sind Symbol für das wiederkehrende Leben im Frühling. Weiß steht für Licht und symbolisiert den Neubeginn; grün ist die Farbe des Lebens und der Fruchtbarkeit, Symbol für die Hoffnung.

Fraßschutz

Mit dem hohen Giftanteil in den Zwiebeln schützt sich das Schneeglöckchen vor allem vor Fressfeinden, wie zum Beispiel den Wühlmäusen.

Gegen die Vergesslichkeit

Der giftige Inhaltsstoff Galanthamin wird als Mittel gegen Alzheimer und Demenz angewendet.

Geschützte Pflanze!

Im Frühjahr dienen Schneeglöckchen häufig als Tischdeko. Das Pflücken von blühenden Trieben oder das Ausgraben wildwachsender Pflanzen ist verboten, da die Pflanze unter Schutz steht!

Osterglocke

Das gilt auch für die Zwiebeln der Osterglocke (*Narcissus pseudonarcissus*), die wild in der Natur nur noch selten anzutreffen ist. Auch sie enthält unter anderem den giftigen Inhaltsstoff Galanthamin.

Giftigkeit

Alle Pflanzenteile des Schneeglöckchens, vor allem die Zwiebeln, beinhalten giftige Alkaloide, unter anderem Galanthamin.
Beim Verzehr von mehr als drei Zwiebeln tritt je nach Empfindlichkeit vermehrter Speichelfluss, Bauchschmerzen, Übelkeit, Erbrechen und Durchfall auf. Gelegentlich kommt es zu Kreislaufstörungen mit Schweißausbrüchen und Benommenheit.

» In der Umgebung von Kleinkindern ist im Umgang mit dem Schneeglöckchen, vor allem mit den Zwiebeln, Vorsicht geboten! Schneeglöckchen finden sich zum Beispiel häufig in der Tischdeko, sogar mit Zwiebeln! Blumenwasser aus einer Vase mit Schneeglöckchen ist ebenfalls giftig!

» Da das Schneeglöckchen eine beliebte Zierpflanze ist, sollten die Zwiebeln an Gartenstandorten nicht mit essbaren Gemüsezwiebeln verwechselt werden!

giftig bis schwach giftig

Schöllkraut

Das weit verbreitete Schöllkraut besiedelt nährstoffreiche, frische Böden. Dort, wo es wächst, ist meist viel Stickstoff vorhanden. An Weg- und Waldrändern, auf Brach- und Schuttflächen und an den unwirtlichsten Stellen, wie zum Beispiel an Mauern oder sogar auf Kopfweiden ist das wärmeliebende Kraut zu finden. Meist kommt es in der Nähe menschlicher Siedlungen vor.

Warzenkraut, Goldkraut
Chelidonium majus
Mohngewächs

Kennzeichen

Wachsbereift

Die Pflanze bildet zunächst eine Blattrosette aus, aus der ein bis zu 70 cm hoher Blütenstand aufsteigt. Die blaugrünen, wachsbereiften Blätter sind einfach gefiedert und buchtig eingekerbt. Stängel und Blattunterseiten sind leicht behaart.

Milchsaft

Bei Verletzung der Pflanzenteile tritt orange-gelber Milchsaft aus. Die Färbung des Saftes geht auf ungiftige Carotinoide zurück.

Goldgelb …

In Scheindolden sprießen von April bis September aus behaarten Blütenknospen jeweils 4 goldgelbe Blütenblätter. Bestäubt werden die Blüten von Bienen und Fliegen.

... und schwarzglänzend

Ab Juli reifen in den schotenförmigen Früchten die zuletzt glänzend schwarzen Samen heran, die z. T. von Ameisen verbreitet werden.

Wissenswertes

„Himmelsgabe"

Die goldgelbe Farbe der Blüten und des Milchsaftes ließ Alchemisten vermuten, dass das Kraut zur Herstellung von Gold verwendet werden könne. Sie nannten es „Goldkraut" oder „Coeli donum", was „Himmelsgabe" bedeutet. Schöllkraut wurde als Färbepflanze zum Gelbfärben genutzt.

Heilkunde

Das blühende Kraut galt in der Heilkunde als krampflösendes Mittel, vor allem bei Beschwerden im Bereich der Gallenwege und des Magen-Darm-Trakts. In der Volksheilkunde gilt es als Mittel gegen Warzen. Heute wird es vor allem in der Homöopathie eingesetzt.

Giftigkeit

Neuere Untersuchungen ordnen das ehemals als stark giftig geltende Schöllkraut als weniger giftig ein! Das Schöllkraut beinhaltet in allen frischen Pflanzenteilen zahlreiche giftige Alkaloide, unter anderem Coptisin und Chelidonin.
Der Verzehr größerer Mengen frischen Pflanzenmaterials kann zu Magen-Darm-Beschwerden führen; bei höheren Dosen kommt es unter anderem zu blutigen Durchfällen und Schwindel. Bei häufigem Verzehr sind Leberschädigungen möglich!
Bei direktem Hautkontakt mit der frischen Pflanze können sich bei empfindlichen Menschen Hautentzündungen, Blasen und Geschwüre bilden. Augenkontakt mit dem gelben Milchsaft kann Entzündungsreaktionen hervorrufen!
Der unangenehm scharfbittere Geschmack und Brennen im Mund-Rachenraum halten vom Verzehr ab.
Beim Trocknen sollen sich die giftigen Inhaltsstoffe weitgehend abbauen.

» Kinder sind besonders gefährdet, da die dekorative Pflanze mit dem gelben Milchsaft zum Pflücken und Spielen verleitet!

» Beim Hantieren mit der frischen Pflanze sollte kein Milchsaft in die Augen geraten!

» Von der innerlichen Anwendung (zum Beispiel als Leber-Galle-Tee) selbst gesammelter Pflanzenteile ist abzuraten!

giftig bis schwach giftig

Schwalbenwurz, Weiße

Die weiße Schwalbenwurz bevorzugt trockenwarme Standorte und ist in lichten Eichen- und Kiefernwäldern zu finden, in Gehölz- und Staudensäumen wie auch in Steinschuttfluren. Im Norden Deutschlands ist sie selten.

Weiße Schwalbenwurz,
Hundswürger
Vincetoxicum hirundinaria
Hundsgiftgewächs

Kennzeichen

Herzförmiger Grund

Die mehrjährige krautige Weiße Schwalbenwurz wird bis 1,20 Meter hoch, wobei der obere Teil oft windend anzutreffen ist. Die Blätter stehen gegenständig am Stängel. Sie sind am Grund herzförmig und nach oben hin lang zugespitzt.

Fischartiger Geruch

Von Mai bis August erscheinen in den Blattachseln auf langen Stielen knäuelig zusammenstehende Blütenbüschel. Die Einzelblüten sind trichterförmig und bestehen aus 5 nach außen umgerollten Kronblättern von weißlicher bis gelblich-grüner Farbe. Mit ihrem fischartigen Geruch ziehen die Blüten hauptsächlich Fliegen zur Bestäubung an.

Balgfrüchte

Von August bis September reifen in bis zu 5 cm langen, kanuähnlichen Balgfrüchten die Samen heran. Sie weisen einen auffälligen, bis 18 cm langen weißen, seidigen Schopf auf.

Wissenswertes

„Hundswürger"

Ehemals wurde davon ausgegangen, dass die Weiße Schwalbenwurz, auch „Hundswürger" genannt, mit ihrem Gift besonders stark auf Hunde wirke. Diese Annahme konnte nicht bestätigt werden. Andererseits heißt es, dass bereits in der Antike *Vincetoxicum* gegen Bisse giftiger Tiere, wohl auch von Hunden, eingesetzt wurde (lat.: *vincere* = besiegen / *toxicum* = Gift).

Brechmittel

Die Pflanze löst bei Verzehr Brechreiz aus, weshalb sie früher als Brechmittel bei Vergiftungen mit anderen Pflanzengiften eingesetzt wurde (Antidot).

Giftigkeit

Alle Teile der Weißen Schwalbenwurz sind giftig, vor allem die unterirdischen. Sie enthalten Steroid-Glykoside, in erster Linie das Glycosidgemisch Vincetoxin. Verzehr löst Brechreiz, Durchfall und Krämpfe aus. Bei hoher Dosierung soll Tod durch Atemlähmung eintreten. Der Grad der Giftwirkung der Pflanze ist umstritten.

» Kinder sind besonders gefährdet, da die schotenförmigen Früchte zum Spielen und Verzehr verleiten!

giftig bis schwach giftig

Schwertlilie, Wasser-

Die Wasser-Schwertlilie ist eine weit verbreitete Sumpf- und Wasserpflanze. Sie wächst an Ufern von nährstoffreichen Still- und Fließgewässern, wie auch in Bruch- und Auwäldern. Laut Bundesnaturschutzgesetz gilt sie als besonders geschützt!
In manch einem Garten ist die Wasserpflanze als Zierpflanze zu finden.

Iris pseudacorus
Schwertliliengewächs

Kennzeichen

Wie Schwerter

Bis zu einem Meter kann die Schwertlilie mit ihren schwertförmigen, bis 3 cm breiten Blättern hoch werden. Sie sitzen nicht mit der flachen Seite am Spross, sondern mit der schmalen; Stängel und Blätter sehen wie gepresst aus.
Unterirdische, dicke Rhizome tragen durch Verzweigung und Ablösung zur Verbreitung bei.

Große Blüten

Von Mai bis Juni zeigen sich die Blütenstände mit den bis 10 cm großen, gelben Blüten, die nur scheinbar aus 3 Teilblüten bestehen. Aus einer langen Blütenröhre entspringen je Blüte drei aufrechtstehende Blütenblätter und 3 herabgebogene. Letztere sind durch eine braue Aderung gezeichnet. An den in der Röhre verborgenen Nektar gelangen nur langrüsselige Insekten, wie zum Beispiel Hummeln.

Verbreitungsstrategien

Aus den auffälligen Blüten entwickeln sich 5 bis 6 cm lange Kapseln. Bis September / Oktober reifen in den drei Kammern schwimmfähige, hellbraune Samen heran.

Verwechslungsmöglichkeit

- Im vegetativen Zustand ist die Wasser-Schwertlilie leicht mit dem Kalmus (*Acorus calamus* / Weiteres s. S. 29) zu verwechseln. Daher rührt der wissenschaftliche Name *pseudacorus* (griech.: *pseudo* = falsch, unecht / *acorus* = Gattungsname der Kalmuspflanze). Beim Kalmus sind die Ränder der eher gelbgrünen Blätter charakteristisch gewellt. Die Kalmusblätter duften aromatisch.

Wissenswertes

Begehrte Pflanze

Die Wasser-Schwertlilie wird seit dem 16. Jahrhundert als Gartenzierpflanze angebaut. Die gerbstoffreichen Rhizome wurden zum Gerben von Leder und zum Färben genutzt. Lange Zeit galt die Pflanze als Heilmittel gegen verschiedenste Krankheiten.

Verwandte Arten

Dem Namen zum Trotz ist die verwandte Sibirische Schwertlilie (*Iris sibirica*) ein heimisches Gewächs. Die vor allem in Feuchtwiesen vorkommende, blau blühende Art ist in Deutschland gefährdet. Genauso befremdlich ist die Bezeichnung der verwandten Deutschen Schwertlilie (*Iris germanica*). Sie stammt ursprünglich aus dem östlichen Mittelmeerraum und kam als Zierpflanze in unsere Gärten. Das aus der Wurzel der ebenfalls blau blühenden Deutschen Schwertlilie gewonnene ätherische Öl duftet veilchenähnlich und wird daher als „Veilchenwurzelöl" bezeichnet. Die Pflanze ist noch heute in der Parfümherstellung von Bedeutung. Die alte Bauerngartenpflanze ist stellenweise in die freie Landschaft verwildert. Sie ist vermutlich aus Bastardisierung entstanden; in unseren Breiten ist sie steril. Zahnenden Kindern werden bis heute Rhizomstücke dieser Iris zum Kauen gegeben. Nicht allein wegen der Giftigkeit, sondern auch wegen der Verkeimung der durch den Speichel befeuchteten Flächen ist davon abzuraten.

Giftigkeit

Alle Teile der Schwertlilien enthalten scharf schmeckende Giftstoffe (Triterpenaldehyde). Als besonders giftig gelten die Rhizome.
Bei Verzehr größerer Mengen kann es zu Erbrechen, Magen- und Darmbeschwerden und zu Durchfall kommen. Die noch unerforschten Scharfstoffe bewirken ein Brennen im Mund- und Rachenbereich.
Vom Verzehr größerer Mengen hält der scharfe Geschmack meist ab.
Die Giftstoffe bleiben nach dem Trocknen erhalten

- Alle Irisarten sind giftig!
- Die interessanten Blüten verleiten vor allem Kinder mit diesen zu spielen und sie womöglich zu probieren!

Seidelbast, Gewöhnlicher

Der Gewöhnliche Seidelbast wächst in krautreichen Wäldern und Gebüschen auf meist kalkreichen, frischen Böden. Sein Lebensraum erstreckt sich vor allem über die Mittelgebirgs- und Gebirgslandschaften in der Mitte und im Süden Deutschlands. Natürliche Vorkommen sind in Deutschland laut Bundesnaturschutzgesetz besonders geschützt!
Wegen der schon zeitig im Jahr erscheinenden, attraktiven und duftenden Blüten ist der Seidelbast bereits seit Mitte des 16. Jahrhunderts als Zierpflanze im Garten bekannt.

Gewöhnlicher Seidelbast, Kellerhals
Daphne mezereum
Seidelbastgewächs

Kennzeichen

Lorbeerartige Blätter

Der Seidelbast ist ein sommergrüner, spärlich verzweigter Strauch und fällt mit seiner geringen Höhe von etwa 1 bis 1,50 m Höhe in einem krautreichen Wald kaum auf.
Erst nach der Blüte erscheinen die hellgrünen, lanzettlichen Blätter. An den Zweigenden stehen sie gehäuft beieinander. Sie sind unterseits graugrün und ähneln denen des Lorbeerbaumes (griech.: *daphne* = Lorbeer).

Stammblütigkeit

Im März / April, manchmal schon im Februar, wenn noch alle Bäume und Sträucher kahl sind und Frühjahrsblüher lediglich in den Startlöchern sitzen, entwickeln sich an den noch unbelaubten Zweigen auffällige, rosarote Blüten. Der Seidelbast ist die einzige einheimi-

sche Pflanze, bei der die Blüten direkt aus dem Stamm der Pflanze entspringen (Stammblütigkeit). Jeweils drei Blüten stehen in den Achseln abgefallener, vorjähriger Blätter beieinander; diese meist mit anderen Blütenbüscheln dicht gedrängt am Zweig.
Ausgeprägte Kronblätter bildet die Pflanze nicht aus; sie sind reduziert. Die Aufgabe der Schauwirkung haben auffällige Kelchblätter übernommen. Vor allem Falter und Bienen werden von dem starken Duft des reichlichen Nektarangebotes angelockt.

Wie bei Kaffee und Kakao

Von Juni bis August reifen scharlachrote, beerenartige Früchte heran, die eine Größe von etwa 10 mm erreichen. Aufgrund der Stammblütigkeit sitzen auch die Früchte unmittelbar am Stamm, wie bei den Kaffee- und Kakaopflanzen.
Die einsamigen, braunen Steinfrüchte werden von Vögeln, wie zum Beispiel von Bachstelzen, Rotkehlchen oder Drosseln gefressen.

Wissenswertes

… zu Farb und Duft

In den 40er Jahren des 19. Jahrhunderts ging der schwäbische Dichter Karl Mayer in einem Gedicht auf die berauschende Wirkung des Seidelbastes ein: *„Seidelbast betäubt das Haupt, / blühend, eh' der Wald belaubt, / mir zum Wunder. Welche Kraft / muss es sein, die sich entrafft / winterlichen Bodens Gruft, / noch im Schnee, zu Farb' und Duft!"*

Heilpflanze

Das Gehölz wurde zur Läusebekämpfung, zur Bastgewinnung und als Heilmittel gegen viele Erkrankungen wie zum Beispiel Gicht und Rheuma eingesetzt. Die getrockneten Früchte galten als Mittel gegen Halsschmerzen. Zerkaute Beeren erzeugen im Hals ein „Kellen" (mittelhochdeutsch für Quälen), weshalb die Pflanze mancherorts „Kellerhals" genannt wird.
Aufgrund der starken Giftigkeit wird der Seidelbast heute nur noch in der Homöopathie als Heilmittel eingesetzt.

Mitleiderregende Wunden

Bettler haben früher ihre Hände und Arme mit Seidelbast verätzt, um mehr Mitleid zu erregen.

Bestandsrückgang

Die dekorative frühe Blüte macht die Pflanze als Bestandteil von Blumensträußen attraktiv; eine weitere Ursache des Bestandsrückganges ist die Ausweitung von Nadelholzaufforstungen.

Giftigkeit

Mit Ausnahme des Fruchtfleisches sind in allen Pflanzenteilen des Seidelbasts stark giftige Terpen-Alkaloide enthalten, vor allem in der Rinde (Daphnetoxin) und in den Samen (Mezerein).
Nach dem Verzehr stellen sich innerhalb weniger Stunden heftige Symptome ein, wie Brennen und Kratzen im Mund, Schwellungen von Gesicht und Lippen, Übelkeit und Erbrechen, Krämpfe und blutige Durchfälle, Schwindel und Kopfschmerzen. Beschleunigter Herzschlag und Kreislaufkollaps sind mitunter tödlich.
Schon nach dem Verzehr weniger Beeren treten Vergiftungserscheinungen auf; 10 bis 12 Beeren können für Erwachsene tödlich wirken. Seidelbastvergiftungen verlaufen zu etwa 30 % tödlich!
Bei Berührung der frischen Zweige kann es zu Hautreizungen und blasigen Geschwüren kommen, selbst durch intakte Haut.
Der brennend scharfe, scheußliche Geschmack der Beeren hält vom Verzehr größerer Mengen ab.

» Vor allem Kinder sind durch den wohlriechenden Duft der Blüten und die leuchtend roten, saftigen Beeren stark gefährdet! Aufgrund der geringen Höhe des Gehölzes sind sie für Kleinkinder erreichbar!

» Beim Umgang mit der Pflanze im Garten (Pflanzen, Schneiden, Umsetzen …) sollte direkter Hautkontakt mit dem Seidelbast vermieden werden!

schwach giftig

Seifenkraut, Echtes

Das Echte Seifenkraut ist vor allem in Uferstaudenfluren, auf Schutt-, Stein- und Kiesflächen zu finden, zum Beispiel im Schotter von Gleisanlagen.
Noch heute ist die ehemals beliebte Bauerngartenpflanze als Zierpflanze zu entdecken.

Echtes Seifenkraut, Gewöhnliches Seifenkraut, Waschwurz
Saponaria officinalis
Nelkengewächs

Kennzeichen

Weitläufige Ausbreitung

Das mehrjährige Seifenkraut wird bis zu 80 cm hoch. Die bis 10 cm langen, länglich-lanzettlichen Blätter sind kreuzgegenständig, das heißt, jeweils 2 Blätter stehen sich gegenüber am Stängel, die folgenden 2 im Winkel von 90 Grad dazu.
Die Pflanze vermehrt sich rege durch stark verholzte, kriechende Rhizome.

Versteckter Nektar

Ab Juli erscheinen weiß- bis rosafarbene, auffällige Blüten, die in dichter Trugdolde zusammenstehen. Erst zu später Stunde machen diese durch ihren Duft auf sich aufmerksam, denn lediglich Nachtschwärmer gelangen mit ihren langen Rüsseln an den tief in der Blütenröhre versteckten Nektar.

Fruchtkapseln

In den mit vier Zähnen aufspringenden Kapseln entwickeln sich bis September / Oktober die kleinen, runden Samen, die vom Wind oder von Tieren verbreitet werden.

Wissenswertes

„Waschwurz"

Schon im Altertum machte man sich die in den Wurzeln des Echten Seifenkrautes enthaltenen waschwirksamen Saponine zunutze. Mit Abkochungen von getrockneten Wurzelstücken, die bis zu 5 % dieser Stoffe enthalten, wurden vor allem Wolle und Seide, Teppiche und sogar Schafe unmittelbar vor der Schur gereinigt.

Die Dosis macht das Gift ...

Richtig dosiert, ist das Heilkraut als schleimlösende Hustenpflanze nutzbar. In der Volksmedizin gilt sie als Mittel gegen Hauterkrankungen und Rheuma.

Charakteristische Bauerngartenpflanze

Hinsichtlich ihrer Funktion als Wasch- und Heilpflanze und sicher Dank ihres Duftes und Nutzung als pflegeleichte Schnittblume fand die Staude Einzug in die dörflichen Gärten.

Giftigkeit

Alle Pflanzenteile des Echten Seifenkrautes, besonders die Wurzeln, beinhalten schwach giftige Saponine.
In erhöhter Dosis aufgenommen, treten Magen- und Darmreizungen auf.

» Die als Schnittblume beliebte Pflanze sollte nicht in die Hände von Kleinkindern geraten!

Springkraut, Drüsiges

In der Mitte des 19. Jahrhunderts kam das ursprünglich in Ostindien beheimatete Kraut als Gartenzierpflanze nach England und verbreitete sich von dort aus über ganz Mitteleuropa. Sie ist heute in weiten Teilen Deutschlands vor allem an Ufern und in Auwäldern zu finden und vielerorts zu einer Problempflanze geworden; sie gilt deshalb als invasiver Neophyt.

Drüsiges Springkraut,
Indisches Springkraut
Impatiens glandulifera
Balsaminengewächs

Kennzeichen

Mit Drüsen

Das Drüsige Springkraut ist eine einjährige Pflanze, die Höhen von bis zu 2,50 m erreichen kann. Die leicht durchscheinenden Stängel sind bis zu 5 cm dick. An den Stängelknoten und den Blattstielen sitzen kleinen, rotspitzige Drüsen, die der Pflanze den Namen verliehen haben.
Abgerissene Pflanzenteile vermögen sich bei Anlandung nach Hochwasser in neuen Uferbereichen problemlos zu bewurzeln.

Gespornte Blüten

Die attraktiven, karminrot- bis blassrosafarbenen Blüten des Drüsigen Springkrautes erscheinen von Juni bis Oktober. Sie sind kurz gespornt und können bis

Großes Springkraut

zu 4 cm lang werden. Nicht allein Bienen, sondern auch Hummeln suchen die intensiv duftenden Blüten auf.

„Spring"kraut

Im September und Oktober reifen die Samen des Springkrautes heran. Bei der geringsten Berührung der Kapseln rollen sich die Fruchtklappen plötzlich spiralförmig auf und schleudern die Samen über mehrere Meter weit hinaus. Auf dieser effektiven Vermehrungsstrategie beruht die rasante Ausbreitung der Pflanze.

Wissenswertes

Verwandte

Das Drüsige Springkraut ist mit unserem heimischen Großen Springkraut (*Impatiens noli-tangere*) verwandt, wie auch mit dem Kleinen Springkraut (*Impatiens parviflora*), welches im letzten Jahrhundert als Neophyt nach Deutschland kam und heute meist in Siedlungsnähe zu finden ist. Diese ebenfalls schwach giftigen Arten sind viel kleiner als das Drüsige Springkraut und weisen gelbe Blüten auf. Sie wurden früher als Brechmittel eingesetzt. In Notzeiten wurden die stärkereichen Stängel des kleinen Spring-Krautes getrocknet und gegessen.

„Bauernorchidee"

Weil die Blüten des Drüsigen Springkrautes denen von Orchideen ähneln, wird die Pflanze auch „Bauernorchidee" genannt.

Problempflanze

Imker haben zu der problematischen Ausbreitung des Drüsigen Springkrautes beigetragen, da sie die äußerst pollen- und nektarreiche Pflanze als Bienenfutterpflanze ausgesät haben.

Kleines Springkraut

Dort, wo sich die Pflanze ansiedelt, wird heimische Vegetation vollständig verdrängt.

Essbare Samen und Blüten

Die nussig schmeckenden Samen des Drüsigen Springkrautes gelten reif und unreif als essbar. Man kann sie roh knabbern, als Zutat für Gebäck verwenden oder zu Speise- oder Lampenöl verarbeiten. In kleinen Mengen lassen sich die süßlich duftenden Blüten als essbare Dekoration einsetzen.

Giftigkeit

Die grünen Pflanzenteile der Springkräuter sind aufgrund von noch nicht abschließend erforschten Inhaltsstoffen im frischen Zustand als schwach giftig einzustufen.
Hohe Dosierungen können Erbrechen und Durchfall auslösen.
Die Samen und Blüten gelten als essbar.

» Von den essbaren Samen und Blüten sollten roh nur kleine Mengen verzehrt werden; das gilt vor allem für Kinder!

stark giftig

Stechapfel

Im 16. Jahrhundert wurde der Weiße Stechapfel als Zierpflanze aus subtropischen Gebieten Nordamerikas und Asiens nach Europa eingeführt. Seit dem 17. Jahrhundert gilt er als fest in unsere Flora integrierter Neubürger, vor allem im Norden und der Mitte Deutschlands.

Der Stechapfel besiedelt kurzlebige Wildkrautfluren wie Uferbereiche, Schuttflächen, Äcker und Gärten. Die Pflanze gilt als Stickstoffzeiger, ist wärmeliebend und wächst auf nährstoffreichen, meist sandigen Standorten.

In manchen Gärten und Parkanlagen ist der Stechapfel als Zierpflanze zu finden.

Weißer Stechapfel
Datura stramonium
Nachtschattengewächs

Kennzeichen

Gleichberechtigte Verzweigungen

Das einjährige, strauchförmig wachsende Kraut wird etwa 1,20 m hoch und weist einen unangenehmen Geruch auf. Auffällig ist, dass sich die Zweige gabeln und jeder Trieb gleichberechtigt weiterwächst. Die großen Blätter sind grob gebuchtet bis gezähnt und auffällig geädert. Die unteren werden bis über 20 cm lang.

Trompetengleich

In den Achseln der Triebverzweigungen bilden sich von Juni bis Oktober einzelne meist aufrechte, weiße, manchmal hellviolette trichterförmige Blüten. Sie werden 5 bis 8 cm lang und sehen wie kleine Trompeten aus. Abends ab 19 Uhr öffnen sie sich, bei trübem Wetter auch tagsüber. Die Blüten strömen einen intensiven Duft aus, der vom Menschen eher als widerlich empfunden wird. Nachtfalter kriechen in die langen Blütenröhren hinein, um an den Nektar zu gelangen.

Stachelige Früchte

Ab August sind die stacheligen Früchte an den Pflanzen zu entdecken. Die etwa walnussgroßen, erst grünen, dann braunen Kapseln enthalten mehrere 100 schwarze, nierenförmige Samen. Bei Vollreife springen die Kapseln mit vier Klappen auf und überlassen es zum größten Teil dem Wind, die Samen zu verbreiten. Auch vorbeistreifende Tiere tragen zur Ausbreitung der Pflanze bei, da sich die stacheligen Früchte in deren Fell kurzfristig verhaken und verschleppt werden. Die Samen vermögen nach jahrelangem Überdauern im Boden auszukeimen.

Verwechslungsmöglichkeit

» Die Blüten des Stechapfels ähneln denen der ebenfalls stark giftigen Engelstrompete (*Brugmansia* spec.), die wir aus dem Garten kennen. Ihre Blüten hängen im Gegensatz zu denen des Stechapfels herab.

Wissenswertes

Hexen und Zauberkraut

Neben Tollkirsche und Bilsenkraut war der Stechapfel Bestandteil der berüchtigten Hexensalbe. Diese befähigte angeblich die Hexen, auf den Blocksberg zu fliegen. Die Nachtschattengewächse sind wegen ihrer euphorisierenden und narkotisierenden Wirkung damals als Rauschdrogen genutzt worden und vermittelten sicher manch einem Anwender das Gefühl, fliegen zu können.
Da der Pflanze eine erotisierende Wirkung zugeschrieben wurde, war die Droge Bestandteil von Liebestränken.

Zigaretten und Bier

Der als Gartenzierpflanze eingeführte Stechapfel wurde früher auch als Heilpflanze genutzt. Unter anderem galt er als Mittel gegen Asthma. Aufgrund der starken Giftigkeit des Stechapfels kam es zu zahlreichen Vergiftungen bei Erwachsenen und Kindern.
Schon der Botaniker und Mediziner Tabernaemontanus (1522–1590) warnt vor dem Gebrauch des Stechapfels: „*... derowegen jederman sich solcher Aepfel enthalten soll / dann sie machen rasend / und wann man etwas zu viel gessen hat / so tödten sie.*"
Heute findet die Droge in der Homöopathie Verwendung.

Aufgrund ihrer berauschenden Wirkung wurden die Samen des Stechapfels als Bierzusatzstoff verwendet.

Kraut der Diebe und Betrüger

Hühnerdiebe haben die Tiere mit dem Kraut betäubt, um sie am Fortflattern und Gackern zu hindern.
Auch Menschen sollen mit Stechapfel betäubt worden sein. Was für den Räuber einen gefahrlosen Diebstahl bedeutete, konnte für den außer Gefecht gesetzten Bestohlenen tödlich enden.

Suizid-, Mordgift und LSD-Ersatz

Morde oder Selbsttötungen sind früher vor allem mit den Samen des Weißen Stechapfels durchgeführt worden.
Noch heute versuchen leichtsinnige Jugendliche, sich mit dem Stechapfel LSD-ähnliche Trips zu verschaffen. So manch ein Experiment endet dabei tödlich.

Giftigkeit

Der Weiße Stechapfel enthält in allen Teilen stark giftige Alkaloide wie Scopolamin, Atropin und vor allem Hyoscyamin.
Die Symptome ähneln denen einer Tollkirschenvergiftung. Es kommt unter anderem zu Pupillenerweiterungen, Mundtrockenheit und heißer Haut. Rötungen des Gesichtes und Pulsbeschleunigung können auftreten, aber auch fehlen. Anregende und dämpfende Wirkungen auf das zentrale Nervensystem werden gleichzeitig beobachtet. Es kann bereits nach wenigen Stunden zu Kopfschmerzen, Verwirrung, Bewusstseinstrübungen, Kontrollverlust und Halluzinationen kommen, zuletzt zu tödlichem Atem- und Herzstillstand.
Schon winzige Mengen ab 0,3 mg zeigen ernste Wirkung; 20 Samen sind für Kinder bereits tödlich. Die Samen schmecken nicht unangenehm!

- » Kinder sind besonders gefährdet, da die Samen nicht unangenehm schmecken und zum Verzehr verleiten! Auch können die grünen Kapseln mit Kastanien verwechselt und zum Spielen genutzt werden!
- » Mancherorts ist es üblich, frische oder getrocknete Stechapfelkapseln in Gestecke und Trockensträuße einzubinden! Hier sind vor allem Kleinkinder besonders gefährdet, wenn die mit Stechapfel versehenen Dekorationen auf dem Tisch stehen!
- » Missbrauch der Pflanze als „Biodroge" ist sehr gefährlich und kann tödlich enden! Selbst nicht letale Dosen können noch Tage später zu Sinnestäuschungen führen und schwere bis tödliche Folgen haben (zum Beispiel durch Unfälle im Straßenverkehr)!

stark giftig
bis giftig

Stechginster, Gewöhnlicher

Der wenig verbreitete Gewöhnliche Stechginster stammt ursprünglich aus West- und Südeuropa und hat sich seit dem 18. Jahrhundert mancherorts einen Platz in unserer Landschaft erobert, vor allem in der nördlichen Hälfte Deutschlands. Der Neubürger wächst in Laub- und Nadelwäldern auf sauren, nährstoffarmen Böden. Als Pionierpflanze besiedelt er Brachen, Schläge und Heiden.
Auch in Gärten ist das Gehölz zu finden.

Gewöhnlicher Stechginster
Ulex europaeus
Schmetterlingsblütler

Kennzeichen

Dorniger Strauch

Der sparrige, stark dornige Strauch wird 60 bis 1,20 cm hoch. Junge Blätter weisen dreizählige Blattspreiten auf; ältere Blätter sind dornartig stechend, wie auch die Enden der Kurztriebe. Die Zweige sind grün und zur Photosynthese fähig.
Der Strauch ist in der Lage, sich durch Wurzelsprossbildung auszubreiten.

Duftende Blüten

Von Mai bis Juli steht der Strauch mit 2 cm langen, duftenden, gelben Blüten in voller Blüte. Blütenstiele und die 2-teiligen, fast bis zum Grunde geteilten Blütenkelche sind dichtfilzig behaart. Hummeln und Bienen fliegen die Pflanze zum Bestäuben an.

Behaarte Hülsen

Zur Fruchtreife im August und September erscheinen die zottig behaarten Hülsen, die noch lange von den vertrockneten Kron- und Kelchblättern umstanden sind. Meist sind 2 Samen in den Hülsen vorzufinden. Sie sind sehr langlebig und sogar feuerresistent.

Verwechslungsmöglichkeit

» Steht der Schmetterlingsblütler in voller Blüte, ist er leicht mit dem giftigen Besenginster (*Cytisus scoparius* / Weiteres s. S. 47) zu verwechseln. Der Besenginster trägt keine Dornen.

Wissenswertes

Weltweit invasiver Neophyt

Einst als Heckenpflanze, zur Dünenbefestigung und in manchen Ländern als Viehfutter angebaut, breitet sich der Stechginster heute weltweit in Regionen mit milden Wintern aus. Vielerorts werden heimische Pflanzenarten von ihm verdrängt.

„Brennender Busch"

Die Zweige des Stechginsters enthalten leicht entzündliche ätherische Inhaltsstoffe, die an heißen Sommertagen ein massives Brandrisiko darstellen können.

Giftigkeit

Zweige und Früchte des Stechginsters werden durch das Vorhandensein giftiger Inhaltsstoffe, vor allem des Chinolizidin-Alkaloids Cytisin, als stark giftig bis giftig eingestuft.
Verzehr kann zu Krämpfen, Lähmungen und Kreislaufstörungen führen, bei sehr hoher Dosierung zu Atemlähmung.

» Kinder sind besonders gefährdet, da die schotenförmigen Früchte mit ihren Samen zum Spielen und Verzehr verleiten!

giftig bis schwach giftig

Stechpalme

Die Stechpalme kommt in den westlichen und nördlichen Bereichen Deutschlands vor. Hier besiedelt das Gehölz Laub- und Nadelwälder auf sauren, nährstoffarmen Böden in halbschattiger bis schattiger Lage. Laut Bundesnaturschutzgesetz ist die Art besonders geschützt!
Häufig ist die Stechpalme angepflanzt in Parks, auf Friedhöfen und in Gärten zu finden.

Stechpalme, Hülse
Ilex aquifolium
Stechpalmengewächs

Kennzeichen

Unterschiedliche Blattformen

Der immergrüne, meist dicht verzweigte Strauch kann bis zu 5 m hoch werden; selten sind baumförmig wachsende Exemplare zu finden. Auffällig sind die glänzenden, ledrigen Blätter, die von der Form her unterschiedlich sein können. Im unteren Bereich größerer Pflanzen befinden sich an den nichtblühenden Ästen Blätter mit Stachelspitzen, an den oberen, blühenden Zweigen sind sie dagegen ganzrandig oder nur schwach stachelspitzig.

In zwei Häusern

In allen Blüten sind männliche und weibliche Anlagen vorhanden, von denen je Gehölz nur jeweils eine voll entwickelt ist. Um zur Fruchtreife zu gelangen, benötigt die weibliche Pflanze eine männliche in der Nachbarschaft. Bestäubt werden die unscheinbaren Blüten vor allem von Bienen sowie von Käfern, Fliegen und Wespen.

Wintersteher

Ab Oktober erscheinen an den weiblichen Pflanzen die roten, erbsengroßen, beerenartigen Steinfrüchte. Im Winter ist die Stechpalme durch ihre immergrünen Blätter und die leuchtend roten Früchte eine unserer auffälligsten Pflan-

zen. Die Früchte verbleiben bis lange in den Winter hinein an den Pflanzen, es sei denn, Vögel machen sich darüber her.

Verwechslungsmöglichkeit

» Die Stechpalme kann nur außerhalb der Blüh- und Fruchtzeiten mit der schwach giftigen Mahonie (*Mahonia aquifolium* / siehe auch unter *Berberis* S. 44) verwechselt werden. Die Mahonie weist gelbe Blüten und blau bereifte Früchte auf.

Wissenswertes

Geschützte Art

Aufgrund der Beliebtheit der Pflanze als Schmuckgrün für die Weihnachtszeit waren die heimischen Bestände zeitweise stark ausgelichtet. Im Jahre 1935 untersagte das Reichsnaturschutzgesetzt deshalb jede gewerbliche Nutzung. Heute noch sind alle in der freien Natur wachsenden Hülsen geschützt. Es dürfen weder Pflanzen noch Teile davon entnommen werden.

Verschiedene Blattformen

Die Verschiedenheit der Blattformen dient dem Strauch als Fraßschutz. Tiere meiden die unteren stacheligen Blätter; an die oberen reichen sie nicht heran.

Giftigkeit

Alle Pflanzenteile der Stechpalme enthalten unter anderem Alkaloide, Saponine und noch weitgehend unbekannte Wirkstoffe. Das Ausmaß der Giftigkeit ist nicht eindeutig geklärt.
Verzehr kleiner Mengen kann Übelkeit, Erbrechen und Durchfall auslösen. Bei größeren Mengen treten gelegentlich Herzrhythmusstörungen und Bewusstseinsveränderungen auf.
Der sehr herbe Geschmack der Pflanzenteile hält vom Verzehr größerer Mengen ab.

» Kinder sind besonders gefährdet, da die roten, beerenartigen Steinfrüchte zum Spielen und Verzehr verleiten!

schwach giftig

Sumpfdotterblume

Die Sumpfdotterblume wächst in krautigen Ufersäumen von Gewässern, in Bruch- und Auwäldern, Quellfluren und Feuchtwiesen. Die natürlichen Standorte der Sumpfpflanze sind stark im Rückgang begriffen. Die Sumpfdotterblume steht in Deutschland auf der Vorwarnliste der Roten Liste der gefährdeten Pflanzenarten. In manch einem Gartenteich wird sie als Zierpflanze eingebracht.

Butterblume, Schmalzblume
Caltha palustris
Hahnenfußgewächs

Kennzeichen

Hohle Stängel

Die ausdauernde Sumpfpflanze wird bis zu 30 cm hoch. Hohle Stängel dienen der Durchlüftung an den nassen Standorten (lat.: *palus* = Sumpf). Die dunkelgrünen, glänzenden Blätter sind rundlich-herzförmig bis nierenförmig.

Butter- oder Schmalzblume

Von April bis Juni erscheinen bis zu 4 cm große Blüten. Wegen der gelben, fettglänzenden Farbe der Kronblätter wird die Pflanze auch „Butter-“ oder „Schmalzblume“ genannt.

Schwimmausbreitung

Die Balgfrüchte produzieren mit Schwimmgewebe ausgestattete Samen, die sich über das Wasser verbreiten.

Verwechslungsmöglichkeit

» Mitunter wird das Scharbockskraut mit der Sumpfdotterblume verwechselt, wobei das Scharbockskraut (*Ranunculus ficaria* / Weiteres s. S. 247) wesentlich kleiner und zarter ist.

Wissenswertes

„Butterblume"

Mit den buttergelben Blüten wurde früher Butter gefärbt. Wegen der Giftigkeit der Pflanze sollte auf diese Verwendung verzichtet werden! Zum Färben von Butter mit Pflanzenblüten stehen alternativ die bekömmlichen Löwenzahnblüten zur Verfügung.

Bedenkliche Nutzungen!

Früher wurden die jungen Blätter und die Wurzeln vor der Blütezeit gesammelt und zu Gemüse oder Salaten verarbeitet, die Blütenknospen in Essig eingelegt und als Kapernersatz verwendet. Als Heilpflanze fand die Pflanze gegen Galle- und Leberbeschwerden Verwendung.

Aufgrund ihrer Giftigkeit wird die Sumpfdotterblume heute nur noch in der Homöopathie eingesetzt.

Giftigkeit

Die Sumpfdotterblume enthält in allen frischen Pflanzenteilen den für die Familie der Hahnenfußgewächse typischen Inhaltsstoff Protoanemonin (s. a. *Ranunculus acris* / Scharfer Hahnenfuß / S. 109), aber auch weitere Giftstoffe.

Beim Verzehr der frischen Pflanze kommt es zunächst zu einem Brennen im Mund und Schleimhautreizungen, es folgen Erbrechen, Durchfall und Schwindelanfälle; höhere Dosen können zu Krämpfen und Lähmungserscheinungen führen.

Wird die Pflanze verletzt, kann es bei empfindlichen Menschen zu allergischen Hautreaktionen mit Juckreiz, Hautrötungen, -schwellungen und Blasenbildungen kommen.

Der scharfe, beißende Geschmack der Pflanze hält vom Verzehr größerer Mengen meist ab.

Beim Trocknen und Erhitzen bauen sich die Giftstoffe ab.

» Noch heute wird die giftige Pflanze in manchen Publikationen als essbar aufgeführt!

Foto: Tigerente (CC BY-SA 3.0)

Tannenbärlapp

Der Tannenbärlapp wächst in Laub- und Tannenwäldern des Flach- und Berglandes und vor allem in den höheren Gebirgslagen. Auch auf Fels- und Geröllfluren ist er zu finden. Mäßig stickstoffreiche, saure Böden und schattige bis halbschattige Standorte zeichnen seine Lebensräume aus. Laut Roter Liste der gefährdeten Pflanzenarten Deutschlands steht die Pflanze auf der Vorwarnliste; sie gilt laut Bundesnaturschutzgesetz als besonders geschützt!

Teufelsklaue, Tannen-Teufelsklaue
Huperzia selago
Bärlappgewächs

Kennzeichen

Immergrüne Polsterpflanze

Im Aussehen ähnelt die immergrüne Polsterpflanze einem Moos. An 5 bis 30 cm hohen, aufrechten, meist mehrfach gegabelten Sprossen sitzen dicht an dicht nadelförmige Blätter.

Generationswechsel

Die Vermehrung der Bärlappgewächse erfolgt über einen Generationswechsel. Beim Tannenbärlapp sitzen in den Achseln der Blätter des mittleren Sprossbereiches die sogenannten Sporangien. Sie sind ockergelb. In ihnen entwickeln sich Sporen (ungeschlechtliche Genera-

Foto: Roland Spohn

tion). Von Juli bis Oktober werden sie reif und fallen auf den Boden. Hier bilden sie einen Vorkeim, auf dem sich sowohl männliche als auch weibliche Keimzellen befinden. Der Vorkeim lebt parasitisch auf Wurzelpilzen. Erst nach vielen Jahren findet zwischen den Keimzellen eine Befruchtung statt (geschlechtliche Generation) und es entstehen wieder oberirdische, grüne Sprosse.

Brutknospen

Bei älteren Pflanzen entwickeln sich in den Achseln der Blätter an den Triebspitzen häufig Brutknospen. Bei Berührung lösen sie sich und springen bis zu 1 m weit fort. Vorbeistreifende Tiere, an denen die Brutknospen hängen bleiben, tragen zur Verbreitung der Pflanzen bei.

Verwechslungsmöglichkeiten

- Der Tannenbärlapp kann leicht mit Moosen verwechselt werden. Bärlappe weisen meist kriechende, gabelig verzweigte Stängel und Wurzeln auf.
- Die dicht mit nadelförmigen Blättern besetzten Sprosse des Tannenbärlapps ähneln den Trieben des stark giftigen Sadebaumes (*Juniperus sabina* / Weiteres s. S. 234) auf. Letzterer wird wesentlich größer.

Wissenswertes

Teuflisches Feuerspucken

Der Tannenbärlapp wird auch „Teufelsklaue" genannt. Bei der Namensgebung hat neben der Giftigkeit vermutlich die Ähnlichkeit der gegabelten Sprosse mit den Klauen des Teufels eine Rolle gespielt.
Im Mittelalter wurden Bärlappsporen in den Mund genommen und in eine brennende Fackel geblasen. Dadurch wurden eindrucksvolle Stichflammen erzeugt.

Alzheimerforschung

Ehemals galt der Tannenbärlapp als Heilmittel – in der Humanmedizin als Abführmittel, in der Tiermedizin gegen Würmer. Heute werden die Wirkstoffe des Tannenbärlapps für die Alzheimer-Behandlung erforscht.

Giftigkeit

Der Tannenbärlapp enthält in allen Pflanzenteilen giftige Alkaloide, vor allem das stark giftige Huperzin.
Als Vergiftungssymptome treten Erbrechen, Schwindel, Taumeln und Bewusstlosigkeit auf. Durch Einatmen, Verschlucken und allein durch Berührung kann es zu Vergiftungen kommen.

- Beim Sammeln von Moosen für Dekorationszwecke ist Vorsicht geboten, um Verwechslungen mit dem stark giftigen Tannenbärlapp zu vermeiden!

stark giftig

Tollkirsche

Die Tollkirsche wächst auf nährstoffreichen, meist kalkhaltigen Böden an Waldrändern, auf Waldlichtungen und Schlagfluren des Hügel- und Berglandes. Im norddeutschen Tiefland ist die Art seltener zu finden.

Atropa belladonna
Nachtschattengewächs

Kennzeichen

Staude mit Pfahlwurzel

Die Tollkirsche ist eine strauchförmig wachsende, bis zu 1,50 m hoch werdende Staude, deren Überdauerungsorgane unmittelbar über der Erdoberfläche liegen. Im Winter sind sie durch Laub und Schnee vor der Witterung geschützt.

Die eiförmigen Blätter stehen meist paarweise, ein größeres und ein kleineres, an den abstehenden Ästen. Der Blattgrund läuft in den kurzen Stiel hinein.

Bis über 1 m tief reicht die Pfahlwurzel in den Boden.

Braunrote Blüten

Von Juni bis Juli erscheinen die einzeln oder in dreiblütigen Wickeln hängenden, langstieligen Blüten. Sie sind bis 3 cm lang, glockenförmig, außen braun-

rot und innen gelbgrün. Ihr unangenehmer Geruch erinnert an Buttersäure. Sperrhaare gewähren nur größeren Insekten wie Hummeln und Bienen Zutritt zum Blütenkelch.

Schwarz und glänzend

Häufig sind Blüten, unreife und reife Früchte an einer Pflanze gleichzeitig zu entdecken. Von Juli bis September entwickeln sich schwarz-glänzende, vielsamige Beeren, die innen rötlichblau sind. Sie weisen einen vergrößerten, sternförmigen, grünen Kelch auf.

Der Geschmack der Früchte ist süßlich-fade. Von Vögeln, wie zum Beispiel Drosseln und Fasanen, werden sie schadlos gefressen. Auch Schnecken machen sich darüber her.

Verwechslungsmöglichkeiten

- Die Ähnlichkeit der Frucht der Tollkirsche mit anderen dunklen Früchten, wie zum Beispiel mit Kirschen (*Prunus avium* / Weiteres s. S. 306), Heidelbeeren (*Vaccinium myrtillus* / Weiteres s. S. 119) und Aroniabeeren (*Aronia*) aus dem Garten können zu Verwechslungen führen.
- Die Blätter der Tollkirsche ähneln denen der essbaren Großen Klette (*Arctium lappa*). Die Blätter der Klette treten einzeln, die der Tollkirsche paarweise auf.

Wissenswertes

„Schöne Frau“

Der große schwedische Naturforscher Carl von Linné (1707–1778) gab der Pflanze den wissenschaftlichen Namen *Atropa belladonna*. *Atropos* stammt aus dem Griechischen und bedeutet so viel wie „unabwendbar tödlich“. Die Aufgabe der griechischen Schicksalsgöttin Atropos war, den Lebensfaden der Menschen zu zerschneiden.

Belladonna bezieht sich auf die Verwendung der schwarzen Beeren als Mittel zur Erweiterung der Pupillen (ital.: *belladonna* = schöne Frau). Glanz und Feuer sollten die schwarzen Beeren den Augen der Frauen verleihen; so hieß es im Altertum. Heute noch wird das dafür verantwortliche Atropin in der Augenheilkunde eingesetzt, nicht aus Schönheitsgründen, sondern um durch die Pupillenerweiterung die Untersuchungsmöglichkeiten der Augen zu optimieren.

Allein die Dosis …

In früheren Zeiten war die giftige Tollkirsche in jedem Apothekergarten zu finden. Als Heilpflanze wurde sie vor allem als krampflösendes Mittel und bei Erkrankungen der Luftwege eingesetzt. Heute findet sie als Heilmittel nur noch in der Homöopathie (Belladonna) Verwendung.

Tolle Kirsche?

Wegen der Ähnlichkeit der Früchte mit Kirschen und der Tobsucht auslösenden Wirkung der Gifte auf den Menschen erhielt die Pflanze den Namen „Toll"kirsche.

Beim italienischen Botaniker und Arzt Mattioli (1501–1577) ist zu lesen: *„So man die Beer isset, machen sie denselben menschen so fast toll und unsinnig, als hette jn der teuffel besessen und bringen jn in tieffen unüberwiendlichen schlaff."*

Hexen- und Teufelspflanze

Im Mittelalter spielte die Tollkirsche als Hexen- und Teufelspflanze eine große Rolle. Sie war Bestandteil der berüchtigten Hexensalbe, die den Flug zum Hexensabbat auf den Blocksberg möglich machte. Die Rauschdroge kann Wahnvorstellungen herbeiführen, welche das Gefühl hervorrufen, zu fliegen oder an erotischen Exzessen beteiligt zu sein. Zur Zeit der Inquisition deuteten Hexenrichter diese Halluzinationen als wahre Erlebnisse der Angeklagten. Buhlschaft mit dem Teufel wurde ihnen unterstellt. Hexensalben sollen in den Prozessen auch gegen die Angeklagten eingesetzt worden sein. Mit der so erzeugten Verwirrtheit sollten Geständnisse entlockt werden.

Mordgift

So manch ein Giftmord und Suizid wird mit Pflanzenteilen der Tollkirsche verübt worden sein.

Giftigkeit

Nicht nur die Beeren, sondern alle Teile der Tollkirsche sind aufgrund von Alkaloiden sehr stark giftig. Die Hauptalkaloide sind Atropin, Hyoscyamin und Scopolamin.

Die Drogen führen zunächst zu Mundtrockenheit mit Durstgefühl, Rötung des Gesichtes, Kopfschmerzen und Pulsbeschleunigung, Pupillenerweiterung sowie zu Seh- und Sprechstörungen. Starke Erregungen, Rauschzustände, Verwirrungen, Tobsuchtsanfälle folgen. Zum Erbrechen kommt es eher selten. Bewusstlosigkeit und Atemlähmung führen zum Tod.

Für Kinder gelten schon 3 bis 5 Beeren als tödlich, für Erwachsene sind es 10 bis 20. Die Giftstoffe können selbst über intakte Haut vom Körper aufgenommen werden. Die Beeren weisen einen faden, süßlichen Geschmack auf.

» Die Ähnlichkeit der Frucht der Tollkirsche mit Kirschen und anderen dunklen Früchten, sowie der süßlich-fade Geschmack verleitet Kinder und Erwachsene zum Verzehr!

» Beim Sammeln von essbaren Blättern der Klette ist Vorsicht vor Verwechslungen geboten! Bei Unsicherheit sollte auf die Ernte verzichtet werden!

» Die Tollkirsche kann als Rauschmittel missbraucht werden! Der Wirkstoffgehalt der Pflanzen schwankt stark, Überdosierung kann schnell tödlich enden!

giftig

Traubenkirsche, Frühe

Dort, wo die weit verbreitete Frühe Traubenkirsche wächst, ist der Boden meist nährstoffreich und feucht. Sie besiedelt vor allem Auen- und Bruchwälder. Das Gehölz findet aufgrund der üppigen Blütenpracht als Strauch oder -baum in zahlreichen Gärten und Parkanlagen einen Platz.

Frühe, Gewöhnliche oder Europäische Traubenkirsche
Prunus padus
Rosengewächs

Kennzeichen

Fauliger Geruch

Die Frühe Traubenkirsche ist ein bis 10 m hohes, strauchförmig, mitunter zu einem kleinen Baum auswachsendes Wildgehölz. Wird mit dem Fingernagel die dunkle, weiß punktierte Rinde angekratzt, ist ein intensiver, fauliger Geruch wahrzunehmen. Die elliptischen, leicht runzeligen Blätter weisen am oberen Ende des Blattstiels zwei Nektarien auf.

Üppige Blütenpracht

Von April bis Mai erscheinen bis zu 20 weiße Einzelblüten in traubenförmigen, hängenden Blütenständen. Der intensive fischartige Geruch lockt zahlreich Insekten an, unter anderem eine Vielzahl von Schmetterlingen, denen die Blüten eine reiche Nektarquelle bieten. Von Imkern wird der Strauch als Bienenweide sehr geschätzt.

Nicht nur bei Vögeln beliebt

Die kleinen, kirschenartigen Früchte der Frühen Traubenkirsche reifen im August / September. Sie sind glänzend schwarz und etwa erbsengroß und von süßlich-herbem bis bitterem Geschmack. Nicht allein bei Vögeln stehen sie auf dem Speiseplan.

Verwechslungsmöglichkeiten

» Nahe verwandt und sehr ähnlich aussehend ist die Späte oder Amerikanische Traubenkirsche (*Prunus serotina*). Aus ihrer Heimat Nordamerika kam das Gehölz im 17. Jahrhundert zunächst wegen der dekorativen Blüten als Zierpflanze nach Mitteleuropa und wurde Anfang des 20. Jahrhunderts als raschwüchsige Forstpflanze auf sandigen und moorigen Böden angepflanzt. Aufgrund ihrer sehr großen Ausbreitungsfreudigkeit durch reichliche Wurzelbrut und Samen ist sie heute vielerorts zu einer Problempflanze geworden, welche die heimische Pflanzenwelt unterdrückt.
Die beiden Arten lassen sich durch die nicht runzeligen, stark glänzenden und dunkleren Blätter der Späten Traubenkirsche unterscheiden. Die Bezeichnung „Frühe" und „Späte" Traubenkirsche bezieht sich auf die Blütezeit; die heimische blüht 1 bis 2 Wochen früher als die eingewanderte Art. Beide Arten sind ähnlich giftig!

Amerikanische Traubenkirsche

Wissenswertes

Namensvetter

In manchen Regionen wird die Frühe Traubenkirsche auch „Faulbaum“ genannt, obwohl der Name Faulbaum eigentlich einer anderen Strauchart, dem Faulbaum (*Frangula alnus*, s. S. 84), zugeordnet ist.

Mit Vorsicht genießbar

Bei der Herstellung von Saft und Gelee aus den reifen schwarzen Steinfrüchten sollten die Kerne unbeschädigt bleiben und ausgesiebt werden. Früher wurde mit dem Fruchtfleisch Wein eingefärbt. Da durch Einkochen Blausäure und Bitterstoffe entzogen werden, wurde früher in Notzeiten aus den Kernen eine „Mandelmilch“ hergestellt. Mit den Blüten lässt sich Gelee und Sirup herstellen; die Rezepte erfordern ein Erhitzen der Pflanzenteile.

Mäuse- und Wanzenschreck

Frische blühende Zweige wurden früher aufgrund ihres intensiven Duftes zum Vertreiben von Mäusen und Wanzen aufgestellt.

Giftigkeit

Während das bitterherb schmeckende Fruchtfleisch der reifen schwarzen Früchte der Traubenkirschen ungiftig ist, sind vor allem in der Rinde und den runzeligen Kernen giftige Inhaltsstoffe enthalten, vor allem das nach Mandeln riechende Blausäure-Glycosid Amygdalin.
Bei hoher Dosis kann es zu Kopfschmerzen, Erbrechen, Durchfall, Atem- und Herzbeschwerden kommen.
Eine natürliche Abwehrreaktion gegenüber bitteren Stoffen hält vom Verzehr größerer Mengen unreifer Früchte ab.

» Kinder sind besonders gefährdet, da die beerenartigen Steinfrüchte zum Spielen und Probieren verleiten!

» Bei der Verarbeitung des essbaren Fruchtfleisches der reifen Traubenkirschen dürfen die Steinkerne nicht beschädigt werden, da ansonsten die Gefahr besteht, dass die giftigen Inhaltsstoffe der Samen in die Speisen gelangen!

schwach giftig

Trollblume, Europäische

Die Trollblume ist in Flachmooren, Quellwiesen, Bruch- und Auwäldern auf sauren, humosen Lehmböden zu finden. In Deutschland kommt sie vor allem im Süden vor, in den Alpen bis in Höhen über 2000 m. Die Pflanze wird auf der Liste der gefährdeten Pflanzenarten Deutschlands als „gefährdet" eingestuft.
Im Gartenhandel wird sie als Zierpflanze angeboten.

Europäische Trollblume, Kugelranunkel
Trollius europaeus
Hahnenfußgewächs

Kennzeichen

Fünfteilige Grundblätter

Die bis zu 60 cm hohe Staude weist fünfteilige Grundblätter auf, die denen von Geranien ähneln. Die Stängelblätter sind nach oben zunehmend weniger geteilt.

Kugelblüten

Von Mai bis Juni erscheinen die 2 bis 3 cm breiten goldgelben Blüten. Die zahlreichen Blütenblätter schließen sich jeweils kugelförmig zusammen und lassen im oberen Bereich nur eine kleine Öffnung für bestäubende Insekten frei. Größere Insekten müssen sich zum begehrten Nektar durch die Blütenblätter zwängen.

Balgfrüchte

Von Juni bis in den Herbst entwickeln sich Balgfrüchte, deren Samen auch über Heu verbreitet werden.

Verwechslungsmöglichkeit

» Im Garten kann die Europäische Trollblume leicht mit den verwandten Ranunkeln (*Ranunculus asiaticus*) verwechselt werden. Auch diese aus Vorderasien stammenden Zierpflanzen sind giftig.

Foto: Roland Spohn

Wissenswertes

Trolle

Mit nordischen Fabelwesen hat die Trollblume nichts zu tun. Der Name geht auf das altdeutsche Wort *troll* für „kugelig" zurück.

Gartenzierde

Bereits vor über 1000 Jahren soll die Trollblume in der Schweiz als Zierpflanze in den Gärten angebaut worden sein. Auch in unseren Breiten ist sie in Gärten zu finden, zum Beispiel am Rande von Teichen oder in feuchten Staudenbeeten.

Giftigkeit

Alle frischen Pflanzenteile der Europäischen Trollblume beinhalten den giftigen Inhaltsstoff Protoanemonin.
Der Verzehr kann zu Magen-Darm-Beschwerden und Durchfall führen.
Der bittere Geschmack der Pflanze hält vom Verzehr größerer Mengen meist ab; auch Weidetiere verschmähen sie.
Bei empfindlichen Menschen können bei Berührung allergische Hautreaktionen oder -reizungen auftreten.

» Kinder sind besonders gefährdet, da die dekorativen Pflanzen zum Pflücken verleiten!

» Beim Umgang mit der Trollblume im Garten ist Vorsicht geboten!

giftig

Tulpe, Wilde

Die Wilde Tulpe stammt ursprünglich aus dem Mittelmeergebiet und gelangte im 16. Jahrhundert als Zierpflanze in unsere Gärten. Von dort aus verwilderte sie in kurzlebige Unkrautfluren, zum Beispiel in Weingärten und auf Äcker. Der Neubürger bevorzugt sonnige Standorte mit leicht kalkhaltigen, durchlässigen Böden. Heute ist die Wilde Tulpe auf der Roten Liste der gefährdeten Pflanzenarten Deutschlands als „gefährdet" eingestuft.

Wilde Tulpe, Weinberg- oder Waldtulpe
Tulipa sylvestris
Liliengewächs

Kennzeichen

Zwiebelgeophyt

Die Wilde Tulpe ist ein schlankwüchsiger Frühblüher und überdauert den Winter als Zwiebel im Boden. Aus dieser sprießen im zeitigen Frühjahr die schmalen Blätter hervor.

Gelbe Blütensterne

Im April / Mai erscheinen einzeln oder zu zweit die dekorativen gelben Blüten an 20 bis 30 cm langen Blütenstängeln. Bis zu 8 cm Durchmesser können die sternförmigen Blüten erreichen. Die oberen Stängelbereiche und die äußeren Kelchblätter weisen eine grünlich-braune Schattierung auf. Mit ihrem wohlriechenden Duft locken sie bestäubende Insekten an.

Tochterzwiebeln

Durch Samen vermehrt sich die Pflanze weniger; häufig ist sie sogar samensteril. Die Ausbreitung erfolgt vor allem durch Tochterzwiebeln.

Verwechslungsmöglichkeit

» Vor allem im Garten kann die Zwiebel der Wildtulpe mit denen der Küchenzwiebel verwechselt werden.

Wissenswertes

Ungesunde Hungerspeise

Im Hungerwinter 1944/45 wurden in den Niederlanden Tulpenzwiebeln mangels Nahrung gegessen. Sie waren alt und bitter und stammten aus großen Vorräten, die während des Krieges nicht verkauft werden konnten. Sie wurden vermutlich nicht roh gegessen, sondern mit viel Wasser gekocht.

Farbenfroh

Heute sind verschiedenste Sorten von Wildtulpen in allen möglichen Farben im Handel erhältlich.

Giftigkeit

Wie die Gartentulpen beinhalten alle Pflanzenteile der Wildtulpe, vor allem die Zwiebeln, giftige Tuliposide.
Der Verzehr in großer Menge kann zu Übelkeit, Erbrechen, Schwitzen, intensivem Speichelfluss und Atembeschwerden führen. Bei sehr großen Mengen kommt es zum Atemstillstand.
Auch das Tulpenwasser in der Vase ist giftig!
Bei empfindlichen Menschen kann häufiger Kontakt mit Pflanzenteilen Jucken, Rötung und Schwellung der Haut bis hin zu Ekzemen auslösen (Tulpendermatitis, bzw. Tulpenkrätze).
Tulpenzwiebeln sind vom Geschmack her süßlich bis neutral.

» Kleinkinder und Kinder sind besonders gefährdet, da die dekorativen Pflanzen zum Pflücken oder Probieren verleiten oder versehentlich Tulpenwasser aus einer Vase getrunken wird! Tulpen finden sich häufig in der Tischdeko, mitunter auch mit den Zwiebeln!

» Beim Umgang mit Tulpen im Garten ist Vorsicht geboten! Tulpenzwiebeln sollten nicht mit Gemüsezwiebeln verwechselt werden!

» Blütenblätter der Tulpe werden häufig als essbare Dekoration angegeben. Sie enthalten ebenfalls giftige Inhaltsstoffe!

schwach giftig

Vogelkirsche

Die weit verbreitete Vogelkirsche ist in krautreichen Laubwäldern, an Waldrändern und in Hecken zu finden. Sie bevorzugt nährstoff- und basenreiche Lehmböden.

Wildkirsche, Süßkirsche
Prunus avium
Rosengewächs

Foto: Roland Spohn

Kennzeichen

Ringelborke

Die Vogelbeere ist ein bis zu 20 m hoher Laubbaum, der zu jeder Jahreszeit an der glänzend, rötlich-braunen Borke mit den horizontal sich ablösenden, schmalen Streifen zu erkennen ist. An den Blattstielen der Vogelkirsche sitzen nahe des Blattgrundes zwei auffällige, rote Nektarien. Im Herbst fällt der Baum durch seine attraktive orange- bis feuerrote Laubfärbung auf.

Schmackhafte Kirschen

Von April bis Mai entfaltet der Baum reichlich schneeweiße Blüten, die bei Insekten als Nahrungsquelle beliebt sind. Die Folge dieser Bestäubung sind die ab Juli reifenden dunkelroten Kirschen. Diese sind kleiner als unsere kultivierten Süßkirschen, aber nicht weniger schmackhaft.

Verwechslungsmöglichkeit

» Von den gezüchteten Süß- oder Edelkirschen ist die Vogelkirsche vor allem durch die kleineren Früchte zu unterscheiden.

Foto: Roland Spohn

Wissenswertes

Wildform der Süßkirsche

Die Vogelkirsche ist der Stammbaum der kultivierten Süß-, bzw. Edelkirschen, die heute in fast jedem Obstgarten zu finden sind. Nach der Einfuhr der Edelkirsche durch die Römer wurde die Wildkirsche vom Speiseplan des Menschen weitgehend verdrängt.

Beliebte Früchte

In großer Zahl fallen zur Fruchtzeit Vögel über die Kirschen her (lat.: *avis* = Vogel). Auch Eichhörnchen und Mäuse lassen sich im Kirschbaum beim Verzehren der Früchte beobachten. Den Menschen schmecken die Kirschen nicht allein frisch vom Baum, sondern auch als Kuchenbelag oder in Form von Marmelade, Gelee oder Saft; zur Herstellung von Wein, Likör oder Essig sind sie zu verwenden.

Kirschkernkissen

Noch heute werden Kirschkerne in Leinenbeutel eingenäht, im Ofen, bzw. in der Mikrowelle erwärmt und als Heizkissen genutzt.

Kulturpflanzen

Auch in den Samen der allseits bekannten verwandten Steinobstarten wie zum Beispiel Sauerkirsche (*Prunus cerasus*), Pflaume (*Prunus domestica*), Aprikose (*Prunus armeniaca*) und Pfirsich (*Prunus persica*) ist Amygdalin enthalten.
In fast allen Teilen stark giftig ist der im Garten häufig angebaute Kirschlorbeer (*Prunus laurocerasus*), auch Lorbeer-Kirsche genannt. Mancherorts aus dem Garten verwilderte Pflanzen sind in der Natur in der Regel unbeständig.

Giftigkeit

Alle Arten der Pflanzengattung *Prunus* enthalten in den Samen das giftige Blausäure-Glycosid Amygdalin, das im menschlichen Körper giftige Blausäure abspaltet. Hohe Dosen können zu Kopfschmerzen, Erbrechen, Durchfall, Schwindel und im Extremfall zu Atem- und Herzbeschwerden, zu Koma und Tod führen.
Die Samen sind jedoch von harten Steinkernen ummantelt, die nicht leicht zu knacken sind. Das Fruchtfleisch ist unbedenklich.
Manche heimische Prunus-Arten weisen diese oder andere Giftstoffe darüber hinaus in weiteren Pflanzenteilen wie Rinde und Blättern auf, so vor allem bei der heimischen Gewöhnlichen oder Frühen Traubenkirsche und bei der weit verbreiteten eingebürgerten Späten Traubenkirsche (*Prunus serotina* / Weiteres s. S. 300).
Die beim Zerreiben der Blätter nach Waldmeister duftende Steinweichsel (*Prunus mahaleb*), auch Felsen-Kirsche genannt, weist zum Beispiel in anderen Pflanzenteilen zusätzlich Cumarin auf.

» Bei der Verarbeitung der essbaren Früchte der Prunus-Arten dürfen die Steinkerne nicht beschädigt werden, da ansonsten die Gefahr besteht, dass die giftigen Inhaltsstoffe der Samen in die Speisen gelangen!

» Auch der Tee aus Blüten bestimmter Prunusarten, wie zum Beispiel der Schlehe, sollte nicht überdosiert sein!

schwach giftig

Wacholder, Gewöhnlicher

Der Wacholder wächst auf mageren Böden und ist auf sonnigen Heideflächen, in Magerweiden und lichten Wäldern zu finden. Das Gehölz gilt als Zeiger ehemaliger Heidebewirtschaftung. Natürliche Vorkommen des Wacholders stehen auf der Vorwarnliste der Roten Liste der gefährdeten Pflanzenarten Deutschlands.
Heutzutage wird das Gehölz in Heidegärten als Zierpflanze eingebracht.

Gewöhnlicher Wacholder, Krammet
Juniperus communis
Zypressengewächs

Kennzeichen

Nadelförmige Blätter

Der immergrüne, langsam wachsende Strauch oder kleine Baum zählt zu den Nadelgehölzen. Er wächst säulenförmig und wird in der Regel bis zu 3 m hoch, maximal bis zu 10 m. Die etwa einen Zentimeter langen nadelförmigen Blätter stehen meist zu dreien wirtelig am Zweig. Sie sind bläulich grün und duften aromatisch.

Zweihäusig

Der Wacholder blüht im Mai / Juni. Das Gehölz ist zweihäusig, das heißt, die grünlichen weiblichen Blüten und die gelblichen männlichen Blüten sitzen auf unterschiedlichen Pflanzen.

Beerenzapfen

Die blaubereiften, fleischigen Wacholderbeeren, die im botanischen Sinn eigentlich Zapfen sind, sehen im reifen Zustand wie kleine Schlehenfrüchte aus und benötigen zu ihrer Entwicklung etwa drei Jahre und reifen dann im Juli / August aus. Sie werden vor allem von Amseln und Wacholderdrosseln (Krammetsvögel / Krammet = Wacholder) gefressen und verbreitet.

Verwechslungsmöglichkeit

» Der Gewöhnliche Wacholder kann mit dem verwandten, stark giftigen Sadebaum oder Stinkwacholder (*Juniperus sabina* / Weiteres s. S. 234) verwechselt werden. Triebe und „Beerenzapfen" sehen ähnlich aus. Der vorwiegend kriechende Strauch weist kurze schuppige Blätter auf, die zerrieben unangenehm riechen.

Wissenswertes

Vielseitige Nutzung

Die ätherischen Öle der Wacholderbeeren machen Speisen bekömmlicher, wirken blutreinigend, harntreibend und appetitanregend. Da die Beeren bis zu 30 % Zucker enthalten, können sie vergoren und zu Wacholderschnaps destilliert werden.
Das zähe, harzfreie Holz war früher bei Drechslern sehr beliebt. Holz, Nadeln und Beeren eignen sich zum Räuchern.

Von Schafen gepflegt

In Zeiten, als die natürlichen Standorte noch von Schafen beweidet wurden, war der Wacholder weit verbreitet. Weil die Schafe das Gehölz mit seinen stacheligen Blättern verschonten, konnte er sich ausbreiten. Durch die Aufforstung solcher Flächen ging der Bestand des lichtbedürftigen Wacholders zurück. Heute finden wir ihn fast nur noch als Ziergehölz in Gärten und vor allem auf Friedhöfen.

„Weckholder"

Früher glaubte man, dass gerade verstorbene Seelen vorrübergehend im Wacholderbusch weilen und unter bestimmten Umständen wieder ins Leben zurückkehren können. Daher der Name Wacholder, abgeleitet vom Althochdeutschen „Weckholder".

Hohe Lebenserwartung

Das Nadelgehölz soll bis zu 2000 Jahre alt werden können.

Giftigkeit

Der Gewöhnliche Wacholder weist in allen Teilen schwach giftige ätherische Öle auf, unter anderem Sabinen. Im Übermaß genossen, kann das Küchengewürz die Schleimhäute reizen und Übelkeit erzeugen. Sehr hohe Dosen führen zu Reizungen der Niere.
Die kleinen runden Zapfen schmecken herb, leicht bitter und haben eine süßliche, harzige Note.

» Der Verzehr von wenigen „Beeren" ist in der Regel unbedenklich. Pro Portion sollten im Essen nicht mehr als 3 davon verarbeitet werden!
» Vor allem bei Menschen mit Nierenerkrankungen und Schwangeren ist Vorsicht geboten!

schwach giftig

Waldmeister

Der Waldmeister kommt meist großflächig in krautreichen, schattigen Wäldern und Gebüschen auf nährstoffreichen, frischen Lehmböden vor.

Galium odoratum
Rötegewächs

Kennzeichen

Quirlförmige Blätter

Der ausdauernde Waldmeister treibt vierkantige, unverzweigte Triebe aus, die 15 bis 30 cm hoch werden können. Auf mehreren Etagen sitzen 6 oder 8 zuerst hellgrüne, später dunkler werdende Blättchen rund um die Stängel in Scheinquirlen zusammen. Die Blätter können bis zu einem Jahr lang grün bleiben. Unterirdische Rhizome sorgen für eine reichliche vegetative Vermehrung der Pflanze.

Waldmeisterduft

Erst beim Welken oder beim Zerreiben der Blätter macht sich der typische Waldmeisterduft bemerkbar.

Klettfrüchte

Die von Mai bis Juni erscheinenden kleinen weißen, trichterförmigen Blüten sind nur etwa 2 mm groß und werden vor allem von Fliegen bestäubt. Die kugeligen Klettfrüchte verhaken sich in das Fell vorüberstreifender Tiere und werden von diesen verbreitet.

Verwechslungsmöglichkeit

» Der Waldmeister kann mit anderen Labkräutern verwechselt werden; diese duften beim Zerreiben oder Welken nicht nach Cumarin. Das Wald-Labkraut (*Galium sylvaticum*) wächst an ähnlichen Standorten. Es wird wesentlich größer als der Waldmeister und ist von blaugrüner Farbe.

Wissenswertes

Beliebtes Aroma

Bevor man den Waldmeister für die Bowle entdeckte, wurde das Kraut in Wein verabreicht. *„Schütte perlenden Wein auf das Waldmeisterlein …"*, so schreibt Wandalbert von Prüm im Jahre 854. Likör, Götterspeise, Eis und andere Desserts wurden früher mit Waldmeister aromatisiert. Aufgrund der Giftigkeit sind heute nur künstlich hergestellte Waldmeister-Aromastoffe im Lebensmittelhandel erlaubt.

Volksheilkunde

Früher galt Waldmeister in der Volksheilkunde als krampflösendes und beruhigendes Mittel. In der richtigen Dosis wirkt Waldmeister als Mittel gegen Kopfschmerzen.

Raumduft

Ein Kräuterkissen mit getrocknetem Waldmeister gefüllt, hat eine wohltuende, schlaffördernde Wirkung. Motten können durch Auslegen des Krautes aus Kleiderschränken vertrieben werden.

Ähnlich dufte!

Auch in den heimischen Steinkleearten (*Melilotus*) ist Cumarin enthalten. Die gelb und weiß blühenden Schmetterlingsblütler wachsen vor allem auf sonnigen Schuttplätzen und an Wegrändern. Der unverwechselbare Duft von Heu geht vor allem auf den Cumaringehalt des Gewöhnlichen Ruchgrases (*Anthoxanthum odoratum*) zurück. Cumarin wird auch in der Saat-Wucherblume (*Chrysanthemum segetum*) gebildet.

Giftigkeit

Der Waldmeister ist aufgrund des Inhaltsstoffes Cumarin schwach giftig. Dieser entwickelt sich jedoch erst beim Welken oder Trocknen des Krautes.
Reichlicher Genuss kann zu Übelkeit, Benommenheit und vor allem zu leichten Kopfschmerzen führen.
Waldmeister wird vorzugsweise zum Aromatisieren verwendet; der bitterherbe Geschmack lädt nicht zum Verzehr des frischen Krautes ein.

» Um eine Überdosierung zu vermeiden, werden zur Herstellung von Waldmeistergetränken oder Waldmeistergelee pro Liter Flüssigkeit nicht mehr als 13 Stängel zum Aromatisieren empfohlen!

schwach giftig

Waldrebe, Gewöhnliche

Die Gewöhnliche Waldrebe wächst auf nährstoffreichen, frischen Böden und besiedelt als Kletterstrauch Gehölze in Auwäldern, Hecken und Gebüschen. Auch in Säumen ist sie zu finden. Im Norden Deutschlands ist sie weniger häufig anzutreffen. In manch einem Garten findet die dekorative Kletterpflanze einen Platz.

Gewöhnliche Waldrebe
Clematis vitalba
Hahnenfußgewächs

Kennzeichen

Echte Liane

Der sommergrüne Kletterstrauch wurzelt im Boden und windet sich mit bis zu armdicken Sprossen an anderen Gehölzen wie Sträuchern und Bäumen über 10 Meter empor (griech.: *klema* = Ranke). Dünnere Äste der Wirtspflanze können regelrecht abgewürgt werden. Die Waldrebe ist somit eine echte Liane.

Die Blätter sind gegenständig und gefiedert; die Teilblättchen weisen einen fast herzförmigen Grund auf.

Pinselblumen

Von Juni bis August entwickelt die Waldrebe schwach duftende Blüten mit zahlreichen, pinselförmigen Staubblättern.

Behaarte Flugorgane

Die Früchte sind erst im Winter voll ausgereift. Die Griffel wachsen bis dahin zu weißen, abstehend behaarten Flugorganen aus. Wie in Wattebällchen gehüllt sehen die von der Waldrebe umwucherten Gehölze aus. Nur starker Wind ist in der Lage, die zahlreichen Nüsschen mit ihren haarförmigen Anhängseln fortzutragen.

Verwechslungsmöglichkeit

» Im Frühjahr können die jungen Triebe der Waldrebe mit denen des Hopfens (*Humulus lupulus*) verwechselt werden. Im Gegensatz zu den glatten Trieben der Waldrebe sind die des Hopfens rau.

Wissenswertes

Flechtarbeiten

Früher wurden aus den biegsamen Ranken der Waldrebe Körbe geflochten. Sie werden heute noch für Flechtarbeiten genutzt, vorwiegend zur Herstellung von Blumenkränzen.

Mitleid erregen

Bettler rieben sich mit dem giftigen, ätzenden Pflanzensaft die Haut ein. Mit den verunstalteten Hautpartien aus Geschwüren und Hautentzündungen sollte das Mitleid der Mitmenschen erregt und damit die Spendenfreudigkeit erhöht werden.

Da die Homöopathie Gleiches mit Gleichem heilt, findet die Waldrebe heute Anwendung bei Hautentzündungen.

Giftigkeit

Die Waldrebe beinhaltet in allen frischen Pflanzenteilen das giftige Alkaloid Protoanemonin.

Verzehr löst Erbrechen, Durchfall und bei entsprechend hoher Dosis Lähmungserscheinungen aus.

Hautkontakt mit der Pflanze kann bei empfindlichen Menschen zu Schleimhautreizungen, zu Juckreiz bis hin zu Blasenbildungen führen (Hahnenfußdermatitis).

Brennend scharfer Geschmack hält meist von weiterem Verzehr ab.

Beim Trocknen und Erhitzen wird der Giftstoff in ungiftiges Anemonin umgewandelt.

» Im Herbst werden die Ranken mit den dekorativen Fruchtständen gern zum Binden von Kränzen eingesetzt. Beim Schneiden sollte jeglicher Hautkontakt vermieden werden (Handschuhe und entsprechende Kleidung)! Auch beim Binden des trockenen Pflanzenmaterials sollten vorsichtshalber Handschuhe getragen werden!

» Im Frühjahr ist Vorsicht beim Sammeln von essbaren Hopfentrieben geboten, die leicht mit denen der giftigen Waldrebe verwechselt werden können!

Wasserfenchel, Großer

Der Große Wasserfenchel wächst im Uferbereich flacher, nährstoffreicher, stehender Gewässer mit meist starken Wasserschwankungen. Er kommt vor allem in der nördlichen Hälfte Deutschlands vor.

Großer Wasserfenchel, Wasser-Pferdesaat, Rosskümmel
Oenanthe aquatica
Doldenblütler

Fotos (2): Andreas Zehm

Kennzeichen

Verschiedenblättrigkeit

Der ein- bis mehrjährige Wasserfenchel wird mit seinen hohlen, im unteren Bereich bis zu 8 cm im Durchmesser messenden Stängeln 30 bis 100 cm hoch. Die über dem Wasser befindlichen Blätter sind 2- bis 3-fach gefiedert; die unter Wasser liegenden haarfein zerteilt und ähneln Fenchelblättern. Manchmal fehlen letztere ganz.
Die Pflanze vermehrt sich auch durch Ausläufer.

Foto: Andreas Zehm

Foto: Stefan.lefnaer (CC BY-SA 4.0)

Einmalig

Von Juni bis August erscheinen 8- bis 15-strahlige Dolden mit weißen, weinartig duftenden Blüten. Sie werden von Käfern, Bienen und Wespen bestäubt.

Früchte

Nach der Blüte entwickeln sich an den Doldenständen gelbbraune, drei bis fünf Millimeter große, ovale Spaltfrüchte.

Verwechslungsmöglichkeit

» Viele Arten der Doldenblütler können leicht miteinander verwechselt werden! So kann der Wasserfenchel zum Beispiel allein von den über der Wasseroberfläche stehenden Blättern mit den essbaren Blättern der Wilden Möhre (*Daucus carota*) verwechselt werden. Die Verschiedenblättrigkeit und vor allem der Standort des Wasserfenchels sollten das weitgehend ausschließen.

Wissenswertes

Verwandte

Der verwandte Röhrige Wasserfenchel (*Oenanthe fistulosa*) weist röhrig verdickte Stängel und Blattstängel auf. Die Früchte stehen in dichten Knäueln. Die seltenere, gefährdete Pflanze kommt vor allem im Norden Deutschlands vor und ist ebenfalls giftig.

Safran-Rebendolde

Als äußerst giftige Verwandte gilt die in Deutschland extrem seltene Safran-Rebendolde (*Oenanthe crocata*). Sie zeichnet sich durch fingerartig verdickte Wurzeln aus.

Giftigkeit

Alle Teile des Wasserfenchels enthalten giftige Polyine und andere Giftstoffe wie Oenanthotoxin.
Verzehr kann zu Brennen im Mund- und Rachenbereich, Übelkeit, Erbrechen und Leibschmerzen wie auch zu Krampfanfällen führen.

» Das Sammeln von essbaren Vertretern der Pflanzenfamilie der Doldenblütler für die Verwertung in der Küche sollte nur bei Vorhandensein gründlicher Artenkenntnis vorgenommen werden! Neben den essbaren gibt es viele, häufig ähnlich aussehende, giftige bis sehr giftige Arten dieser weit verbreiteten Pflanzenfamilie! Das Unterscheiden der Doldenblütler erfordert gute Bestimmungsliteratur!

stark giftig

Foto: BerndH (CC BY-SA 3.0)

Wasserschierling, Gift-

Der Wasserschierling wächst in lichten Verlandungszonen stehender und langsam fließender Gewässer mit mittlerem Nährstoffgehalt. Er gilt als Überschwemmungszeiger. In Deutschland ist die Pflanze vor allem im Norden verbreitet. Der Wasserschierling steht auf der Vorwarnliste der Roten Liste der gefährdeten Pflanzenarten Deutschlands.

Gift-Wasserschierling, Wüterich
Cicuta virosa
Doldenblütler

Kennzeichen

Luftkammern

Der Wasserschierling ist eine ausdauernde Sumpfpflanze, die 50 cm bis 1,20 m hoch werden kann. Die Stängel und Blattstiele sind hohl, mit Luftkammern ausgestattet und somit den nassen Standortverhältnissen angepasst. Am Grunde der Stängel befinden sich knollenartige Verdickungen. Bei Verletzung geben sie einen gelblichen Saft ab, dessen Geruch an Pastinak und Sellerie erinnern.

Die Blätter sind 2- bis 3-fach gefiedert und weisen lanzettliche, scharf gesägte Fiederabschnitte auf. Die ganze Pflanze riecht aromatisch; einige Menschen empfinden den Geruch als unangenehm (lat.: *virosus* = stinkend).

Foto: Qwert1234 (CC BY-SA 3.0)

Keine Hüllen

Von Juli bis September erscheinen die 10- bis 20-strahligen Dolden, auf denen die kleinen weißen Blüten mit jeweils 5 Blütenblättern sitzen. An den Strahlenansätzen 1. Ordnung sitzen keine Hüllen, an den Strahlenansätzen 2. Ordnung jedoch zahlreiche Hüllchen. Vor allem Schwebfliegen sind auf den Blüten zu entdecken.

Fast kugelig

Die etwa 2 mm breiten Früchte des Wasserschierlings sind fast kugelig, gelblichbraun und gerippt. Sie reifen ab August heran und zerfallen in 2 Teilfrüchte. Da sie Schwimmgewebe aufweisen, findet eine Ausbreitung über das Wasser statt. Freigespülte Knollen werden vom Wasser aufgrund ihrer durch Luftkammern bedingten Schwimmfähigkeit fortgetrieben. Dort, wo sie landen, wachsen sie zu neuen Pflanzen heran.

Verwechslungsmöglichkeiten

- Es besteht Verwechslungsgefahr mit anderen essbaren Doldenblütlern die ähnliche Blätter ausbilden, wie zum Beispiel mit dem Wiesen-Kerbel (*Anthriscus sylvestris*). Zudem besteht Verwechslungsgefahr hinsichtlich der unterirdischen Pflanzenteile mit anderen essbaren Doldenblütlern, wie Pastinak- (*Pastinaca sativa*), Sellerie- (*Apium graveolens*) und Petersilienwurzeln (*Petroselinum crispum* convar *tuberosum*). Gekochte Knollen vom Wasserschierling schmecken wie Sellerie oder Pastinake!
- Viele Arten unserer heimischen Doldenblütler können leicht miteinander verwechselt werden!

Wissenswertes

Preußische Anordnung

Laut eines preußischen Gesetzes wurde die Ausrottung des Wasserschierlings aufgrund seiner sehr starken Giftigkeit behördlich angeordnet. Neben dem Gefleckten Schierling (*Conium maculatum* / Weiteres s. S. 252) und der Hundspetersilie (*Aethusa cynapium* / Weiteres s. S. 137) ist der Wasserschierling einer der giftigsten Doldenblütler.

Die Dosis macht das Gift

Die Wirkung des Wasserschierlings ist seit dem Altertum bekannt. Vielfach wurde das Kraut für Giftmorde und bei Selbsttötungen eingesetzt.
Auch als Heilmittel fand es Verwendung, unter anderem gegen Gicht, Rheuma und krampfartige Beschwerden. In der Homöopathie ist der Wasserschierling heute ein Mittel gegen Krämpfe.

Giftig für das Vieh

Auch für viele Tierarten ist der Wasserschierling stark giftig. Mancherorts wurde er als „Kuhtod" bezeichnet.

Giftigkeit

Alle Pflanzenteile des Wasserschierlings, insbesondere die Knollen, sind aufgrund von Polyinen (Cicutoxin, Cicutol) sehr stark giftig (*Cicuta virosa* / lat.: *virus* = Gift). Die Aufnahme kleinster Mengen des Pflanzenmaterials kann zu Vergiftungen führen. Ein alleiniges Hineinbeißen in eine Knolle kann bereits Symptome auslösen. Nach wenigen Minuten treten Brennen im Mund- und Rachenraum, Schwindel, Speichelfluss mit Schaum vor dem Mund und langandauerndes Erbrechen auf. Heftige Krampfanfälle und Atemlähmung können folgen. Der Tod kann bereits nach einer Stunde eintreten.
Hautkontakt löst bei empfindlichen Menschen Rötungen und Juckreiz hervor.
Die Giftwirkung bleibt beim Trocknen erhalten.

- » Gefahr besteht für Kinder, die mit ans Ufer getriebenen Wurzelknollen spielen. Da die Knollen gut riechen und süß schmecken, verleiten sie zudem zum Verzehr!
- » Knollen unbekannter Herkunft, zum Beispiel an Ufern angespülte, sollten niemals verspeist werden!
- » Das Sammeln von essbaren Vertretern der Pflanzenfamilie der Doldenblütler für die Verwertung in der Küche sollte nur bei Vorhandensein gründlicher Artenkenntnis vorgenommen werden! Neben den essbaren gibt es viele, häufig ähnlich aussehende, giftige bis sehr giftige Arten dieser weit verbreiteten Pflanzenfamilie! Eine genaue Bestimmung der Doldenblütler erfordert eine weiterführende Bestimmungsliteratur!

schwach giftig

Wein, Wilder

Der Wilde Wein stammt ursprünglich aus dem Osten Nordamerikas und entwickelte sich seit dem 17. Jahrhundert in unseren Gärten zu einer beliebten Kletterpflanze. Von dort aus gelangte die Pflanze als Neubürger in die freie Landschaft, wo sie Waldränder, Flussauen und Ruderalflächen besiedelt und mancherorts zur Problempflanze geworden ist.

Wilder Wein, Gewöhnliche Jungfernrebe, Fünfblättrige Zaunrebe
Parthenocissus inserta
Rebengewächs

Kennzeichen

Kletterpflanze

Der Wilde Wein ist ein winterkahler Kletterstrauch, der in der Lage ist, bis in Höhen von 15 m vorzudringen. Mit 2- bis 5-teiligen Ranken hangelt er sich an Stützen hoch. Nur selten sind Haftscheiben bzw. Saugnäpfe entwickelt, die ihm ermöglichen raue Mauern auch ohne Kletterhilfe zu erobern. Die 5- bis 7-teiligen Blätter sind grob gesägt und verfärben sich zum Herbst hin intensiv rot.

Geschmacklose Beeren

Von Juli bis September erscheinen kleine weiße Blüten an traubenähnlichen Blütenständen, aus denen sich kleine, blauschwarze, wachsbereifte Beeren entwickeln. Sie reifen von August bis September aus und weisen sehr wenig Geschmack auf.

Verwechslungsmöglichkeiten

» Leicht zu verwechseln ist der Wilde Wein mit anderen Jungfernreben, zum Beispiel mit der Selbstkletternden Zaun- oder Jungfernrebe (*Parthenocissus quinquefolia*), die jedoch seltener verwildert anzutreffen ist. Diese hat stets Haftscheiben und 2- bis 5-teilige Ranken. Noch seltener findet sich die Dreilappige Jungfernrebe (*Parthenocissus tricuspidata*) mit dreilappigen Blättern. Alle Jungfernreben gelten als schwach giftig.

» Zudem ist der Wilde Wein mit dem Echten Wein (*Vitis vinifera*) zu verwechseln, der zu einer anderen Gattung zählt. Seine Blätter sind nicht fünfteilig, sondern fünflappig. Die Früchte des Echten Weines kennen wir als ungiftige, große, in Trauben zusammenstehende, schmackhafte Weinbeeren oder -trauben.

Wissenswertes

Keineswegs wild

Der Name „Wilder Wein" trügt, denn die Pflanze ist keine heimische Wildpflanze. Unsere heimischen Vögel fressen die für den Menschen ungenießbaren Früchte gerne.

Giftigkeit

Alle Teile des Wilden Weines sind durch den Inhaltsstoff Oxalsäure schwach giftig. In hohen Dosen kann der Verzehr der Beeren zu einem Kalziummangel führen und die Bildung von Nierensteinen fördern. Höhere Dosen können zum Kreislaufkollaps führen und Blutungen im Darm auslösen.
Da die Beeren wenig schmackhaft sind, ist die Gefahr einer Überdosierung kaum gegeben.
Mitunter werden die Blätter des Wilden Weines wie die des nicht giftigen Echten Weines als „gefüllte Weinblätter" genutzt.

» Kinder sind besonders gefährdet, da die Beeren des Wilden Weines mit denen des essbaren Echten Weines leicht verwechselt werden können!

» In geringen Mengen sind die Früchte, ähnlich wie der Sauerampfer, jedoch kaum gesundheitsschädlich.

» Je älter die Blätter sind, desto höher ist der Gehalt an Oxalsäure!

» Menschen, die eine Veranlagung zur Bildung von Nieren- und Blasensteinen aufweisen, an Gicht, Rheuma und Arthritis oder Kalziummangel leiden, sollten den Verzehr von Früchten und Blättern meiden!

schwach giftig

Weißwurz, Vielblütige

Die weit verbreitete Vielblütige Weißwurz wächst in krautreichen Laub- und Mischwäldern, wie auch Hochstaudenfluren. Sie bevorzugt basenreiche, lockere Lehmböden.

Vielblütige Weißwurz, Vielblütiger Salomonsiegel
Polygonatum multiflorum
Maiglöckchengewächs

Kennzeichen

Parallelnervige Blattadern

Die Vielblütige Weißwurz ist eine Staude von über 60 cm Höhe. An den bogenförmig überhängenden Trieben der Pflanze stehen jeweils 2 Blätter paarig beieinander. Die Blattspreite ist breitlanzettlich, parallelnervig und zum Grund hin verschmälert.

Mit Knoten

Die Pflanze bildet auffällig weiße, wurzelähnliche Rhizome aus, die knotige Verdickungen aufweisen (griech.: *polys* = viel / *gony* = Knoten). Bei diesen Knoten handelt es sich um die Stellen, an denen im Vorjahr die Blütensprosse gesessen haben.

Mit grünen Spitzen

Von Mai bis Juni erscheinen die glockenförmigen Blüten, je 3 bis 5 pro Blattachsel. Sie sind am Grund röhrig verwachsen, weiß mit grünen Spitzen und geruchlos. Nur Hummeln und anderen langrüsseligen Insekten ist es vergönnt, an den Nektar zu gelangen.

Widerlicher Geschmack

Von August bis September sind die erbsengroßen, blaubereiften Beeren reif. Sie schmecken widerlich süß.

Verwechslungsmöglichkeiten

- Die Vielblütige Weißwurz kann mit der verwandten Echten oder Duftenden Weißwurz (*Polygonatum odoratum*) verwechselt werden, die weniger weit verbreitet ist. Sie ist von niedrigerem Wuchs und weist nur 1 bis 2 zusammenstehende, duftende Blüten auf. Sie ist ähnlich giftig.
- Die Früchte des Salomonsiegels sehen den essbaren Beeren der Heidelbeere (*Vaccinium myrtillus* / Weiteres s. S. 119) ähnlich.

Wissenswertes

Weitere verwandte Weißwurzart

Die Quirl-Weißwurz (*Polygonatum verticillatum*) weist Blätter auf, die zu mehreren quirlförmig um den Triebstängel stehen. Auch diese Pflanze ist schwach giftig.

Giftigkeit

Alle Pflanzenteile der Weißwurz, vor allem die Beeren, enthalten giftige Inhaltsstoffe, wie zum Beispiel Saponine.
Der Verzehr kann zu Übelkeit, Durchfall und bei höherer Dosis zu Herzrhythmusstörungen führen.
Der meist als widerlich empfundene Geschmack hält vom Verzehr größerer Mengen ab.

- Kinder sind besonders gefährdet, da die Beeren zum Spielen und Verzehr verleiten!

Wermut

Der Wermut wächst in Stauden- und ausdauernden Unkrautfluren an sonnigen, trockenen, basenreichen Standorten. Ursprünglich stammt die Pflanze aus dem östlichen Mittelmeergebiet, fand allerdings schon vor sehr langer Zeit den Weg nach Mitteleuropa in unsere Gärten. Von dort aus breitete sie sich in die freie Landschaft aus. Da dies schon vor der Entdeckung Amerikas geschah, gilt die Pflanze als Altbürger.

Absinth
Artemisia absinthium
Korbblütler

Kennzeichen

Weißwolliges Erscheinungsbild

Der wintergrüne Wermut ist der einzige Vertreter der Korbblütler, der im unteren Bereich leicht verholzt. Daraus sprießen im Frühjahr weit über einen Meter hoch werdende Triebe mit zwei- bis dreifach fiederteiligen Blättern hervor. Diese sind beiderseits seidig filzig behaart und verleihen damit der Pflanze ein weißwolliges Erscheinungsbild.

Kleine Blütenköpfchen

Die von Juli bis September erscheinenden kugeligen Blütenköpfchen stehen in einer meist schmalen Rispe beisammen. Sie weisen einen Durchmesser von bis zu 4 mm auf und bestehen nur aus gelben Röhrenblüten. Die Blüten werden vom Wind bestäubt; die zahlreichen Früchte meist vom Wind verbreitet.

Verwechslungsmöglichkeit

» Der Wermut ist leicht mit dem verwandten heimischen Gewöhnlichen Beifuß (*Artemisia vulgaris* / Weiteres s. S. 39) zu verwechseln. Dessen Blätter sind nur unterseits weißfilzig. Der Gewöhnliche Beifuß enthält ebenfalls Thujon, aber in weit geringerem Maße.

Gewöhnlicher Beifuß

Wissenswertes

Absinthtrinker/innen

„Wermutbrüder" war früher ein Schimpfwort für reichlich Alkohol trinkende Landstreicher. Auf dem Gemälde „Die Absinth-Trinkerin" von Picasso lassen sich die Auswirkungen des Alkoholmissbrauchs erahnen. Genuss von Absinth-Schnaps in großen Mengen kann zu völligem körperlichem und seelischem Verfall führen.

Verbot

Absinthschnaps war ab 1921 in Deutschland verboten, ab 1998 wieder erlaubt. Wermut-Alkoholika, die heute im Handel sind, weisen kaum Thujon auf.

Dem Magen gesund

Der stark aromatisch, herbwürzige, bittere Wermut ist als Gewürz- und Heilpflanze schon lange bekannt. Er ist appetitanregend, entzündungshemmend und stärkt Magen und Galle. „*Was bitter dem Mund, ist dem Magen gesund*!"
Als Gewürz passen frische oder getrocknete Wermuttriebe zu fetten Fleischgerichten wie Gänse- oder Entenbraten. Es werden nur kleinste Mengen empfohlen, weil das Aroma alles andere überdecken kann!

Giftigkeit

Wermut enthält in allen Teilen ätherisches Öl mit dem giftigen Bestandteil Thujon. Diese psychoaktive Substanz kann sich bei Verzehr in hoher Dosierung negativ auf Nerven, Magen und Nieren auswirken, vor allem in alkoholischen Auszügen. In sehr hohen Dosierungen können Nervenschädigungen, Krämpfe, psychische Erkrankungen bis hin zum Suizid auftreten. In wässrigen Lösungen ist die Pflanze weit weniger schädlich.
Der stark bittere Geschmack hält vom Verzehr größerer Mengen ab.
Im Übermaß genossen kann Wermut unter anderem eine wehenfördernde Wirkungen auslösen.

» Bei der Verwendung der alten Gewürz- und Heilpflanze in der Küche ist Vorsicht geboten!

stark giftig

Wolfsmilch, Zypressen-

Die verbreitete Zypressen-Wolfsmilch wächst auf trockenen, meist sonnigen, basenreichen Standorten und besiedelt Säume, lichte Wälder, Zwergstrauchheiden und Schuttplätze.
Zahlreiche Wolfsmilch-Zierarten und -sorten sind in Garten- und Parkanlagen zu finden.

Zypressen-Wolfsmilch
Euphorbia cyparissias
Wolfsmilchgewächs

Kennzeichen

Milchsaft

Die mehrjährige, gelblichgrüne Zypressen-Wolfsmilch wird 20 bis 30 cm hoch. Junge Triebe sehen jungen Zypressenpflanzen sehr ähnlich, daher der Name. Die Blätter sind linealisch-lanzettlich und haben ihre größte Breite in der Mitte. Bei Verletzungen tritt sofort ein unter Druck stehender Milchsaft aus, eine Maßnahme, die den Wundverschluss fördert und als Fraßschutz dient.
Eine starke Ausbreitung findet durch unterirdische Wurzelsprosse statt.

Mondförmige Drüsen

Die Zypressen-Wolfsmilch blüht von April bis Juni. Der Blütenstand ist doldenähnlich und weist 10 bis 20 Strahlen auf; darunter befinden sich auch nichtblühende Seitentriebe.
Der Aufbau der Blüten ist kompliziert. Eine weibliche und mehrere männliche Blüten sitzen getrennt, aber eng beieinander im Blütenstand. Kronblätter fehlen; die weibliche Blüte ist auf einen Fruchtknoten reduziert, die männlichen Blüten bestehen lediglich aus je einem Staubblatt. Um Selbstbestäubung auszuschließen, reifen zunächst die weiblichen Blüten heran, erst danach die männlichen.

Insekten werden von mondförmigen Drüsen mit duftenden Nektar und von schalenförmigen Hochblättern angelockt. Letztere sehen wie Blütenblätter aus, sind rautenförmig, anfangs gelb und verfärben sich später rötlich. Zu den bestäubenden Insekten zählen vor allem Schwebfliegen.

Warzenbedeckt

Die dreiteiligen Fruchtkapseln sind von halbkugeligen Warzen bedeckt. Die Kapseln öffnen sich zur Fruchtreife von Juli bis September explosionsartig und verstreuen die Samen bis zu 2 m weit.

Verwechslungsmöglichkeit

» Junge Triebe der Zypressen-Wolfsmilch ähneln jungen Zypressenpflanzen (*Cupressus*).

Wissenswertes

Zahlreiche giftige Verwandte

In unseren Breiten gibt es etwa 20 heimische Vertreter der Wolfsmilchgewächse; alle sind giftig! Ähnliche Giftwirkung wie die Zypressen-Wolfsmilch weisen Kleine Wolfsmilch (*Euphorbia exigua*), Kreuzblättrige Wolfsmilch (*Euporbia lathyris*), Mandelblättrige Wolfsmilch (*Euphorbia amygdaloides*), Rote Wolfsmilch (*Euphorbia peplus*), Sonnenwend-Wolfsmilch (*Euphorbia helioscopia*), Süße Wolfsmilch (*Euphorbia dulcis*) und Sumpf-Wolfsmilch (*Euphorbia palustris*) auf.

Auch Zierarten im Garten sind giftig, wie zum Beispiel Gold-Wolfsmilch (*Euphorbia polychroma*), Feuer-Wolfsmilch (*Euphorbia griffithie*) und Walzen-Wolfsmilch (*Euphorbia myrsinites*).

Sonnenwend-Wolfsmilch

Gold-Wolfsmilch

Feuer-Wolfsmilch

Sumpf-Wolfsmilch

Walzen-Wolfsmilch

Uralte „Hexenmilch“

Ein Gedicht des zeitgenössischen Dichters Gernot Breimann (1979 in Österreich geboren) beginnt folgendermaßen: *„Wolfsmilch, unscheinbar dein Körper, aber darin verborgen, uralte Hexenmilch …“*! Aufgrund des giftigen Milchsaftes wird die Pflanze im Volksmund auch „Hexenmilch“, „Teufelsmilch“ oder „Hundsmilch“ genannt.

Mittel gegen Jegliches

Der Milchsaft vieler Wolfsmilcharten wurde früher zur Behandlung von Warzen, Hühneraugen und Muttermalen eingesetzt. Auch fand er als Haarwuchsmittel, Abführmittel und zur Beseitigung von Sommersprossen Verwendung. Aufgrund der Giftigkeit des Wolfsmilchsaftes wird heutzutage Abstand von diesen nicht ungefährlichen Behandlungsmethoden genommen.

Giftigkeit

Die meisten Wolfsmilcharten weisen in ihrem frischen Milchsaft unter anderem stark giftige Triterpensaponine und Diterpenester auf. Sie wirken haut- und schleimhautreizend sowie gewebezerstörend.
Der Verzehr der Pflanzenteile löst schmerzhafte Entzündungen in Mund und Rachen aus, sowie Magen-Darm-Entzündungen mit Erbrechen und heftigen Durchfällen. Es kann zu Schwindel, Pupillenerweiterungen und zum Delirium kommen, zu Krämpfen, Herzrhythmusstörungen und zum Kreislaufkollaps. Auch Todesfälle sind bekannt.
Aufgrund des brennenden und unangenehmen Geschmacks sind Aufnahmen größerer Mengen selten.
Hautkontakt kann Rötungen und Schwellungen der Haut auslösen und zu Blasen- und Pustelbildungen führen. Die Augen sind besonders gefährdet. Schwere, schmerzhafte Bindehaut- oder Hornhautentzündungen können bleibende Schäden verursachen.
Die Giftstoffe bleiben bei Trocknung erhalten.

» Kinder sind besonders gefährdet, weil der Milchsaft zum Spielen und Probieren verleitet! Beim Umgang mit der Pflanze oder mit Zierarten im Garten (Beseitigen, Pflanzen, Schneiden, Umsetzen …) sollte direkter Hautkontakt vermieden werden! Gründliches Händewaschen wird empfohlen!

giftig

Wurmfarn, Gewöhnlicher

Der Gewöhnliche Wurmfarn ist weit verbreitet und eine ausgesprochene Schattenpflanze. Er wächst in frischen, nährstoffreichen Laub- und Nadelwäldern, besiedelt Gebüsche und ist auch in Gärten zu finden.

Gewöhnlicher Wurmfarn
Dryopteris filix-mas
Wurmfarngewächs

Kennzeichen

Kräftige Wedel

Aus dem Rhizom des Gewöhnlichen Wurmfarns entspringen die zunächst eingerollten Blattwedel, aus denen sich später große, kräftige Wedel entwickeln. Am Stiel finden sich hellbraune Spreuschuppen. Die Wedel können bis 1,40 m lang werden und verschmälern sich zur Spitze hin. Bis zum Dezember hin bleiben sie dunkelgrün. Die Farnwedel sind zweifach gefiedert, wobei die abgerundeten Fiederchen am Rand scharf gesägt sind.

Nierenförmige Sori

Die für die Farne typischen Sporenbehälter auf der Blattunterseite, die Sori, erscheinen von Juni bis September. Sie weisen einen nierenförmigen Schleier auf. Dieser ist drüsenlos, dünn und umfasst im Vergleich zu anderen Farnen den Sporenbehälter nicht ganz.

Verwechslungsmöglichkeiten

- Von der Wuchsform und von den Blattwedeln her ähnelt der Gewöhnliche Wurmfarn dem Frauenfarn (*Athyrium filix-femina*). Letzterer ist weniger derb und insgesamt kleiner. Die Sporenbehälter des Frauenfarns sitzen gekrümmt, wie kleine Würmer, auf der Unterseite der Wedel.
- Zwei weitere heimische nahe Verwandte sehen dem Gewöhnlichen Wurmfarn ähnlich, der Dornige Wurmfarn (*Dryopteris carthusiana*) mit seinen am Rand stachelspitzig gesägten Fiederchen und der Breitblättrige Dornfarn (*Dryopteris dilatata*) mit seinem dunklen Mittelteil der Spreuschuppen.
- Viele unserer heimischen Farnarten können leicht miteinander verwechselt werden.

Wissenswertes

Zweifelhafte Medizin

Der Name des Wurmfarns geht auf den ehemaligen Einsatz der Wurzeln zur Behandlung von Mensch und Tier bei Wurmbefall zurück. Auch als wurmabweisende Stalleinstreu wurde der Farn eingesetzt.

Gegen Ungeziefer

Der Wurmfarn wurde früher als Räucherpflanze gegen Ungeziefer und zum Füllen der Bettsäcke genutzt.

Zierpflanze

In vielen Gärten sind Wurmfarn und zahlreiche andere Farnarten als Blattschmuckpflanzen sehr beliebt.

Giftigkeit

Die meisten Farnarten gelten als giftig, wobei die Konzentration der giftigen Inhaltsstoffe von Art zu Art sehr unterschiedlich ist.
Besonders in den jungen Pflanzen, aber auch in den Wurzeln und den Blattstielen weist der Wurmfarn giftige Inhaltsstoffe auf. Der Hauptwirkstoffkomplex wird als Rohfilicin bezeichnet (Butanonphloroglucide).
Der Verzehr der Pflanze kann zu Durchfall, Übelkeit und Kopfschmerzen führen; höhere Mengen lösen Sehstörungen und Nierenschädigungen aus. Krämpfe und Atemlähmung führen mitunter zum Tod. Starke Vergiftungen sind nur nach missbräuchlicher Verwendung als Wurmkur zu erwarten.

- Das Unterscheiden der Farnarten erfordert gute Bestimmungsliteratur!

stark giftig

Zaunrübe, Rotbeerige

Die Rotbeerige Zaunrübe besiedelt Säume und Hecken warmer Lagen mit frischen, nährstoffreichen Böden. Sie ist vor allem in westlichen Bereichen Mittel- und Süddeutschlands verbreitet. Mancherorts ist die Kletterstaude in Gärten zu entdecken.

Rotbeerige Zaunrübe,
Zweihäusige Zaunrübe
Bryonia dioica
Kürbisgewächs

Kennzeichen

Rübe und Ranken

Den Namen Zaunrübe verdankt das Kürbisgewächs der Tatsache, dass sie mit ihren spiralförmigen Ranken an Zäunen emporklettert, aber auch dem Vorhandensein einer dicken, bis 2,5 kg schweren, übelriechenden Rübe. Mit dieser überdauert die Pflanze den Winter.

Bis zu 4 m lang werden die schnellwachsenden, zarten Triebe der Kletterstaude (griech.: *bryein* = wachsen). Mit korkenzieherartigen Ranken windet sich die Zaunrübe nicht nur an Zäunen, sondern auch an anderen Pflanzen in die Höhe.

Die handförmig gelappten Blätter der weiblichen Pflanzen sind tiefer eingeschnitten und schmaler gelappt als die der männlichen Blätter.

Reichlich Nektar

Die Rotbeerige Zaunrübe ist zweihäusig, das heißt, dass männliche und weibliche Blüten auf zwei verschiedenen Pflanzen sitzen (lat.: *dioicus* = zweihäusig). Sie erscheinen von Juni bis September. Auf den männlichen Pflanzen sitzen grünweiße Blüten, auf den weiblichen gelbliche. Die männlichen sind einige Millimeter größer als die im Durchmesser 10 bis 12 mm großen weiblichen Blüten. Beide geben reichlich Nektar ab, mit dem vor allem zahlreiche Bienen und Grabwespen angelockt werden.

Erst grün dann rot

Nach der Befruchtung entwickeln sich zunächst grüne Beeren, die zur Fruchtreife von Juli bis September rot werden. Sie sind erbsengroß und schmecken schleimig und scharf.

Verwechslungsmöglichkeiten

- Die Zaunrübe kann mit dem Hopfen (*Humulus lupulus*) verwechselt werden, vor allem dann, wenn noch keine Blüten oder Früchte ausgebildet sind. Eindeutiges Unterscheidungsmerkmal sind die korkenzieherartigen Ranken der Zaunrübe.
- Die Weiße Zaunrübe (*Bryonia alba*) wird auch Schwarzbeerige Zaunrübe genannt. Sie ähnelt ihrer Verwandten und wächst an ähnlichen Standorten, vor allem in den nordöstlichen Bereichen Deutschlands. Ihre Rübe ist weiß und die Beeren sind schwarz.

Wissenswertes

Heil- und Zaubermittel

Seit der Antike sind die Wurzeln der *Bryonia*-Arten als stark wirkendes Abführmittel bekannt. Auch gegen Epilepsie und als Abtreibungsmittel wurden die Pflanzen eingesetzt. Laut Hildegard von Bingen vertreibt der Geruch der gekochten Rüben Schlangen und Kröten. Sie beinhalten so viele „*unwerte und unangenehme Säfte, dass sie sowohl die Menschen, als auch die schlimmen Würmer töte*“. Im Mittelalter wurden Zaunrüben als Arzneimittel angebaut. Da die Wirkstoffe der Zaunrübe als Mittel gegen Gicht eingesetzt wurden, erhielt sie den Namen „Gichtrübe“.
Aufgrund der starken Giftwirkung findet die Zaunrübe heute nur noch in homöopathischen Dosen Anwendung.

Giftigkeit

In allen Teilen der Zaunrübenarten sind unter anderem stark giftige Bitterstoffe (Cucurbitacine) enthalten.
Nach dem Verzehr kommt es zunächst zu Übelkeit, Magenbeschwerden, Schwindelgefühl, Nierenentzündungen, Erbrechen und starkem, unter Umständen blutigem Durchfall; bei Überdosierung können Krämpfe und Atemlähmung zum Tod führen.
15 Beeren sollen für Kinder bereits tödlich sein; 6 lösen beim Erwachsenen Erbrechen aus.
Der scharfe Geschmack hält vom Verzehr größerer Mengen ab.
Hautkontakt mit dem Saft frischer Wurzeln oder Beeren können zu Reizungen und Blasenbildung führen.

- Kinder sind besonders gefährdet, da die Beeren zum Verzehr verleiten!
- Beim Umgang mit der Pflanze im Garten (Pflanzen, Schneiden, Umsetzen ...) sollte direkter Hautkontakt vermieden werden!

schwach giftig

Zaunwinde, Gewöhnliche

Die Gewöhnliche Zaunwinde wächst in feuchten, nährstoff- und basenreichen Stauden- und ausdauernden Unkrautfluren. Die Kletterpflanze ist auf Schuttfluren und Brachflächen, an Wald- und anderen Gehölzsäumen wie auch an Ufern von Gewässern zu finden.

Gewöhnliche Zaunwinde
Calystegia sepium
Windengewächs

Kennzeichen

Kletterstaude

Die mehrjährige Zaunwinde ist in der Lage, mit ihren windenden Trieben bis zu 3 m in die Höhe zu wachsen. An ihnen sitzen lang gestielte Blätter mit pfeilförmigem Grund. Die Pflanze kann sich durch unterirdisch kriechende Rhizome weithin ausbreiten.

Trichterblüten

Von Juni bis September erscheinen ebenfalls an langen Stielen trichterförmige weiße Blüten, die bis zu 7 cm lang sein können. Sie sind von zwei nach oben hin zugespitzten Außenkelchen umgeben. Die Blüten werden von Schwebfliegen und Nachtfaltern bestäubt. Ab Juli bilden sich die rundlichen Kapseln mit den eiförmigen Samen aus.

Verwechslungsmöglichkeit

» Die Zaunwinde ist leicht mit der verwandten Ackerwinde (*Convolvulus arvensis*) zu verwechseln. Zum Teil sind sie an den gleichen Standorten zu finden. Die Blüten der Ackerwinde werden nur 2 bis 3 cm lang, sind weiß bis rosa und weisen nicht die für die Zaunwinde typischen Vorblätter auf. Die Ackerwinde kriecht meist über den Boden. Sie ist ähnlich giftig wie die Zaunwinde.

Wissenswertes

Zaun

Die Zaunwinde nennt die von ihr bevorzugten Standorte sowohl in ihrem deutschen als auch wissenschaftlichen Namen (lat.: *saepes* = Zaun). Sie ist häufig auf anderen Pflanzen und hin und wieder sogar an Mauern zu finden.

Volksmedizin

Die Zaunwinde wurde früher als Abführmittel verwendet.

Giftigkeit

Die Zaunwinde beinhaltet in allen Pflanzenteilen, besonders in den Wurzeln, schwach giftige Inhaltsstoffe, unter anderem Alkaloide (Calystegine).
Übermäßiger Verzehr kann Durchfall, Erbrechen und Koliken auslösen.

» In zahlreichen Büchern über essbare Wildpflanzen werden Zaun- und Ackerwinde als essbar angegeben!

schwach giftig

Fotos (3): Andreas Zehm

Zwergmispel, Gewöhnliche

Vom Hügelland bis ins Gebirge ist die Gewöhnliche Zwergmispel an sonnigen Felswänden und in Eichen-Birkenwäldern auf trockenwarmen, meist kalkhaltigen Standorten zu finden. Wildwachsende Bestände stehen auf der Vorwarnliste der Roten Liste der gefährdeten Pflanzenarten Deutschlands und sind laut Bundesnaturschutzgesetz besonders geschützt.
Die Gewöhnliche Zwergmispel hat ihre seit dem 17. Jahrhundert zunächst hohe Bedeutung als Gartenzierpflanze aufgrund der vielen eingeführten, fremdländischen Verwandten heutzutage verloren.

Gewöhnliche Zwergmispel
Cotoneaster intergerrimus
Rosengewächs

Kennzeichen

Unterseits graufilzig

Der sparrige, bis 1,5 m hohe Strauch weist an seinen braunroten Zweigen ganzrandige, unterseits graufilzige Blätter auf.
Das Gehölz vermehrt sich vegetativ durch Wurzelsprosse.

Nickende Blütendolden

Von April bis Mai erscheinen kleine, weiß bis rötliche Blüten, von denen 4 in nickenden Trugdolden zusammenstehen. Sie werden vor allem von Feldwespen bestäubt.

Foto: Isidre Blanc (CC BY-SA 3.0)

Mehliger Geschmack

Die von Juli bis August erscheinenden roten, beerenartigen Früchte sind 6 bis 7 mm lang. Sie ähneln den Apfelfrüchten des Weißdorns und schmecken wie diese mehlig.

Verwechslungsmöglichkeit

» Die zahlreichen *Cotoneaster*-Arten können leicht untereinander verwechselt werden.

Wissenswertes

Zahlreiche fremdländische Kulturformen

In Parks und Gärten finden sich heutzutage zahlreiche kultivierte *Cotoneaster*-Arten in jeglicher Form. Einige davon sind verwildert vorzufinden.

Giftigkeit

Alle Zwergmispel-Arten beinhalten in allen Pflanzenteilen, vor allem in den Früchten, das schwach giftige Blausäure-Glycosid Amygdalin. Anders als bei den *Prunus*-Arten kommt Amygdalin bei den Zwergmispeln auch im Fruchtfleisch vor.
Bei Verzehr größerer Mengen kommt es zu Magen- und Darmbeschwerden und zu Brechdurchfall.

» Kinder sind besonders gefährdet, da die beerenartigen Apfelfrüchte zum Spielen und Verzehr verleiten.

Literaturverzeichnis

Bertrand, Bernard (2015): Das Herbarium der Heil- und Giftpflanzen. 1. Aufl., Haupt Verlag, 192 S., 19,90 Euro. ISBN: 978-3-258-07914-1

Bühring, Ursel (2020): Alles über Heilpflanzen. Erkennen, anwenden, gesund bleiben. Das Standardwerk. 5. Auflage, komplett aktualisiert und erweitert. Eugen Ulmer Verlag, 432 S., 42 Euro, ISBN 978-3-8186-0410-3

Düll, Ruprecht / Kutzelnigg, Herfried (2022): Die Wild- und Nutzpflanzen Deutschlands – Vorkommen – Ökologie – Verwendung. 9. Auflage, Quelle & Meyer Verlag, ca. 952 S., 39,95 Euro, ISBN 978-3-494-01825-6

Frohne, Dietrich und Pfänder, Hans Jürgen (2004): Giftpflanzen. Ein Handbuch für Apotheker, Ärzte, Toxikologen und Biologen. 5., neu bearbeitete und erweiterte Auflage, Wissenschaftliche Verlagsgesellschaft, 456 S., 62 Euro, ISBN: 978-3-8047-2060-2

Habermehl, Gerhard und Ziemer, Petra (2013): Mitteleuropäische Giftpflanzen und ihre Wirkstoffe. 2. Auflage, Springer Verlag Berlin, 258 S., 59,99 Euro, ISBN: 978-3-642-64198-5

Metzing, Detlev, Hofbauer, Natalie, Ludwig, Gerhard und Matzke-Hajek, Günter (2018): Rote Liste gefährdeter Tiere, Pflanzen und Pilze Deutschlands, Band 7: Pflanzen, Bundesamt für Naturschutz, 784 S., ISBN 978-3-7843-5612-9

Schade, Fritz und Jockusch, Harald (2018): Giftpflanzen in unserer Umgebung. Betörend, berauschend, tödlich. 2. Aufl., Springer Verlag, 256 S., 37,99 Euro, ISBN: 978-3-662-56047-1

Schäfer, Siegfried G. (2021): Die Dosis macht das Gift. Heilende Pflanzen im Spiegel der Geschichte. Quelle & Meyer Verlag. 176 S., 19,95 Euro, ISBN 978-3-494-01856-0

Schönfelder, Ingrid & Peter (2023): Der Kosmos Heilpflanzenführer: Über 600 Heil- und Giftpflanzen Europas. 5. Edition, Franckh-Kosmos Verlag, 448 S., ISBN 978-3-440-17694-8

Bestimmungsbücher

Lüder, Rita (2022): Grundkurs Gehölzbestimmung. Eine Praxisanleitung für Anfänger und Fortgeschrittene. 4., durchgesehene und korrigierte Auflage, Quelle & Meyer Verlag, 444 S., 26,95 Euro, ISBN 978-3-494-01915-4

Lüder, Rita (2022): Grundkurs Pflanzenbestimmung. Eine Praxisanleitung für Anfänger und Fortgeschrittene. 10., durchgesehene und korrigierte Aufl., Quelle & Meyer Verlag, über 3000 farbige Abb., 552 S., 26,95 Euro, ISBN 978-3-494-01938-3

Schauer, Thomas, Caspari, Claus und Stephan (2020): Der illustrierte Pflanzenführer. 13. vollständig überarbeitete und erweiterte Neuauflage. BLV ein Imprint von Gräfe und Unzer Verlag GmbH, 576 S., 24 Euro, ISBN 978-3-96747-005-5

Schmeil, Otto & Fitschen, Jost (2024): Die Flora Deutschlands und angrenzender Länder: Ein Buch zum Bestimmen aller wildwachsenden und häufig kultivierten Gefäßpflanzen. 98., überarbeitete und erweiterte Auflage, Quelle & Meyer Verlag, 912 S., 49,95 Euro, ISBN 978-3-494-01943-7

Spohn, Margot (2021): Was blüht denn da? Das Original. 60., aktualisierte und erweiterte Auflage, Franckh-Kosmos Verlag, 496 S., 20 Euro, ISBN 978-3-440-17073-1

Register der wissenschaftlichen Namen der Giftpflanzen

Gefährdungsgrad der Giftpflanzen

Folgende Liste gibt Einblick, welche der hier aufgeführten **125** Arten von „stark giftig" über „giftig" bis „schwach giftig" eingestuft werden.
Beifuß-Ambrosie und Wiesen-Margerite sind keine klassischen Giftpflanzen! Sie sollen hier als Beispiel für Pflanzen stehen, die bei empfindlichen Menschen Kontaktallergien auslösen können.

Seite	Pflanze	Grad der Giftigkeit
21	Alpenveilchen, Wildes	**stark giftig**
29	Aronstab	**stark giftig**
35	Bärenklau, Riesen-	**stark giftig**
49	Bilsenkraut	**stark giftig**
61	Christrose	**stark giftig**
72	Eibe	**stark giftig**
80	Eisenhut	**stark giftig**
88	Fingerhut	**stark giftig**
100	Germer, Weißer	**stark giftig**
114	Haselwurz, Gewöhnliche	**stark giftig**
122	Herbstzeitlose	**stark giftig**
152	Kornrade, Gewöhnliche	**stark giftig**
179	Maiglöckchen	**stark giftig**
196	Nachtschatten, Bittersüßer	**stark giftig**
209	Pfaffenhütchen	**stark giftig**
219	Rhododendron	**stark giftig**
225	Robinie	**stark giftig**
234	Sadebaum	**stark giftig**
252	Schierling, Gefleckter	**stark giftig**
273	Seidelbast, Gewöhnlicher	**stark giftig**
282	Stechapfel	**stark giftig**
293	Tannenbärlapp	**stark giftig**
295	Tollkirsche	**stark giftig**
320	Wasserschierling, Gift-	**stark giftig**
329	Wolfsmilch, Zypressen-	**stark giftig**
335	Zaunrübe, Rotbeerige	**stark giftig**
137	Hundspetersilie	**stark giftig** bis **giftig**

Seite	Pflanze	Grad der Giftigkeit
229	Rosmarinheide	**stark giftig** bis **giftig**
286	Stechginster, Gewöhnlicher	**stark giftig** bis **giftig**
16	Adlerfarn	**giftig**
47	Besenginster, Gewöhnlicher	**giftig**
84	Faulbaum	**giftig**
104	Ginster, Färber-	**giftig**
106	Greiskraut, Jakobs-	**giftig**
132	Holunder, Zwerg-	**giftig**
140	Immergrün, Kleines	**giftig**
155	Kreuzdorn, Echter	**giftig**
174	Lupine, Vielblättrige	**giftig**
177	Märzenbecher	**giftig**
205	Osterluzei, Gewöhnliche	**giftig**
223	Rittersporn, Feld-	**giftig**
255	Schlangenwurz, Sumpf-	**giftig**
263	Schneeglöckchen, Kleines	**giftig**
299	Traubenkirsche, Frühe	**giftig**
304	Tulpe, Wilde	**giftig**
217	Wasserfenchel, Großer	**giftig**
333	Wurmfarn, Gewöhnlicher	**giftig**
19	Adonisröschen, Frühlings-	**giftig** bis **schwach giftig**
69	Efeu	**giftig** bis **schwach giftig**
78	Einbeere, Vierblättrige	**giftig** bis **schwach giftig**
98	Geißblatt, Wald-	**giftig** bis **schwach giftig**
117	Heckenkirsche, Rote	**giftig** bis **schwach giftig**
165	Lerchensporn, Hohler	**giftig** bis **schwach giftig**
199	Nachtschatten, Schwarzer	**giftig** bis **schwach giftig**
266	Schöllkraut	**giftig** bis **schwach giftig**
268	Schwalbenwurz, Weiße	**giftig** bis **schwach giftig**
270	Schwertlilie, Wasser-	**giftig** bis **schwach giftig**
288	Stechpalme	**giftig** bis **schwach giftig**
327	Wermut	**giftig** bis **schwach giftig**
27	Arnika	**schwach giftig**
32	Bärenklau, Gewöhnlicher	**schwach giftig**
41	Beinwell, Gewöhnlicher	**schwach giftig**

Seite	Pflanze	Grad der Giftigkeit
44	Berberitze, Gewöhnliche	schwach giftig
52	Blaustern, Zweiblättriger	schwach giftig
54	Brennnessel, Große	schwach giftig
57	Buche, Rot-	schwach giftig
59	Buschwindröschen	schwach giftig
64	Diptam	schwach giftig
66	Eberesche	schwach giftig
76	Eiche, Stiel-	schwach giftig
86	Felsenbirne, Gewöhnliche	schwach giftig
92	Froschlöffel, Gewöhnlicher	schwach giftig
96	Gauchheil, Acker-	schwach giftig
109	Hahnenfuß, Scharfer	schwach giftig
112	Hartriegel, Blutroter	schwach giftig
119	Heidelbeere	schwach giftig
126	Holunder, Roter	schwach giftig
129	Holunder, Schwarzer	schwach giftig
134	Huflattich	schwach giftig
142	Johanniskraut, Echtes	schwach giftig
145	Kälberkropf, Hecken-	schwach giftig
148	Kalmus	schwach giftig
150	Klappertopf, Zottiger	schwach giftig
157	Küchenschelle, Echte	schwach giftig
160	Lampionblume	schwach giftig
162	Lattich, Gift-	schwach giftig
169	Liguster	schwach giftig
184	Mauerpfeffer, Scharfer	schwach giftig
186	Milchstern, Doldiger	schwach giftig
188	Minze, Polei-	schwach giftig
190	Mistel	schwach giftig
193	Mohn, Klatsch-	schwach giftig
201	Nachtviole, Gewöhnliche	schwach giftig
203	Natternkopf, Gewöhnlicher	schwach giftig
207	Pestwurz, Gewöhnliche	schwach giftig
212	Platterbse, Wiesen-	schwach giftig
214	Rainfarn	schwach giftig

Seite	Pflanze	Grad der Giftigkeit
217	Rauke, Wilde	**schwach giftig**
231	Rosskastanie, Gewöhnliche	**schwach giftig**
237	Sauerampfer, Wiesen-	**schwach giftig**
241	Sauerklee, Wald-	**schwach giftig**
243	Schachblume, Gewöhnliche	**schwach giftig**
245	Schachtelhalm, Sumpf-	**schwach giftig**
247	Scharbockskraut	**schwach giftig**
250	Schattenblume, Zweiblättrige	**schwach giftig**
257	Schneeball, Gewöhnlicher	**schwach giftig**
259	Schneeball, Wolliger	**schwach giftig**
261	Schneebeere, Gewöhnliche	**schwach giftig**
277	Seifenkraut, Echtes	**schwach giftig**
279	Springkraut, Drüsiges	**schwach giftig**
291	Sumpfdotterblume	**schwach giftig**
302	Trollblume, Europäische	**schwach giftig**
306	Vogelkirsche	**schwach giftig**
309	Wacholder, Gewöhnlicher	**schwach giftig**
312	Waldmeister	**schwach giftig**
214	Waldrebe, Gewöhnliche	**schwach giftig**
323	Wein, Wilder	**schwach giftig**
325	Weißwurz, Vielblütige	**schwach giftig**
338	Zaunwinde, Gewöhnliche	**schwach giftig**
340	Zwergmispel, Gewöhnliche	**schwach giftig**
39	Beifuß, Gewöhnlicher	**schwach giftig** bis **ungiftig**
94	Gänseblümchen	**schwach giftig** bis **ungiftig**
172	Löwenzahn, Gewöhnlicher	**schwach giftig** bis **ungiftig**
24	Ambrosie, Beifuß-	**nicht giftig** (im klassischen Sinn)
182	Margerite, Wiesen-	**nicht giftig** (im klassischen Sinn)

Übersichtstabelle der Blüh- und Fruchtzeiten der Giftpflanzen

x Blüten
o Früchte / Sporen

Seite	Giftpflanze	Monat											
		1	2	3	4	5	6	7	8	9	10	11	12
16	Adlerfarn												
											o		
19	Adonisröschen, Frühlings-				x	x							
							o	o					
21	Alpenveilchen, Wildes						x	x	x	x			
								o	o				
24	Ambrosie, Beifuß-								x	x	x		
											o	o	
27	Arnika						x	x	x				
									o	o	o		
29	Aronstab				x	x	x	x					
								o	o				
32	Bärenklau, Gewöhnlicher					x	x	x	x				
								o	o	o			
35	Bärenklau, Riesen-						x	x	x	x			
									o	o			
39	Beifuß, Gewöhnlicher							x	x	x			
										o	o	o	
41	Beinwell, Gewöhnlicher					x	x	x					
								o	o	o			
44	Berberitze, Gewöhnliche				x	x	x						
									o	o	o		
47	Besenginster, Gewöhnlicher					x	x						
									o	o	o		
49	Bilsenkraut						x	x	x	x	x		
									o	o	o		
52	Blaustern, Zweiblättriger			x	x								
					o	o							
54	Brennnessel, Große						x	x	x	x	x		
										o	o		
57	Buche, Rot-				x	x							
										o	o		
59	Buschwindröschen			x	x	x							
						o							
61	Christrose		x	x									
						o	o						

Seite	Giftpflanze	Monat											
		1	2	3	4	5	6	7	8	9	10	11	12
64	Diptam					x	x						
								x	x	x			
66	Eberesche					x	x						
									o	o	o	o	o
69	Efeu								x	x	x	x	
				o	o								
72	Eibe			x	x								
										o	o		
76	Eiche, Stiel-				x	x							
									o	o	o		
78	Einbeere, Vierblättrige				x	x	x						
								o	o	o			
80	Eisenhut						x	x	x	x			
									o	o	o		
84	Faulbaum					x	x	x	x				
									o	o			
86	Felsenbirne, Gewöhnliche				x	x							
								o	o				
88	Fingerhut						x	x	x				
									o				
92	Froschlöffel, Gewöhnlicher							x	x				
								o	o	o	o		
94	Gänseblümchen			x	x	x	x	x	x	x	x		
				o	o	o	o	o	o	o	o	o	
96	Gauchheil, Acker-						x	x	x	x	x		
									o	o	o		
98	Geißblatt, Wald-						x	x	x				
									o	o			
100	Germer, Weißer						x	x	x	x	x		
									o	o	o		
104	Ginster, Färber-					x	x	x	x				
									o	o			
106	Greiskraut, Jakobs-						x	x	x	x	x	x	
							o	o	o	o	o	o	
109	Hahnenfuß, Scharfer					x	x	x	x	x			
									x	x	x		
112	Hartriegel, Blutroter					x	x						
		o	o	o					o	o	o	o	o
114	Haselwurz, Gewöhnliche				x	x							
							o	o	o				
117	Heckenkirsche, Rote					x	x						
								o	o	o	o	o	

Seite	Giftpflanze	Monat 1	2	3	4	5	6	7	8	9	10	11	12
119	Heidelbeere					x	x	x					
								o	o	o	o		
122	Herbstzeitlose								x	x	x	x	
							o	o					
126	Holunder, Roter					x	x						
								o	o				
129	Holunder, Schwarzer					x	x						
									o	o			
132	Holunder, Zwerg-						x	x	x				
									o	o			
134	Huflattich			x	x								
						o	o						
137	Hundspetersilie						x	x	x	x	x		
								o	o	o	o		
140	Immergrün, Kleines			x	x	x							
							o	o	o				
142	Johanniskraut, Echtes						x	x	x	x			
										o	o		
145	Kälberkropf, Hecken-					x	x	x					
								o	o	o			
148	Kalmus					x	x	x					
								-	-	-			
150	Klappertopf, Zottiger					x	x	x	x				
							o	o	o	o			
152	Kornrade, Gewöhnliche						x	x					
									o	o	o		
155	Kreuzdorn, Echter					x	x						
										o	o		
157	Küchenschelle, Echte			x	x	x							
							o	o					
160	Lampionblume					x	x	x	x				
										o	o	o	
162	Lattich, Gift-							x	x				
									o	o	?		
165	Lerchensporn, Hohler			x	x								
					o	o	o						
169	Liguster						x	x					
									o	o	o	o	o
172	Löwenzahn, Gewöhnlicher			x	x	x	x	x	x	x			
				o	o	o	o	o	o	o			
174	Lupine, Vielblättrige						x	x	x				
								o	o	o	o		

Seite	Giftpflanze	Monat											
		1	2	3	4	5	6	7	8	9	10	11	12
177	Märzenbecher		x	x	x								
						o	o						
179	Maiglöckchen					x	x						
										o	o	o	
182	Margerite, Wiesen-					x	x	x	x	x	x		
										o	o		
184	Mauerpfeffer, Scharfer						x	x					
								o	o				
186	Milchstern, Doldiger						x	x					
								o	o				
188	Minze, Polei-							x	x	x			
									o	o			
190	Mistel			x	x	x							
		o	o	o									o
193	Mohn, Klatsch-					x	x	x					
								o	o				
196	Nachtschatten, Bittersüßer						x	x	x	x			
									o	o	o		
199	Nachtschatten, Schwarzer						x	x	x	x	x		
									o	o	o		
201	Nachtviole, Gewöhnliche					x	x	x					
							o	o	o				
203	Natternkopf, Gewöhnlicher					x	x	x	x	x	x		
									o	o	o		
205	Osterluzei, Gewöhnliche					x	x						
										o	o		
207	Pestwurz, Gewöhnliche			x	x								
						o	o						
209	Pfaffenhütchen					x	x						
									o	o	o		
212	Platterbse, Wiesen-						x	x					
									o	o	o	o	
214	Rainfarn							x	x	x			
									o	o	o		
217	Rauke, Wilde					x	x	x	x	x	x		
									o	o	o		
219	Rhododendron				x	x	x	x					
									o	o	o		
223	Rittersporn, Feld-						x	x	x				
									o	o			
225	Robinie					x	x						
										o	o		

Seite	Giftpflanze	Monat											
		1	2	3	4	5	6	7	8	9	10	11	12
229	Rosmarinheide					x	x	x					
									o	o	o		
231	Rosskastanie, Gewöhnliche					x	x						
										o	o		
234	Sadebaum				x	x							
				o	o								
237	Sauerampfer, Wiesen-					x	x						
							o	o	o				
241	Sauerklee, Wald-				x	x							
							o	o	o				
243	Schachblume, Gewöhnliche				x	x							
								o					
245	Schachtelhalm, Sumpf-												
							o	o	o	o	o		
247	Scharbockskraut			x	x	x							
						o	o						
250	Schattenblume, Zweiblättrige					x	x						
										o	o		
252	Schierling, Gefleckter							x	x				
									o	o	o		
255	Schlangenwurz, Sumpf-					x	x	x					
									o	o			
257	Schneeball, Gewöhnlicher					x	x						
		o	o	o					o	o	o	o	o
259	Schneeball, Wolliger					x	x						
								o	o	o			
261	Schneebeere, Gewöhnliche						x	x	x	x			
									o	o	o	o	
263	Schneeglöckchen, Kleines		x	x									
						o	o						
266	Schöllkraut				x	x	x	x	x	x			
								o	o	o			
268	Schwalbenwurz, Weiße					x	x	x	x				
									o	o	o		
270	Schwertlilie, Wasser-					x	x						
										o	o		
273	Seidelbast, Gewöhnlicher		x	x	x								
							o	o	o				
277	Seifenkraut, Echtes							x	x				
										o	o		
279	Springkraut, Drüsiges						x	x	x	x	x		
										o	o		

Seite	Giftpflanze	Monat											
		1	2	3	4	5	6	7	8	9	10	11	12
282	Stechapfel						x	x	x	x	x		
									o	o	o		
286	Stechginster, Gewöhnlicher					x	x	x					
									o	o			
288	Stechpalme					x	x						
		o								o	o	o	o
291	Sumpfdotterblume				x	x	x						
							o	o	o				
293	Tannenbärlapp												
								o	o	o	o		
295	Tollkirsche						x	x					
								o	o	o			
299	Traubenkirsche, Frühe				x	x							
									o	o			
302	Trollblume, Europäische					x	x						
							o	o	o	o	o		
304	Tulpe, Wilde				x	x							
								o					
306	Vogelkirsche				x	x							
								o					
309	Wacholder, Gewöhnlicher					x	x						
								o	o				
312	Waldmeister					x	x						
									o				
214	Waldrebe, Gewöhnliche						x	x	x				
										o	o	o	
217	Wasserfenchel, Großer						x	x	x				
									o	o			
320	Wasserschierling, Gift-							x	x	x			
									o	o	o		
323	Wein, Wilder							x	x	x			
									o	o			
325	Weißwurz, Vielblütige					x	x						
									o	o			
327	Wermut							x	x	x			
										o	o		
329	Wolfsmilch, Zypressen-				x	x	x						
								o	o	o			
333	Wurmfarn, Gewöhnlicher												
							o	o	o	o			
335	Zaunrübe, Rotbeerige						x	x	x	x			
								o	o	o			

Seite	Giftpflanze	Monat											
		1	2	3	4	5	6	7	8	9	10	11	12
338	Zaunwinde, Gewöhnliche						x	x	x	x			
								o	o	o			
340	Zwergmispel, Gewöhnliche				x	x							
								o	o				

Maßnahmen im Vergiftungsfall

Die erste Maßnahme, die bei möglichen Vergiftungen eingehalten werden sollte, ist: Ruhe bewahren!
Falsche oder übertriebene Maßnahmen können unter Umständen nachteilig oder sogar schädlich sein.

Die Beratungsstelle für Vergiftungserscheinungen (Charité Berlin) gibt Ratschläge für einfache Erstmaßnahmen für Vergiftungen, die zu Hause gelten. Diese Ratschläge beziehen sich auf Vergiftungen mit Pflanzen, Pilzen, Putzmitteln und anderen Giftstoffen, die im häuslichen Umfeld auftreten können:

Wichtig! Versuchen Sie niemals den Betroffenem zum Erbrechen zu bringen!

Geben Sie ein Glas wässrige Flüssigkeit ohne Kohlensäure z. B. stilles Wasser, Tee oder Saft. Keine Milch oder Salzwasser verabreichen!

Muss der Patient auf den Rat des Giftnotrufs zum Arzt oder ins Krankenhaus, nehmen Sie den Behälter/die Flasche des Produkts, Tablettenpackungen mit. Bei Pflanzen nehmen Sie möglichst einen ganzen Zweig mit. Bei Pilzen alle Reste oder auch gleichartige Pilze, die an gleicher Stelle wachsen. Alles Material, das weitere Auskunft geben könnte, um welchen Stoff es sich handelt, sollte immer zum Kinderarzt oder in die Klinik mitgebracht werden.

Bei Vergiftungen durch Pilze, Früchte, Blüten, Blätter oder Nadeln möglichst ausreichend Material (auch Putzreste oder ausnahmsweise Erbrochenes) zur genauen Bestimmung von Pflanze oder Pilz sichern.

Giftnotrufe

Telefonnummern der zuständigen Giftnotrufe!
Es gibt in Deutschland 7 Zentralen, eine in der Schweiz und eine in Österreich.

Deutschland

Berlin (030) 192 40 – Berlin und Brandenburg
Bonn (0228) 192 40 – Nordrhein-Westfalen
Erfurt (0361) 730 730 – Mecklenburg-Vorpommern, Sachsen, Sachsen-Anhalt und Thüringen
Freiburg (0761) 192 40 – Baden-Württemberg
Göttingen (0551) 192 40 – Niedersachsen, Bremen, Hamburg und Schleswig-Holstein
Mainz (06131) 192 40 – Rheinland-Pfalz und Hessen
München (089) 192 40 – Bayern

Schweiz

Zürich +41 442 515 151

Österreich

Wien +43 140 643 43